流动显示与测量技术及其应用

申功炘 康 琦 著

科学出版社

北京

内 容 简 介

本书从流体运动的基本理论、流体测量技术的基本原理以及图像处理技术和数字信号分析的基本原理出发，系统介绍流线、迹线、染色线、时空尺度分析等基本概念，定性的流动显示技术（直接注入法流动显示、表面流动显示方法、光学流动显示法、激光空间流动显示等），定量的全流场实验测量（激光诱导荧光技术 LIF、表面压力 PSP 及温度测量 TSP 技术、红外测量技术、粒子图像测速技术 PIV），并给出大量相关测量技术的应用及例证。内容覆盖了对流体压力、速度、浓度、密度、温度、自由面及界面形变等关键物理量测量技术的发展及实现。希望通过本书，能够让各位学者体会实验流体力学发展的历史性、继承性、多学科关联性以及具有的广阔拓展性。新技术的迅猛发展，流体测试技术的不断突破，必将促进人们对流体运动规律及机理的深刻认识和理解。

本书对流体力学相关专业的科研人员有参考价值，亦可作为本科高年级学生及研究生的教材及教学参考书。

图书在版编目(CIP)数据

流动显示与测量技术及其应用/申功炘，康琦著. —北京：科学出版社，
2020.11
  ISBN 978-7-03-064852-5

  Ⅰ. ①流… Ⅱ. ①申… ②康… Ⅲ. ①流动显示-研究②流体流动-测量技术-研究 Ⅳ. ①O354②O351.2

  中国版本图书馆 CIP 数据核字 (2020) 第 062209 号

责任编辑：赵敬伟／责任校对：彭珍珍
责任印制：吴兆东／封面设计：耕者工作室

科学出版社 出版
北京东黄城根北街 16 号
邮政编码：100717
http://www.sciencep.com

北京建宏印刷有限公司 印刷
科学出版社发行　各地新华书店经销

*

2020 年 11 月第 一 版　开本：720×1000　1/16
2021 年 4 月第三次印刷　印张：22 3/4
字数：459 000
定价：188.00 元
(如有印装质量问题，我社负责调换)

前　　言

流体力学是一门古老而又依然充满生机的基础学科。大禹治水是人们尊重自然、解决洪灾的美好传说；经过近几个世纪的努力，形成了基本完备的流体力学理论体系；然而湍流问题依然是经典物理遗留下的世纪难题……

实验流体力学用观察和实验方法研究流体行为，是流体力学研究方法学上重要的分支之一。实验流体力学是流体力学的基础，很多基本概念的提出、重要定律的获得以及理论体系的建立来源于流体实验的支持。如雷诺1883年管道流实验发现转捩现象，提出了两种不同的流动状态"层流"与"湍流"及其"转捩"的概念；普朗特1904年水槽实验观察到边界层与分离现象，提出"边界层"的概念；著名的卡门涡街理论也由冯·卡门通过分析普朗特的博士生卡尔观测圆柱体后面的流动实验结果而获得的。

流体测试技术是现代实验流体力学发展的关键，涉及流体力学、光学、传感、计算机技术、图像处理、数据信号分析等多个学科。新技术的应用，极大地带动了流体测试技术的进步，也为实验流体的发展带来了机遇和挑战。现代流体测试技术的发展，已使我们对流体运动有了更深刻而全面的了解。其技术实践的发展历程经历了从定性到定量、从宏观到微观、从大尺度到微纳米尺度、从单点到全场、从后处理到在线实时、从抽象到直观，并仍在不断地探索前进中。流体测试新技术的发展牵引着流体力学的新发现，也检验及验证流体力学其他研究的预测和应用。

20世纪80年代开始，实验流体力学迎来现代高科技迅猛发展的年代，电子技术特别是激光技术、计算机技术与数字图像技术引入实验流体力学这门古老的学科，对现代实验流体力学的发展具有里程碑式的意义。

申功炘教授是中国实验流体力学全流场观测理论及技术的探索者和创始人，倾其一生致力于流动显示与流场测试技术的发展。1960年，申功炘从北京航空航天大学（原北京航空学院）毕业并留校从教于应用力学系。1982年，他有幸得到陆士嘉、庄逢甘、文传源和吴耀祖先生的推荐和指导，经选拔考试成为改革开放后第一位赴美国加州理工学院航空系的访问学者，参加了由H. Leipmanm D、Coles A. Rochko、吴耀祖以及P. Dimotakis等教授组织的人工湍流边界层流动结构特性和机理的实验研究以及当时最先进的流场内部结构PLIF激光片光测试技术的研发等，了解到了实验流体力学的精深和当时实验流体研究的前沿。回国后，1985年起历任北京航空航天大学流体力学研究所副教授、教授、博士生导师。申功炘教授的贡献和成就表现在多个方面，如：创新性设计和实现了中国风洞现代电子控制和测量技术及应用；开创性提出和探索了全流场观测理论、技术及应用；开创性开展了仿生实验流体力学的研究。为我国航空航天、空间科学、流场仪器商业化、科研管理以及海外科技等领域培养了多种复合型人才。一生最有代表性的成就是实验流体力学全流场观测的理论、方法、技术以及应用基础的开创性探索。发表论文120余篇，合作著作5部，获国家发明专利2项，获各种部级科技成果奖10余项。曾担任《力学进展》常务编委，《实验流体力学》编委等。主办国际会议，担任各种国际学术会议学术委员会主席、副主席、委员等。

申功炘教授，早在2010年体检查出肺癌，他没有把病情告诉任何人，自己默默承担下来，坚持本书稿的写作，直到生命的最后时刻，为他所热爱的事业鞠躬尽瘁，将自己一生的心血与积累凝聚在本书中。2015年3月1日，他走完了他坎坷的、探索的、执着的、也是浪漫的一生。正如他自己所说："这是一个苦难又精彩的世界，值得我们奋发和奉献，也永远值得欣赏和回味。"按照申功炘教授留下的愿望，我们整理完成了这本书稿，又撰写补充了书稿后面几章内容，奉献给实验流体界的同行和同学们。

非常荣幸与我的老师申功炘教授共同完成本书的出版，完成申老师的心愿。感谢申功炘教授的各位学生共同工作的贡献，特别是段俐研究员后期对书稿大量的校对、编辑和整理工作；感谢申功炘教授的夫人罗又华女士对完成本书给予的全力支持。

由于本书讨论的技术问题范围广泛，涉及很多交叉学科，难免出现错误，敬请学界同仁不吝赐教。

康　琦

2020年6月

目　　录

第1章 引　　言

1.1　流动显示和定量化流动显示在流体力学
发展中的地位与作用

　　流动显示是一个学术名词，已经有数百年的历史，但实际上人类早就从自然界的观察中开始认识流体的流动现象，如从美丽的景色所看到的水的流动和旋涡现象，见图 1-1。古老的建筑上就有波浪和旋涡的图案，见图 1-2。

图 1-1　漂浮在 Azusa 河表面的落叶松

　　由于流体力学研究对象 —— 流体（如空气和水）大多均匀透明，流动形态不可见，人们总是力图使其可视化，以便能达到对流动的观测和理解。因而流体力学的进展几乎和流动显示不可分割。流体力学的发展史、流体力学的重要发现和突破及在工程应用和设计的理解和启发都离不开流动显示，足以见证流动显示在流体力学领域中的重要地位和作用。许多重要进展，无不与流动显示，新的观测方法和技术的进展相关。

图 1-2   古建筑上的漩涡图案

流动显示作为一种观察研究流动的方法和技术，很长时期并不为人们所重视，是最方便简单廉价的手段之一，就是用点墨水和烟而已，材料司空见惯。直到近几十年来，面临许多非定常流动，复杂流动，很多不清楚的流动现象和特征，流动显示不得不再度被人们重视起来。

流动显示从最古老的方法，到不断发展的各种各样的方法，引进了很多高新技术，从显示外观到显示流体内部流动，从定性到定量，实现所谓定量化流动显示。现在被作者称之为 "全流场观测"（Full flow field observation & Measurement, FFFOM）技术，即充满全流场的观测和测量技术，实现了既定性又定量，既具全流场观测又具点分辨力的观测技术，乃至今日已成为当代流体力学全流场观察和测量最接近理想和实用的手段，也成为揭示非定常复杂流动特性和机理最重要的方法和途径。

下面所举若干例子，都可以说明流动显示起到了树立流体力学发展里程碑的作用。流体力学发展里程碑 —— 流动显示历史回顾如下：

1. 列奥纳多 · 达 · 芬奇的水绕障碍物流动

列奥纳多 · 达 · 芬奇（Leonardo da Vinci，1452—1519）是文艺复兴时期的科学家、发明家、画家。他一生留下 13000 页手稿，全是艺术与科学的混合记录。他从事很多领域的科学研究，涉及物理学、数学、生物解剖学等。在流体力学研究方面，他总结出河水的流速同河道宽度成反比，用这一结论说明血液在血管中的流动；在工程应用方面，他设计了运河、水利工程等，通过研究鸟翼运动设计飞行器。达芬奇的水绕障碍物流动，见图 1-3 是实验流体力学重要的里程碑。

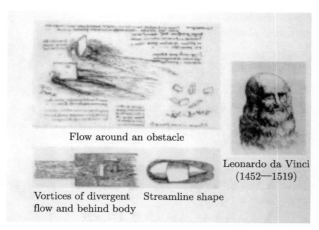

图 1-3　水绕障碍物流动

2. 雷诺的管道流实验

雷诺（Osborne Reynolds，1842—1912）是英国力学家、物理学家、工程师。他 1867 年毕业于剑桥大学王后学院，1868 年任曼彻斯特欧文学院的首席工程学教授，1877 年当选为皇家学会会员，1888 年获皇家奖章。他一生兴趣广泛，著作很多，内容包括力学、热力学、电学、航空学、蒸汽机特性等。雷诺 1880 年完成的湍流转捩实验 (染色液)，见图 1-4，发现层流到湍流的转捩现象，是重要的里程碑。

图 1-4　雷诺的湍流转捩实验

3. 恩斯特·马赫发现激波

马赫（Ernst Mach，1838—1916）是奥地利-捷克的物理学家、生理学家、心理学家和哲学家。马赫创造了一种科学哲学，认为世界是由一种中性的"要素"构成，无论物质还是精神都是这种要素的复合体。马赫的思想对爱因斯坦创立广义相对论起到了一定的作用，爱因斯坦誉其为相对论的先驱。马赫在研究物体在气体中的高速运动时，发现了激波，拍摄到激波的清晰照片，是实验流体力学的里程碑，见

图 1-5。

图 1-5　马赫发现激波膨胀波

4. 路德维希·普朗特发现边界层

普朗特（Ludwig Prandtl，1875—1953）是德国物理学家，近代力学奠基人之一，被称作空气动力学之父和现代流体力学之父。1901~1904 年先后任汉诺威大学和哥廷根大学教授。1925 年担任马克斯·普朗克流体力学研究所所长。普朗特 1903 年的水槽实验，用微小粒子流动显示方法观察到边界层和它的分离现象，是最初对边界层的理解，是实验流体力学的里程碑，见图 1-6(a)。此水槽模型陈列在德国哥廷根宇航院（DLR），图 1-6(b) 是作者和水槽的合影。

(a)   (b)

图 1-6　普朗特的边界层速度型试验和水槽

5. 普朗特和埃菲尔的圆球阻力之争用烟流动显示揭示了湍流对分离的重要影响

埃菲尔（Eiffel）圆球阻力测量 D_1，普朗特圆球阻力测量 D_2；$D_1 < D_2$（$D_1 \sim 1/2D_2$）。普朗特的学生说埃菲尔没有除以 $1/2\rho v^2$ 的 $1/2$，使埃菲尔很生气，他做了系统试验，发现 Re 数达到某值后，阻力突然下降，但不知原因。普朗特找出了原因，由于分离现象的出现，层流低 Re 数即发生分离，阻力大大增加，湍流推迟分离，在高 Re 数下才分离，造成阻力不同，现已广为人知。两地测阻结果不同，是

因为两地风洞的湍流度不同。后来在低湍流度风洞低 Re 数下试验，在圆球上加了一根细丝，由此发生强迫转捩，也推迟了流动分离，测阻结果达到一致，最后解决了争端。图 1-7 为普朗特所做层流、湍流分离流动显示的示意图。用烟流显示圆球测力的流动分离影响。

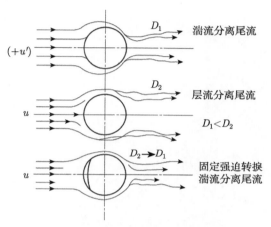

图 1-7　层流、湍流分离流动显示示意图

6. 冯·卡门的绕圆柱卡门涡街流动

流动显示揭示了存在流动稳定性问题。冯·卡门（Theodor von Kármán, 1881—1963）的氢气泡绕圆柱流动卡门涡街（对称式结构–不稳定结构，不对称式结构–稳定结构）证明了不稳定性的发现（与 Re 数有关），如图 1-8。

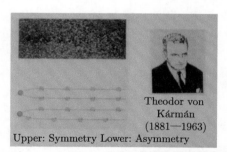

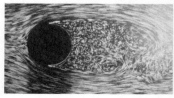 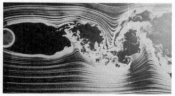

图 1-8　卡门涡街证明了不稳定性的发现

7. 法国巴黎宇航院水洞实验室的尖前缘分离涡流动显示试验

图 1-9 表明尖前缘分离涡受 Re 数影响很小，开创飞机设计分离流型思想（涡升力，20 世纪 60 年代）。此水洞设备在法国巴黎宇航院。

图 1-9　尖前缘的分离涡流动显示

8. 克劳恩的湍流快慢斑条带结构

20 世纪 60 年代，克劳恩（Stephen Jay Kline，1922—1997）应用氢气泡技术通过流动显示展现湍流快慢的斑条带结构，如图 1-10。

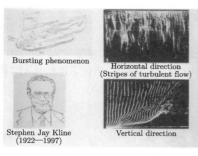

图 1-10　湍流快慢斑条带结构

9. 波朗和罗希柯提出湍流中存在拟序结构

波朗和罗希柯（Brown and Roshko, 1975）用阴影仪对剪切流（氮，氦）进行观察，提出了湍流中存在有组织的结构（大涡结构，Coherent structures），即所谓拟序结构，如图 1-11。

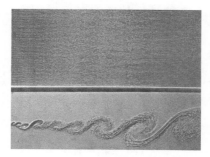

图 1-11　拟序结构的发现

10. 迪摩泰基斯和达姆的"混合转捩"的现象和概念

迪摩泰基斯（P. Dimotakis）和达姆（W. J. A. Dahm, 1982）等对"混合转捩（Mixing transition）"现象的发现和概念的提出（激光诱导荧光流动显示技术应用），如图 1-12。

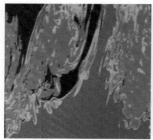
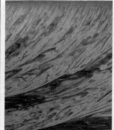

图 1-12　混合转捩现象的发现和提出

11. Adrian 发明粒子图像测速技术

J. Adrian 等（1985）发明了粒子图像测速技术（Particle image velocimetry, PIV）并用该技术观测了瞬时速度场得到边界层中的涡结构及其演化和瞬时涡结构等，如图 1-13 和如图 1-14。

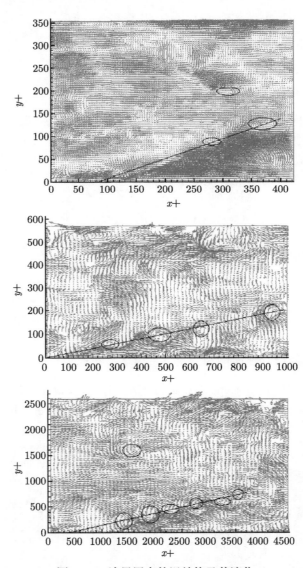

图 1-13 边界层中的涡结构及其演化

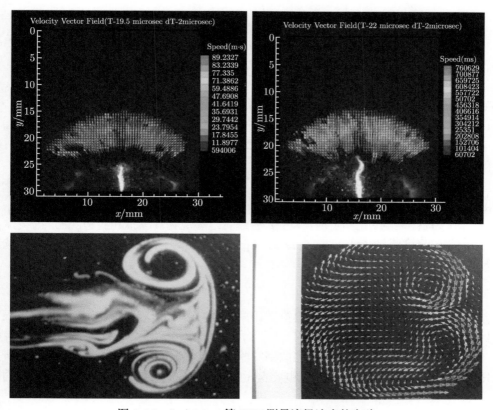

图 1-14 J. Adrian 等 PIV 测量流场速度的实验

1.2 流体力学面临的问题和挑战

尽管人类研究流体力学已有百年历史，但面临新世纪、全球化的大发展时代，流体力学面临新的挑战和问题。

1. 挑战

(1) 人类所面临的大自然存在的现象，至今仍有许多谜团：气象、河流旱涝、台风（龙卷风）、火山喷发、天体运行（银河系）、昆虫的运动、鸟类飞行、细胞运动、血液流动、鱼类运动（沙鱼减阻）等，都源于大自然，尚未完全解密流体力学无所不在，探索无限。

(2) 人类生活面临 21 世纪的新技术挑战：如高巡航速、高机动、高隐身飞行器（舰船），空天飞行器，巨型旅客机，微型飞行器，高速列车，高层建筑，大跨度桥梁，医疗器械，人工心脏，纳米集成技术（散热），纳米机械等。

2. 问题

(1) 复杂空间结构流动（场）：流动结构外形复杂；具有分离、多涡及涡相互作用；具有波系、波系和涡、喷流相互作用。

(2) 定常流动和非定常流动：流动分为定常流动和非定常流动，很多机动飞行、突变、动载荷通常会出现非定常流动现象。流动显示的理论和方法也面临新问题，如流线、迹线、染色线不再是一条线。

(3) 线性和非线性动力学问题：在大迎角、大扰动、非定常的流动中，通常具有非线性特性。

(4) 湍流 —— 仍然没有攻克的堡垒：湍流结构复杂，随空间、时间都在发生变化，是非周期的非定常流动现象。

(5) 高温、高焓、化学反应流动：具有超音速燃烧物理模拟和实验观测的难题。

(6) 微尺度流动（Microscale flow, Nanoscale flow）：同样具有物理模拟和实验观测的难题。

3. 途径

(1) 理论方面：计算机数值模拟受计算机能力限制，受物理本质尚不清楚的限制，具有可信性问题。

(2) 实验研究：这里指的不是数字实验，而是物理实验。这也许是最昂贵的研究，但也是最真实物理流动的观测研究，也是至今可以认为最具基本性和可信性的研究。

20 世纪末，面对新世纪面向非定常复杂流动的挑战，人们如同盲人摸象一样，无法了解大象的全貌（如图 1-15），而且由于观测的还是一头奔跑的大象，盲人连摸都摸不着，实验流体力学需要有一双明亮的眼睛，才能看清楚真实的非定常复杂物理流动。不少人提出了流体物理、空气动力学的研究前沿方向和课题。

至今，应该说也遇到了很多困难，要重现和观测真实的物理流动并非是易事。传统方法失效，如同盲人摸象，物理本质的观测理解存在根本性困难，要实现观测真实的物理流动，很大程度上取决于新方法、新技术的进展和应用。流动显示再度被重视，流动显示引入高新技术（激光、图像技术、计算机技术），使得流动显示实现了定量化、空间化。

图 1-15 盲人摸象

1.3 近代流动显示方法和技术的特点

(1) 直观性：这对以实验观察为基础的学科具有特别重要的意义，否则难以达到对研究对象的理解。

(2) 流态多方向、多切面的流体内部流动可观测性：引入激光片光技术已使其成为可能。

(3) 完整性：可在完整的空间范围和时间历程内观测流动，特别对于存在复杂旋涡时空结构的流动更为重要。否则如同瞎子摸象，点反映不了整个空间，时间结构也替代不了空间结构。

(4) 无干涉性：在物理上几乎不侵入，不干扰流动，原则上无探头、探针。

(5) 同时性：可瞬时地取得整个流动的流态。

(6) 流态的可分析性：流态的基本特征，包括分离再附，层流湍流，旋涡的形成、破裂、相互作用以及流谱；拓扑学的应用，可以对流动进行比较正确、完整的定性分析。

(7) 流态的可量化性：流动显示的近代发展提供了定性定量一次化途径，并具有与数值模拟（CFD）结果直接比较的特点。如激光诱导荧光流动显示技术（LIF），既可揭示流动的混合结构，又可进行混合浓度，速度场等定量测量。又如粒子图像测速技术（PIV）目前空间分辨力和测速精度已接近单点的激光多普勒测速仪（LDV）。引入激光、近代光学、图像处理、计算机技术，使流动的观察（显示）发展既定性又定量的观测，测量得到各种密度场、浓度场、温度场、压力场、速度场等标量场及向量场。

　　鉴于近代流动显示具有以上特点，又被称为空间化定量化的流动显示，已成为跨世纪的研究前沿。这是一门多学科交叉的新领域，由原先传统技术，到近几十多年来引入了近代光学、激光技术、数字图像技术、计算机技术及 CFD 技术，流动显示已成为一个涉及面非常广泛的研究领域，其应用有涉及各类流动，因而也成为当前流体力学最活跃的学术领域之一。无论美国物理学 2000 年或是美国 NASA 的 21 世纪航空技术规划，都将具有上述特点的测试诊断技术研究作为大力支持发展的方向。

1.4　关于理想的流体力学实验观测手段

　　对于理想的或近乎理想的实验观测手段，其目标在于能对湍流等有突破性的了解。2000 年前后有如下的描述："理想的流体力学仪器是能够近似作点分辨力的非侵入式的，并能从相当大的流动容积内同时取得数据，显示出该容积内任意切面的流动"。综合考虑，可以认为，这种近乎理想的观测手段应具备如下功能和技术要求：

　　1. 非接触式的，对流动几乎无干扰作用

　　尽可能不再有侵入流场的探头，应该基本上用光学和光电的方法。

　　2. 既要能展示流动时空结构形态，又要能瞬时获取整个流场的定量数据

　　即既要能定性地观察到流动的整个结构（如拓扑结构，旋涡分布结构等）的时间历程，又要能瞬时取得定量的标量或向量（速度、压力、温度、涡量分布）场的数据。

　　3. 具有观测全尺度时空范围完整性和高时空分辨力的能力

　　对于不同的研究对象，自然有不同的时空尺度。所谓的全尺度空间范围，是指研究流动所涉及的空间范围。其完整性，指能够观测完整的空间范围直至微观尺度，或各种特征尺度上（如湍流，从大涡结构尺度 λ_δ，Taylor 微尺度 λ_T，粘性 Kolmogrov 尺度 λ_γ 直至 Batchelor 分子尺度 λ_D）的分辨能力。所谓的全尺度时间范围，是指研究流动所涉及的时间过程的范围和经历，亦即指能够观测完整的时间范围直至微观尺度，或各种特征时间尺度上的分辨能力，详见第 2 章。

　　4. 能以直观、丰富的信息形式表示，描述取得的观测结果

　　信息量巨大，势必要用三维或四维（动画）形式来描述取得的观测结果，并且也应能在此基础上，从不同角度，以不同方式去重现，分析研究取得观测的流动。

5. 能实时或几乎实时地取得实验结果信息

即要求高的数据获取率和传输率（估计从 1~100GB/S 到 2~3KGB/S），数据贮存容量（MGB~GGB）及非常高的数据处理速度。随着高速信息公路、光纤技术（具有 KGB/S 的潜力）等发展，这也不是不可能的。

6. 低成本和方便使用性

估计在相当长一段时间内，还不易做到，但目前一套高档 PIV 系统已与 LDV 系统的价格相当，低成本和方便使用性预计一二十年后有可能达到的。

要满足理想的要求特别是因为对象是流体的流动，如在医学上已采用的 CT 技术，即使其方法途径在静态是可行的，但对流动，在 20 世纪末（作者在 20 世纪 90 年代中开始讲授本课程时）还是无法采用的。再加上如果满足全部要求，那就更增加了难度。时至今日此项观测技术发展之快，真难以预料，所谓的 TOMO-PIV 已将基于 CT 技术应用于流场观测中。

以上分析，我们看到现状离理想的要求有多少差距。要求最关键、最重要的是前三项，在追求实现理想的观测技术途径中也有了一些重要进展。一种称之为全场测量技术（FFM-Full field measurements）正在兴起，正在努力向目标逼近。这也意味着以光学、光电物理诊断方法为基础，以图像系统，乃至以多媒体系统为核心的第四代或第五代的流体力学观测技术、手段的到来。

综上所述，20 世纪末提出了所谓流动显示定量化的概念，进而作者提出所谓"全流场观测"（Flow full field observation & Measurement, FFFOM）的概念和技术，近年来，理想或近似理想的流场观测途径已经有了很大的进展。

1.5　流动显示技术的分类综合

1. 流动显示技术分类

流动显示当前已发展成为具有非传统内容的新学科，流动显示与激光技术、图像处理、计算机技术、全息技术等高新技术结合，已开辟了许多新领域，成为跨学科、多学科意义的研究结合点。图 1-16 反映了流动显示以不同物理基础的各种方法以及数值处理的途径和相互关系。

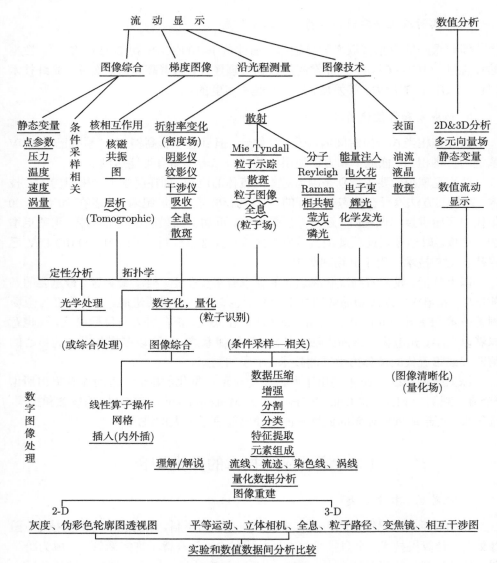

图 1-16　流动显示的分类及数值处理相互关系

2. 全流场观测技术及其分类

"全流场观测"的概念和技术乃是人们追求和实现上述理想或近乎理想的测试方法和手段的一种努力途径。

近十余年来是在全场观测技术取得重要进展的时期。首先流动显示、可视化方面再度被重视，并引入了许多新技术，尤其是激光片光、激光扫描技术，有了新的飞跃。不仅从整体上而且在比较精细的层次上，不仅外观而且流动内部（切面）上可以揭示流动结构形态，这为全流场观测技术奠定了重要基础。

全场观测技术，参照 Adrian, Hessclink 等的分类，正在采取的技术途径的分类如图 1-17 所示。总的来说分粒子示踪和分子示踪两大类。分子示踪作为全尺度观测具有本质的优点，可能具有观测分子尺度的潜力。从流动显示角度讲，已有不少贡献，如在混合流动中提出了混合转捩（Mixing transition）的新概念。另一方面在定量测量方面，测量的精度、空间分辨力，应用于流动的研究等方面还是以粒子为示踪子的技术较为成熟一些。如 2D-PIV，2Dt-PIV，2Dt-3C-PIV，如今 3Dt-3C-PIV 技术已组成仪器，走向市场（德国 LAVISION 公司、丹麦 DANTEC 公司、中国立方天地科技公司等）。详见下面章节将介绍若干主要技术途径基本原理、技术、达到的水平、应用及其发展趋向。

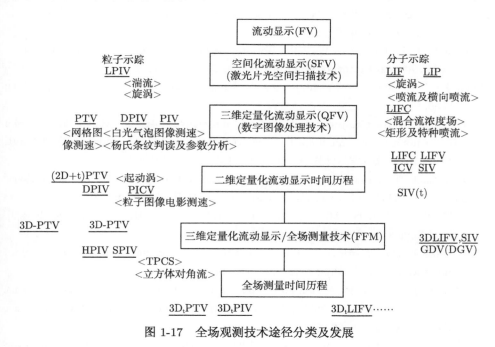

图 1-17　全场观测技术途径分类及发展

参 考 文 献

崔尔杰. 2005. 空天技术发展与现代空气动力学 [M]. 近代空气动力学研讨会论文集 (祝贺庄逢甘先生八十华诞), 北京: 中国宇航出版社.

范洁川. 2002. 近代流动显示技术 [M]. 国防工业出版社.

申功炘. 1992. 激光空间流动显示及其应用 [J]. 空气动力学学报, (3): 283-292.

申功炘. 1995. 近代流动显示和全场观测技术的若干进展与展望 —— 近代流体力学讲义 [M].

申功炘. 1995. 全流场观测技术进展与展望–兼述在北航的若干进展 [C]. 第一届海峡两岸航空太空学术研讨会, 台北: 淡江大学, 12: 14-15.

申功炘. 1997. 全场观测技术进展与展望 [M]. 北京: 国防工业出版社,

申功炘, 张永刚, 曹晓光, 吴坚. 2007. 数字全息粒子图像测速技术 (DHPIV) 研究进展 —— 接近理想的流体力学实验观测途径之一 [J]. 力学进展, (4): 563-574.

孙茂, 吴江浩, 兰世隆. 2003. 微型飞行器的仿生流体力学 [C]. 空气动力学前沿研究论文集, 33-38.

伍长征. 1989. 激光物理学 [M]. 上海: 复旦大学出版社.

袁湘红, 张涵信. 2004. 激波分离等复杂流动现象对扰动波传播的影响 [C]. 近代空气动力学研讨会, 318-327.

朱德忠. 1990. 热物理激光测试技术 [M]. 北京: 科学出版社.

Anrreas S, Christian E. 2008. Willert. Particle image velocimetry: new developments & recent applications[M]. Springer-Verlag.

Délery J M. Robert L, Henri W. 2001. Toward the elucidation of three-dimensional separation[J]. Annual Review of Fluid Mechanics, 33(33): 129-154.

Dimotakis P E. 2005. Turbulent mixing[J]. Annual Review of Fluid Mechanics, 37(1): 329-356.

Dussauge J P. 2001. Compressible turbulence and energetic scales: what is known from experiments in supersonic flows[J]. Flow, Turbulence and Combustion, 66(4): 373-391.

E.O 布赖姆. 1979. 快速富里叶变换 [M]. 上海: 上海科学技术出版社.

Förste J. Lugt, H. J. 1983. Vortex flow in nature and technology[M]. John Wiley & Sons.

Goldstein R J. 1983. Fluid mechanics measurements[M]. Taylor & Francis.

Ho C M, Tai Y C. 1998. Micro-electro-mechanical-systems (MEMS) and fluid flows[J]. Annual Review of Fluid Mechanics, 30(1): 579-612.

Ho S, Nassef H, Pornsinsirirak N, et al. 2003. Unsteady aerodynamics and flow control for flapping wing flyers[J]. Prog Aerospace Sci, 39(8): 635-681.

Lugt H J, Gollub J P. 1984. Vortex flow in nature and technology[M]. John Wiley & Sons.

Merzkirch W, Kauffman C W. 1975. Flow visualization[J]. Encyclopedia of Physical Science & Technology, 28(11): 66-67.

Raffel D I M, Willert C E, Kompenhans J. 1998. Particle image velocimetry[M]. Springer.

Rosenfeld A, Kak A C. 1982. Digital picture processing-Volume 1, Volume 2[J]. Computer Science & Applied Mathematics New York Academic Press Ed, 6(2): 113-116.

Shen G X. 1995. On stage and trend of full field diagnostics & measurements[C]. 5th Chinese National Conference on Experimental Fluid Mechanics, 1-10.

Shen G X, et al. 1997. On Progress of full field velocity measurements[J]. Advances in Mechanics, 27(1): 106-121.

Shen G X. 1997. Concept trace trend on full field observation measurement techniques[J].

J of Beijing University of Aeronautics & Astronautics, 23(3): 332-340.

Shen G X. 1997. On approach to ideal observation & measurement technique for fluid mechanics with a introduction of some recent work in BUAA[C]. Optical Technology in Fluid , Thermal and combustion flows III (SPIE), San Diego. US. 3172(55): 7.28-8.3.

Shen G X. 1999. On PIV & its application to face the new century[C]. Invited paper, 4th National conference on Flow visualization, Guilin, 12: 1-4.

Shen G X. 2000. On PIV to face new century[J]. Experiments & Measurements in Fluid Mechanics, 14(2): 1-15.

Shen G X. 2005. Some discussion on full flow field observation & measurement for unsteady flows[C]. Invited Keynote paper, 8th Asia Symposium Visualization, ShangMai, Thailand, 23-28 May.

Shen G X. 2010. 3Dt-3C DSPIV study for bio-fluid periodic flows[C]. 14th ISFV, June 21-24, Daegu, Korea.

Stanislas M, Westerweel J, Kompenhans J. 2003. Particle image velocimerty: recent improvements[M]. Springer-Verlag.

Stone H A. 2004. Engineering flows in small devices microfluids toward a lab-on-a chip [J]. Annu. Rev. Fluid. Mech, 36: 381-411.

Triantafyllou M S, Triantafyllou G S, Yue D K P. 2000. Hydrodynamics of fishlike swimming[J]. Annual Review of Fluid Mechanics, 32(32): 33-53.

Wang Z J. 2005. Dissecting insect flight[J]. Annual Review of Fluid Mechanics, 37(1): 183-210.

第2章　流场的描述及观测流场的时空尺度分析

2.1　流场的描述、流线、迹线和染色线

2.1.1　流体的基本运动

流体的基本运动形式包括流体微团平动、转动及变形等，见图 2-1。

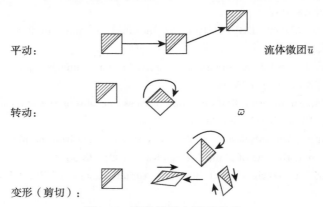

平动：　　　　　　　　　　　　　　　　　　流体微团 $\bar{u}$

转动：　　　　　　　　　　　　　　　　　　ϖ

变形（剪切）：

图 2-1　流体的基本运动形式

2.1.2　描述流动的基本方法

按照运动学的观点，描述流体的运动有两种基本方法：拉格朗日法和欧拉法。

1. 拉格朗日法（拉式）

直接描述流体质点（微团）的运动，亦即跟随流体质点运动的方法，是基于理论力学研究质点及质点组的运动方法，应用于连续介质。

质点运动方程：

$$\vec{r} = \vec{r}(a, b, c, t) \tag{2-1}$$

(a, b, c) 为质点在 $t = t_0$ 的坐标，或可记为 $t = t_0, x = x_0, y = y_0, z = z_0$，亦即拉格朗日参数。

相应速度、加速度为

$$\vec{V} = \partial \vec{r}(a, b, c, t)/\partial t \tag{2-2}$$

$$\vec{\dot{V}} = \partial^2 \vec{r}(a, b, c, t)/\partial t^2 \tag{2-3}$$

2. 欧拉法（欧式）

设法在空间中的每一个点（位置）上描述出流体运动随时间的状态。以空间作为着眼点，亦即如果流经空间每一点上的流体运动都已知道，同样整个流体的运动状态也就知道了。

即给出空间速度分布场

$$\vec{V} = \vec{V}(\vec{r}, t) \tag{2-4}$$

$$\vec{r} = \vec{r}(x, y, z)$$

如果 $x, y, z = \text{constant}$，则表示空间某一点上速度随时间的变化；如果 $t = \text{constant}$，则表示某一时刻空间速度场分布。

若均匀流场 $\vec{V} = \vec{V}(\vec{r})$，表示速度不随空间位置变；对于定常流场 $\vec{V} = \vec{V}(t)$，表示速度不随时间变。

流体运动的加速度为

$$\frac{\mathrm{d}\vec{V}}{\mathrm{d}t} = \frac{\partial \vec{V}}{\partial t} + \vec{V}\frac{\partial \vec{V}}{\partial \vec{r}} \tag{2-5}$$

3. 流动的欧拉方式和拉格朗日方式观测

欧拉法：不直接追究质点的运动过程，而是以流场为对象，研究各时刻质点在流场中的变化规律。是一种一阶数值方法，用以对给定初值的常微分方程求解，通常用于描述定常流动。

拉格朗日法：又称随体法，跟随流体质点运动，记录该质点在运动过程中物理量随时间变化规律。

(1) 流动的数学描述

欧拉方式是空间描述，流体流经空间某一位置变化的描述，表征流线。

拉格朗日方式是跟踪流体质点运动的描述，表征迹线。

(2) 流动的实验观测方式

附 2-1：欧拉观测方式——定位观测（Station）

例 2-1 风洞中皮托管压力或速度测量，可采用压力探头排、热线风速仪或激光多谱勒测速仪（LDV）测量流场速度。如图 2-2 所示。

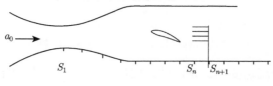

$\bar{u} = \bar{u}(\bar{x}_{A_i}, t)$，$A_i$——空间位置

图 2-2 风洞内流场测速

将图 2-2 中空间各点 $\overline{X}_{A_i}$ 全部测到（包括时间历程），则可以认为对整个流动有所了解。此方法比较容易实现，但存在一些问题，如仅通过测量流体通过该空间区域的速度，看不到完整的流动演化过程。

附 2-2：准欧拉观测方式

例 2-2　喷流混合流、欧拉式流态和准欧拉式流态见图 2-3。

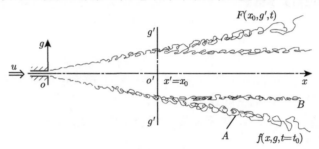

图 2-3　欧拉式流态和准欧拉式流态

A：直接由面阵相机或全场 PIV 观测流动流态，因为是瞬时空间的定位观测记录，称为欧拉式流态，见图 2-3 中 A。

B：采用线阵 CCD 或是一排探针（热线风速仪或七孔测压探针）测量流场，记录某一空间位置发生的流动随时间变化的过程，是局域空间的流动时间记录（但并非同一流体质点的流动时间历程记录，也不是空间的瞬时记录），因而既非拉式，又非欧拉的观测方式，是一种特殊的流动显示方式，可称准欧拉方式，见图 2-3 中 B。这种特殊的流态不能完整地展示流动的真实形态。因为观察的是 g'-g' 线上的（空间）——欧拉形式的，但又非一线的结果，而是展示了一个面的结果，但不是真实面（欧拉形式）的流动，是一个时间历程，因而有所区别，称准欧拉方式。

附 2-3：拉格朗日观测方式

实验仪器跟踪流体微团，观测流体微团的运动和发展是拉格朗日观测方式，如图 2-4 所示。

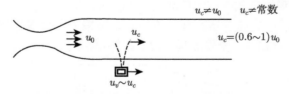

图 2-4　跟踪流体微团测速 —— 拉格朗日观测方式

图中，u_0 是来流速度，u_c 是流动结构传递速度，u_v 是观测仪器的移动速度；$u_c \neq u_0, u_c \neq$ 常数，$u_c = (0.6 \sim 1)u_0$；$u_v \sim u_c, u_v = \overline{u}_c, \overline{u} = \overline{u}(\overline{x}_{B_i}(t), t)$，$B_i$ 流体质点。

这种测速方法比较难以实现，但能清楚观测实际流体的微团流动结构的变化和发展。

附 2-4：准拉格朗日观测方式

采用图像记录（相机不动），另一种记录拉格朗日流动结构的方法。只要拍摄记录的图像足够大，尽管观察者或记录设备不跟随流动结构（流体微团）移动，也可得到流动的拉格朗日结构（流态等）。如图 2-5 所示，拍摄不同时刻一系列的欧拉场，只要流动结构（流体微团，$B_1, B_2, \cdots, B_i, \cdots, B_n$）一直还在拍摄的图像范围内，则可得到该流动结构向下游演化过程的结果，即拉式的结构形式。有别于通常的拉格朗日方法，称此为准拉格朗日方式，或准拉式方式。

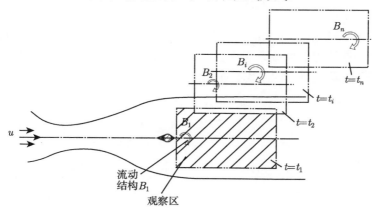

图 2-5 准拉格朗日观测方式的示意图

2.1.3 流线、轨迹线

1. 轨迹线

轨迹线（迹线, Path line）即同一流体质点在不同时刻运动形成的曲线，是拉式最直接表达式，如黑暗中可见的萤火虫的运动轨迹。

迹线的拉式表达式，如图 2-6 所示。

$$\vec{r} = \vec{r}(a, b, c, t) \tag{2-6}$$

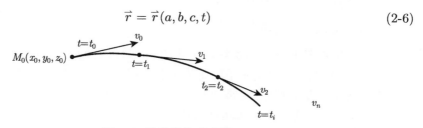

图 2-6 迹线的拉式表达

由已知，$\vec{V} = \vec{V}(\vec{r}, t)$，转换为拉式表达式：

$$\left.\begin{aligned}\frac{\mathrm{d}x}{\mathrm{d}t} &= u(x, y, z, t)\\[1mm]\frac{\mathrm{d}y}{\mathrm{d}t} &= v(x, y, z, t)\\[1mm]\frac{\mathrm{d}z}{\mathrm{d}t} &= w(x, y, z, t)\end{aligned}\right\} \quad \frac{\mathrm{d}\vec{r}}{\mathrm{d}t} = \vec{V} = (\vec{r}, t) \tag{2-7}$$

解上述方程，代入初始条件，$M_0(x_0, y_0, z_0), t = t_0$ 求解即可得过 M_0 点 t_0 时刻的迹线方程。

2. 流线

流线（烟风洞, Stream line）：对某一特定时刻，曲线上任一点（空间点）的速度方向和曲线在该点的切线方向重合，见图 2-7。流线由在同一时刻不同流体质点所组成，亦是在该时刻，不同流体质点的运动方向。

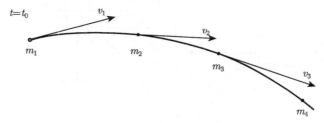

图 2-7　流线的欧式表达

流线方程（欧式），设 $\mathrm{d}r$ 为流线上的弧元素，已知 $\vec{V} = \vec{V}(\vec{r}, t)$
则

$$\mathrm{d}\vec{r} \times \vec{V} = 0 \tag{2-8}$$

即

$$\frac{\mathrm{d}x}{u(x, y, z, t)} = \frac{\mathrm{d}y}{v(x, y, z, t)} = \frac{\mathrm{d}z}{w(x, y, z, t)} \tag{2-9}$$

其中 t 为参数，作为积分时常数处理。

3. 迹线和流线的关系

迹线和流线是两种不同物理意义的曲线。迹线是同一质点在不同时刻运动形成的曲线。流线是同一时刻由不同流体质点（或说空间位置）运动方向组成的曲线。非定常情况下，两者不同；定常情况下，两者重合，合而为一。

例 2-3　空气静止，机翼运动，观察者静止，图 2-8(a) 为流线，图 2-8(b) 为迹线。若机翼静止，空气自左向右运动，观察者静止，流线和迹线相同，见图 2-8(c)。此外观察坐标系的改变，流动可由非定常状态变为定常状态。

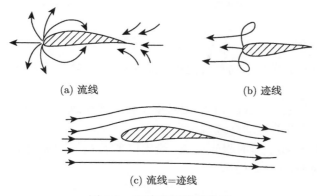

(a) 流线 (b) 迹线

(c) 流线=迹线

图 2-8　迹线和流线的关系

例 2-4　图 2-9 显示旋涡的流线和迹线，t_0 时刻的质点 1 在 t' 时刻，t'' 时刻、t''' 时刻分别为 $1'$、$1''$、$1'''$，t_0 时刻的质点 2 在 t' 时刻、t'' 时刻、t''' 时刻分别为 $2'$、$2''$、$2'''$，图 2-9(a)～(c) 显示的是不同时刻流线，图 2-9(d) 显示的是 1，2 质点的迹线。

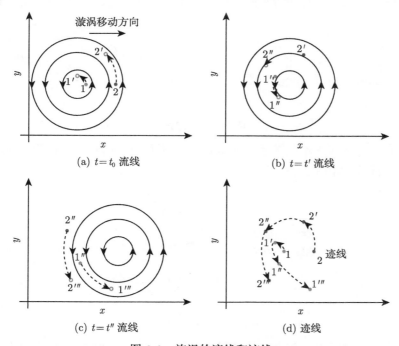

(a) $t=t_0$ 流线 (b) $t=t'$ 流线

(c) $t=t''$ 流线 (d) 迹线

图 2-9　旋涡的流线和迹线

(a)—(c) 不同时刻的流线；(d) 1，2 质点的迹线

2.1.4　染色线

1. 染色线概述

流动显示方法大多显示的是染色线（Streak line），物理上不同方法显示不同的曲线。

(1) 单个粒子，打开相机 B 门，记录单个粒子的轨迹 —— 迹线（如，一颗麦粒在水流中，汽车前灯的运动灯迹）。

(2) 多个粒子，相机瞬时曝光记录，给出许多点（粒子）的短轨迹线，合起来可以视为近似的流线，如图 2-10。

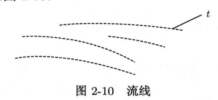

图 2-10　流线

(3) 多个粒子，源源不断从某点发出，瞬时曝光照相，则得染色线（如，墨水从一针孔，或模型上一个孔源源不断流出），是流动显示中大多数情况下显示的线条，如图 2-11。

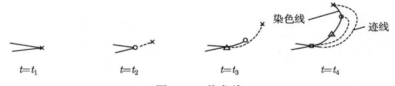

图 2-11　染色线

其中，×,○,△,□ 代表不同粒子（流体质点）。再如有一排烟管（针管），显示迹线族，即染色线族，如图 2-12。

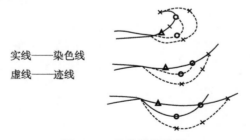

实线——染色线
虚线——迹线

图 2-12　染色线和迹线

显然，对非定常流，每个从一点发出的粒子，在不同时刻，速度不同，迹线不同。这些粒子合起来在同一时刻拍下的照片，既非流线，又非迹线，而是所谓染色线。染色线（族）照片不能给出流动随时间（瞬态）发展的足够信息，除非在不同时刻拍一系列的照片，但单独这些瞬态照片不能提示任何关于流动发展的直接物理信息。

染色线是流动空间某点的一系列流体质点的空间位置的瞬时记录（曲线），具有如下三个特点：

① 若无粒子补充（继续从某点流出），在一定时间后，染色线形态即会破坏、变形。

② 一般情况下，染色线可以用来识别旋涡的存在。

③ 在定常条件下，不仅迹线、流线合一，而且染色线和迹线、流线合一，才具有物理意义。因而染色线最早、最多用于定常流动显示。

2. 染色线的数学描述

这里讲非定常流线、迹线和染色线及其数学表达。

在传统的定常流动中，流线、迹线、染色线三线合而为一，不存在什么令人困惑的问题。但在非定常流动中，流线、迹线、染色线三者不再重合。而且实际上根据实验观察，流动显示不能再直接（不经数据处理）观察到流线，而常常只能观测到迹线（如照相机快门常开，记录示踪粒子的轨迹），或更多是染色线（照相机瞬时照相）。如果沿用定常流的概念，不免引起错误的解说和理解。特别因为染色线本质上是由经流场中某一空间位置（点）的一系列流体质点，在经历一段时间之后，在某一瞬间，这些流体质点位置的集合。如图 2-13 所示，染色线在物理方面，对流场不能说明什么。

从染色线的数学表达式角度考虑，若流动欧拉方程描述为

$$\begin{cases} u = u(x,y,z,t) \\ v = v(x,y,z,t) \\ w = w(x,y,z,t) \end{cases} \tag{2-10}$$

求 $t = T$ 时，空间点 $M(x_0, y_0, z_0)$ 的染色线。

解：

流线方程为

$$\frac{\mathrm{d}x}{u(x,y,z,t)} = \frac{\mathrm{d}y}{v(x,y,z,t)} = \frac{\mathrm{d}z}{w(x,y,z,t)} \tag{2-11}$$

迹线方程为

$$\begin{cases} \dfrac{\mathrm{d}x}{\mathrm{d}t} = u(x,y,z,t) \\ \dfrac{\mathrm{d}y}{\mathrm{d}t} = v(x,y,z,t) \\ \dfrac{\mathrm{d}z}{\mathrm{d}t} = w(x,y,z,t) \end{cases} \tag{2-12}$$

其通解为

$$\begin{cases} x = x(c_1, c_2, c_3, t) \\ y = y(c_1, c_2, c_3, t) \\ z = z(c_1, c_2, c_3, t) \end{cases} \tag{2-13}$$

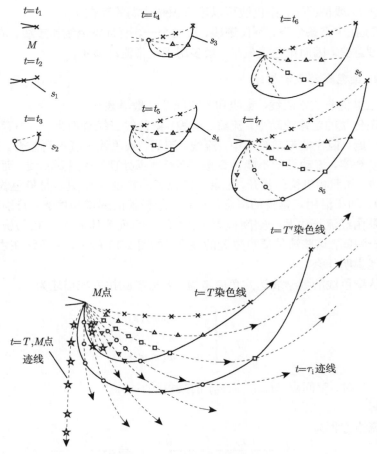

图 2-13　轨迹线（虚线）和染色线（实线）

✕, ▲, ▢, ⊙, ★ 表示流体质点

设 $t = t_i$ 时, 经过 $M(x_0, y_0, z_0)$ 的流体质点为 i, 其相应初始条件代入式 (2-13), 求出积分常数为

$$c_1 = c_{1i}, \quad c_2 = c_{2i}, \quad c_3 = c_{3i} \tag{2-14}$$

则经 M 点的流体质点 i 的轨迹线方程为

$$
\begin{cases}
x_i = x(c_{1i}, c_{2i}, c_{3i}, t) \\
y_i = y(c_{1i}, c_{2i}, c_{3i}, t) \\
z_i = z(c_{1i}, c_{2i}, c_{3i}, t)
\end{cases}
\tag{2-15}
$$

$t = T$ 时刻，经过 $M(x, y, z)$ 流体质点为 it，相应初始条件代入式 (2-13)，求出积分常数为

$$
c_1 = c_{1T}, \quad c_2 = c_{2T}, \quad c_3 = c_{3T}
$$

$t = T$ 时刻，经 M 点的流体质点的轨迹线方程为

$$
\begin{cases}
x_{iT} = x(c_{1T}, c_{2T}, c_{3T}, t) \\
y_{iT} = y(c_{1T}, c_{2T}, c_{3T}, t) \\
z_{iT} = z(c_{1T}, c_{2T}, c_{3T}, t)
\end{cases}
\tag{2-16}
$$

求时刻 $t = T$ 时刻，经过 M 点的染色线由方程。在 $t = T$ 时刻之前，有一系列流体质点对应（$t = 0 \sim T$ 范围）流经空间 M 点，设 $i = 1, 2, 3, \cdots, N$，则

$$
t_1 = 0, \ t_2 = \Delta t, \cdots, \ t_i = i \cdot \Delta t, \ \cdots, \ t_N = T
\tag{2-17}
$$

则下列数组为染色线（$t = T$，过 M 点）的离散形式

$$
\begin{bmatrix}
x_{iT} = x(c_{1i}, c_{2i}, c_{3i}, T) \\
y_{iT} = y(c_{1i}, c_{2i}, c_{3i}, T) \\
z_{iT} = z(c_{1i}, c_{2i}, c_{3i}, T)
\end{bmatrix}, \ i = 0 - N, \ t_i = i\Delta t, \ t_N = T
\tag{2-18}
$$

当 $\Delta t \to 0, N \to \infty$，式 (2-18) 则为连续的染色线曲线。

$$
\begin{bmatrix}
x_{iT} = x[c_1(t_i), c_2(t_i), c_3(t_i), T] \\
y_{iT} = y[c_1(t_i), c_2(t_i), c_3(t_i), T] \\
z_{iT} = z[c_1(t_i), c_2(t_i), c_3(t_i), T]
\end{bmatrix}, \ i = 0 - N, \ t_i = i\Delta t, \ t_N = T
\tag{2-19}
$$

其中，$t = 0, \Delta t \to 0, N \to \infty$。

由上可见，染色线是流过空间某点的一系列流体质点在某一时刻的空间位置。因而仅从单根染色线，我们得不到多少关于流动的信息（也就是既非流线，又非迹线）。但如果记录染色线的时间历程，如图 2-13 中 $S_1, \cdots, S_i, \cdots, S_i(t)$ 应是染色线的轨迹，即由一串流体质点形成的曲线的轨迹，从物理角度，尽管我们不能找到某一流体质点——对应的流体质点的轨迹，染色线的轨迹是有物理意义的，可以定性地描述流动，可以定性地反映流动的形态。例如，在大迎角三角翼机的前缘翼尖处

小孔流出的染色液（M 点在小孔处），尽管单根瞬时的染色线不能说明什么问题，但染色线随时间的旋转和绞扭，则显示了前缘分离涡的存在以及它的主要状态，如旋转方向、大致涡轴位置以及破裂情况等。

例 2-5   已知 $\begin{cases} u = -x + t \\ v = y + t \end{cases}$ ，$t = 10, M(-1, -1)$。求三线方程并说明定常情况的结果。

① 求流线：$\dfrac{\mathrm{d}x}{-x+t} = \dfrac{\mathrm{d}y}{y+t}$ 通解 $(t = C)$

$$-\ln(-x+t) = \ln(y+t), \quad \ln(-x+t) + \ln(y+t) = C, \quad (-x+t)(y+t) = C$$
$$t = 10, M(-1, -1), C = 99$$

流线方程为

$$(-x+t)(y+t) = 99|_{t=10}$$
$$-xy - 10x + 10y + 1 = 0$$

② 求迹线：

$$\begin{cases} \dfrac{\mathrm{d}x}{\mathrm{d}t} = -x + t \\[2mm] \dfrac{\mathrm{d}y}{\mathrm{d}t} = y + t \end{cases}$$

$$\begin{cases} x = c_1 \mathrm{e}^{-t} + t - 1 \\ y = c_2 \mathrm{e}^{t} - t - 1 \end{cases} \text{，求 } t = \tau, M(-1, -1)$$

$$-1 = c_1 \mathrm{e}^{-\tau} + \tau - 1, \qquad c_1 \mathrm{e}^{-\tau} = -\tau \; c_1 = -\tau \mathrm{e}^{\tau}$$
$$-1 = c_2 \mathrm{e}^{\tau} - \tau - 1, \qquad c_2 \mathrm{e}^{\tau} = \tau, c_2 = \tau \mathrm{e}^{-\tau}$$

$$\begin{cases} x = -\tau \mathrm{e}^{\tau} \cdot \mathrm{e}^{-t} + t - 1 \\ y = \tau \mathrm{e}^{-\tau} \mathrm{e}^{t} - t - 1 \end{cases} , \quad \begin{cases} x = -\tau \mathrm{e}^{\tau-t} + t - 1 \\ y = \tau \mathrm{e}^{t-\tau} - t - 1 \end{cases} , t = 10, M(-1, -1)$$

迹线为

$$\begin{cases} x = -10\mathrm{e}^{10-t} + t - 1 \\ y = 10\mathrm{e}^{t-10} - t - 1 \end{cases}$$

③ 求染色线：

$$\tau = \tau_i \text{ 时的迹线（粒子出口）} \begin{cases} x_i = -\tau_i \mathrm{e}^{\tau_i-t} + t - 1 \\ y_i = \tau_i \mathrm{e}^{t-\tau_i} - t - 1 \end{cases}$$

$$\text{瞬时 } t = T\text{，染色线} \begin{cases} x_{iT} = -\tau_i \mathrm{e}^{\tau_i-t} + T - 1 \\ y_{iT} = \tau_i \mathrm{e}^{T-\tau_i} - T - 1 \end{cases}$$

现 $T = 10$, 染色线 $\begin{cases} x_{i10} = -\tau_i \mathrm{e}^{\tau_i - 10} + 9 \\ y_{i10} = \tau_i \mathrm{e}^{10 - \tau_i} - 11 \end{cases}$

若取 $\Delta\tau = 1$, 则 $\tau_i = \tau_0^1, \tau_1, \tau_2, \cdots, \tau_i, \cdots, \tau_{10}(0, 1, 2, \cdots, 10)$, 为离散染色线数学表达式。

当 $\Delta\tau \to 0$, 上式为连续的染色线数学表达式。

显然, 若上题改为定常(无 t)即 $\begin{cases} u = -x \\ v = y \end{cases}$, 则三线合一。

3. 染色线在特殊非定常流中的角色

(1) 流动速度大小变化(非定常)而流动方向不变

如: 试验段为均直流、点泉、点潭中, 如图 2-14。尽管速度大小可以变化, 但流动方向始终不变的流动中, 只要点泉、点潭的中心点位置不动, 染色线仍可描述为流线、迹线。

均直流　　　　　点泉　　　　　点潭

图 2-14　均直流、点泉、点潭中的染色线

又如, 涡心位置稳定的流动, 染色线描述旋涡的存在, 如图 2-15。但如果中心位置是非定常的, 则染色线就不再能描述旋涡的存在。

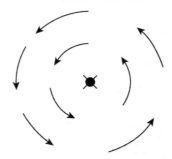

图 2-15　涡心位置稳定流动时染色线描述旋涡的存在

(2) 染色面在剪切流中

在涡轴线位置(涡心的空间位置)基本不变的情况下, 尽管涡量大小随时间变化, 由无数染色线组成的染色液面可以展示实际的空间涡流, 可称为展示涡面, 如

图 2-16。如果作任意切面的话，可以得到切面流线（并非实际流线）。

　　同时，对于涡轴线空间位置基本稳定的流动，由在涡心发出的染色线可以描述涡轴线，也可反映涡沿轴向的发展和变化，包括涡轴线的长短，直至涡轴线的破裂即发生涡的破裂。如图 2-17。

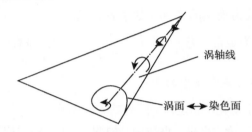

图 2-16　涡轴线位置基本不变情况

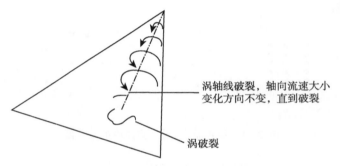

图 2-17　涡轴线位置基本稳定情况

2.1.5　流态的无不变性

　　对于非定常流，观察者坐标系的改变会改变流态，包括流线、迹线、染色线，具有流态的无不变性。

　　当惯性系（参考坐标系）改变时，流线、迹线和染色线不具有不变性。当参考坐标系改变时，有可能使一个非定常流变为定常流，反之亦然（这里指观察者）。

　　例 2-6　绕机翼流动

　　图 2-18(a) 显示飞机飞行过程中，绕机翼流动的流线和迹线；图 2-18(b) 显示机翼风洞模型试验，流线与迹线合而为一。

　　当参考系改变时，迹线一般不具有不变性。但一般讲，在参考系中可以观察到存在闭合或螺旋状的迹线，可以认为涡存在。——（定常）（因为迹线是由时间的积分进程取得的，使在观察期间内，其观察参考坐标系固定在旋涡上），如图 2-19。

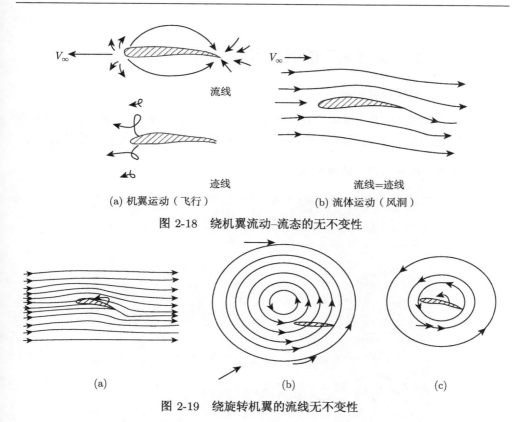

图 2-18 绕机翼流动–流态的无不变性

图 2-19 绕旋转机翼的流线无不变性

2.1.6 流动流态的物理解说

流动流态（Flow pattern）的物理解说是一个热门话题，展示在人们面前的流态代表流动的什么常常是个大问题，也会引起误解。

其一，流动显示的图像应展示有流线图、迹线图，但常常展示的既非流线又非迹线，而是染色线。只有在定常流动时，才是三线合一，才是流线或迹线。如果凭一张照片就以为是流线，那常常会发生错误理解，因为很多人长期工作在定常流动中成了习惯，于是到了非定常流动就发生了错误的物理理解，因而不乏此类争论。

其二，流动图像常称为流态，一定要注意流态是具有无不变性的，同时要注意的是拍摄照片时的观察者和流动对象的相对坐标关系。不同的相对坐标关系，流态可以完全不同，如不清楚这种坐标关系，也就难以得到正确的物理解说。

其三，必须对流动做精细的观察，如流动显示中存在显示物质的遗迹等问题，把遗迹错认为流动的流态，也是常发生的错误理解（详见第 3 章绕圆柱烟线流动显示试验，如把留在流场中已不再旋转的涡状的烟看作旋涡仍然存在）。因而观察流动一定要十分小心和仔细。

2.2　观测流动的时空尺度分析（实验设计）

2.2.1　时间、空间尺度问题

　　自然界不同的研究对象存在不同的时空尺度问题，图 2-20 可见自然界中存在各种尺度的流动结构。下面给出具体例证，并在图 2-21 中详列各种尺度的分布。

　　1. 自然界涡的尺度（空间尺度）

图 2-20　各种尺度的流动图片

液氦的量子涡 10^{-8}cm

最小的湍流涡 0.1cm

昆虫产生的涡 0.1~10cm

树叶后形成的涡 0.1~10cm

鱿鱼产生的涡环 0.1~10cm

街上的尘土涡旋 1~10m

潮水的涡流（Whirlpool）1~10m

各种河流，流动 1~10m

尘卷风（Dust devils）1~10m

火山引起涡环 100~1000m

喷发 100~1000m

旋风（海水龙卷风）100~1000m

海湾（深渊）引起的涡脱落 100~2000km

飓风，台风 100~2000km

高 — 低压系统（气象）100~2000km

地球内部传导 2000~5000km

海洋环流 2000~5000km

大气环流 2000~5000km

行星气候 5000~10^5km

木星（Jupiter）的大红斑 5000~10^5km

土星（Saturn）的环 5000~10^5km

太阳的光斑取决于星系大小光年

星系内的旋转取决于星系大小光年

银河系（Galaxies）取决于星系大小光年

2. 光年尺度的流动 ⟷ 微尺度流动（如图 2-21）

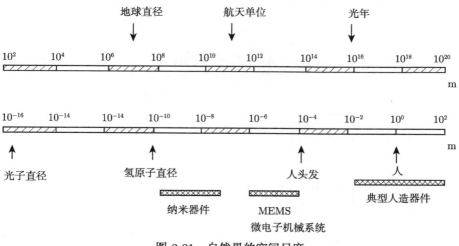

图 2-21　自然界的空间尺度

2.2.2　流动的时空尺度分析

流动的时间空间特征尺度分别为 τ_λ 和 λ。自然界存在不同的时间空间尺度，不同的研究对象，存在不同的时、空尺度问题，同一个研究对象也存在着不同的时空尺度问题。这是流动观测必须面临的问题，流动的观测方法、途径很大程度上也要基于研究对象的时空尺度。这也是实验工作者做实验设计必须面临的首要问题。以剪切流动为例分为大尺度、泰勒（小）尺度、粘性尺度、分子尺度四个层次。

图 2-22 的剪切流可简化为图 2-23，在此剪切流中包含有多种尺度的流动结构，存在大尺度旋涡，剪切层小涡，湍流涡，乃至混合分子结构。

其中，$V_1 > V_2$，大尺度 $\lambda_\delta \sim \delta$，泰勒尺度 $\lambda_T \sim \delta Re^{-1/2}$，粘性尺度 $\lambda_\gamma \sim \delta Re^{-3/4}$，分子尺度 $\lambda_D \sim \delta Sc^{-1/2} Re^{-3/4}$。

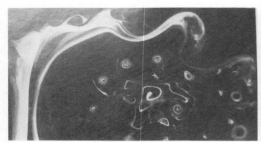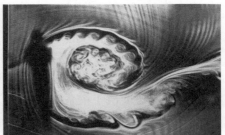

图 2-22　剪切流动

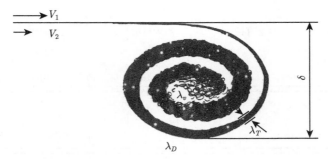

图 2-23　剪切流的空间尺度

1. **流动的空间特征尺度: λ**

(1) 大尺度结构 $\lambda_\delta \sim \delta$

δ 为流动的特征尺度 $(\delta = l)$，此特征尺度一般也是雷诺数的特征长度。如图 2-24，后向台阶流动，其大尺度的旋涡尺度与台阶高度相当。

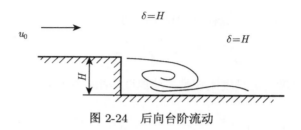

图 2-24 后向台阶流动

此处，

$$Re = \frac{u\rho\delta}{\mu} = \frac{uH}{v} \tag{2-20}$$

μ 为动力粘性系数，v 为运动粘性系数。

这里 Re 数为惯性作用与粘性作用的比值，其中边界层 l 为至下游的距离。

$$Re = \frac{u\ell}{v} = \left(\frac{\rho U^2}{\mu \dfrac{U}{l}} \right) \tag{2-21}$$

其中 $\dfrac{U}{l} \sim \dfrac{\partial U}{\partial y}$。

Re 数越大，表示相对于粘性力，惯性力越大，惯性力越起主要作用。一定程度上，也表示研究对象的空间尺度越大。

(2) 泰勒尺度（当地小尺度）λ_T

$$\lambda_T \sim \delta Re^{-1/2}$$

泰勒尺度又名微尺度。如图 2-25 显示剪切层的舌头区内的流动结构。在粘性作用下，在两边相互扩散之前的两舌最近时，趋向于泰勒尺度 λ_T。λ_T 也可相应于边界层 δ 的增长厚度，即在边界层内剪切层区的厚度，可视为耗散率 ε 与容积平均速度脉动间的平衡比较参数。

图 2-25 剪切层的舌头区内的流动结构

$$\lambda_T = \left\{ \frac{2v}{\varepsilon} [u'^2]_v \right\}^{1/2} \tag{2-22}$$

其中，ε 是耗散率，$[u'^2]_v$ 是容积平均速度脉动。

$$\varepsilon = \frac{2v}{\lambda_T^2}[u'^2]_v \tag{2-23}$$

同时，泰勒尺度与大尺度比较是流动速度和相对粘性涡传播速度 V_C 的比较。

$$\frac{\lambda_\delta}{\lambda_T} \sim \frac{u}{V_C} = \frac{u}{\sqrt{v/t}} = u \Big/ \sqrt{\frac{v}{\delta/u}} = \sqrt{\frac{u\delta}{v}} = Re_\delta^{\frac{1}{2}} \tag{2-24}$$

$$\lambda_T \sim \lambda_\delta Re_\delta^{-1/2} = \delta Re^{-1/2} \left(= \delta \Big/ \sqrt{\frac{u\delta}{v}} = \sqrt{\delta} \Big/ \sqrt{u/v} = \sqrt{\frac{\delta v}{u}}\right) \tag{2-25}$$

(3) 粘性尺度（Viscous scale）λ_γ

$$\lambda_\gamma \sim \delta Re^{-3/4} \quad \left(= \delta \Big/ \left(\frac{u\delta}{v}\right)^{3/4} = \delta^{1/4}/(u/v)^{3/4}\right) \tag{2-26}$$

粘性尺度又称为最小涡尺度，为剪切应力率与涡扩散率的比值

$$\lambda_\gamma \doteq (v/\varepsilon)^{1/2} \quad \left[\delta^{1/4} \cdot v^{3/4}/u^{3/4}\right] \tag{2-27}$$

其中，ε 是耗散率。

等熵情况下，

$$\varepsilon = 2v \left[\frac{1}{2\pi} \int_0^\infty k^2 E(k)\mathrm{d}k\right] \tag{2-28}$$

其中，u' 是脉动速度，k 是波向量，E 是能谱。

粘性尺度是用于湍流研究非常重要的尺度。

(4) 分子尺度 ——λ_D

分子尺度（Molecular scale）与分子扩散有关，是混合流体中物质扩散率与涡量扩散率的比较尺度，是用于化学反应流动（燃烧等）中十分重要的尺度，图 2-26 是混合流体中的分子尺度。无量纲参数 Schmidt 数为：

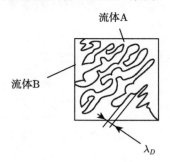

图 2-26　混合流体中的分子尺度

$$S_C = {}^{v}\!/_{D} \tag{2-29}$$

其中，v——运动粘性系数，D——分子扩散系数。

$$\lambda_D \sim \delta S_c^{-1/2} Re^{-3/4} \quad \left(= (\delta)^{1/4} \Big/ (v/D)^{1/2} \cdot (u/v)^{3/4} \right) \tag{2-30}$$

S_C 数举例：

荧光素钠/水混合 S_C 约 2075（可忽略扩散影响）；丙烷/空气混合 S_C 约为 1.36。

注意：D 是扩散系数，对混合的两种流体并非常数，受温度、物质的浓度影响很大。

2. 流动的时间特征尺度 τ

流动经过特征空间尺度所经历的时间尺度 τ_λ，为时间特征尺度。

$$\tau_\lambda = \lambda/U_C \tag{2-31}$$

其中，λ 是特征空间尺度，U_C 是当地传输速度，即以当地流体的运动速度 U_C 经过特征空间尺度 λ 所需的时间。反映了流动过程的变化快慢。

例 2-7 剪切流大尺度运动如图 2-27。

图 2-27 剪切流大尺度运动

$$U_C = V_2 - V_1, \quad \tau_\delta = \delta/(V_2 - V_1) = \delta/U_C \tag{2-32}$$

湍流

$$U_{Cv} = \sqrt{v/t} \tag{2-33}$$

即特征粘性速度 = 涡传播扩散速度。

2.2.3 若干仪器的时空尺度举例

若干测量探头和技术的时空分辨力，见以下论述。

1. 皮托管速度测量

皮托管（Pitot tube）是通过测量流体总压和静压确定流体速度的实验装置，由法国 H. 皮托发明而得名。其中依据的基本原理是能量守恒定律即伯努利方程，测量的是点速度。测压探头有五孔探头和七孔探头等，可以测量流场某一点速度的

三个分量 (u, v, w)。图 2-28 显示总压探头和静压探头连接到一个简单的压力管上，压力探头由薄应变计麦克风组成，见图 2-29。该测量方法的时空分辨力受到薄应变计、水银压力计、压力传感器等设备的制约。

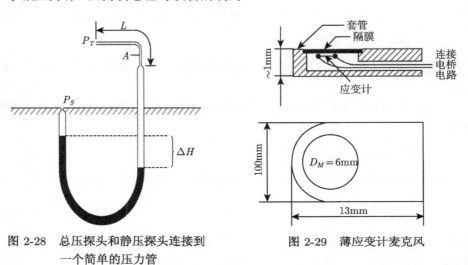

图 2-28　总压探头和静压探头连接到　　　　图 2-29　薄应变计麦克风
　　　　一个简单的压力管

2. 热线风速仪

热线风速仪（Hot-wire）发明于 20 世纪 20 年代，是基于电桥平衡的电工原理和对流热交换的传热原理，是一种传统的流场速度测量方法。将一根金属丝放在流体中，通过电流加热金属丝，使其温度高于流体温度（称为热线）。当流体沿垂直方向流过金属丝时带走一部分热量，使金属丝温度下降。其散热量与流速有关，散热量导致热线温度变化而引起电阻变化，流速信号即变成电信号。热线风速仪不仅可以测量稳定流动，也可以研究随时间和空间变化的脉动流场，同时也适用于超声速流场。热线风速仪的空间分辨力取决于温度传感器，具体指标参考如下：

空间分辨力：1μm @ 0.2mm, 5μm @ 2mm

时间分辨力：1MHz (1μs), 100kHz (10μs)

精度：~1%

热线风速仪是流场单点测量仪器，三根热线组合可以实现流场某一点三个方向速度测量，见图 2-30，其温度传感器配置见图 2-31。实验中可以同时使用多个热线风速仪，图 2-32 是 Eckelmann 等 1977 年给出的测量方法。

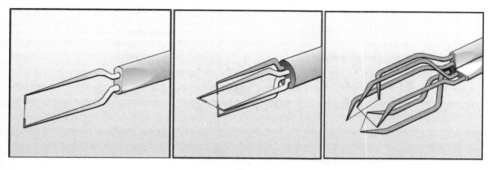

(a) 一维速度测量　　　　　　(b) 二维速度测量　　　　　　(c) 三维速度测量

图 2-30　三根热线同时测量三个速度分量

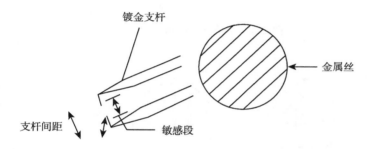

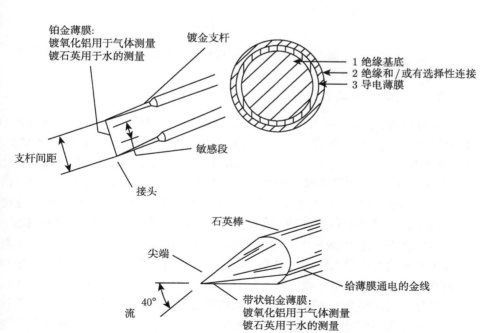

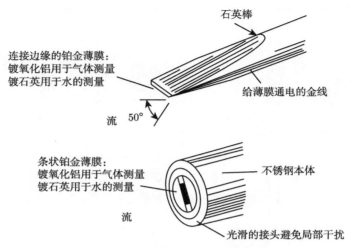

图 2-31　温度传感器配置

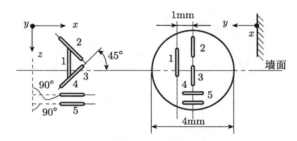

图 2-32　五个传感器探头测量方法

3. 激光多普勒测速仪 (LDA/LDV)

激光多普勒测速 (Laser doppler velocimetry) 是通过检测运动微粒的散射光的多普勒频移来测定流体的速度。任何形式的波在传播过程中，由于波源、接收器、传播介质或中间反射器和散射体的运动，波的频率都会发生变化，把这种频率变化称为多谱勒频移。当发射某个频率的光波源与光波接收器存在相对运动时，接收器感受到的光波频率与原来的发射频率产生变化，这个频率移动的大小与相对速度的大小成正比。只要物体散射光线，就可以利用多谱勒频移效应测量物体的速度。

激光多普勒测速仪用激光作为测量探头，它不干扰流场，是一种非接触式测量方法。基本组成包括光学系统和光电变换信号处理系统。光学系统采用两束光干涉原理，两束相干光在流场中一点汇聚产生干涉条纹，流场中示踪粒子穿过干涉条纹时，会有明暗变化的现象，该现象被光波接收器接收；通过光电变换信号处理系统进行信号处理，将明暗变化的频率换算成流场的速度大小。激光多普勒测速仪是流场单点速度测量仪器，三对激光组合可以实现流场某一点三个方向速度测量，原理和设备见图 2-33。流速测量范围很宽，空间分辨力很高，响应快。可以测量速度分布及湍流强度分布等湍流参数。具体指标参数参考如下：

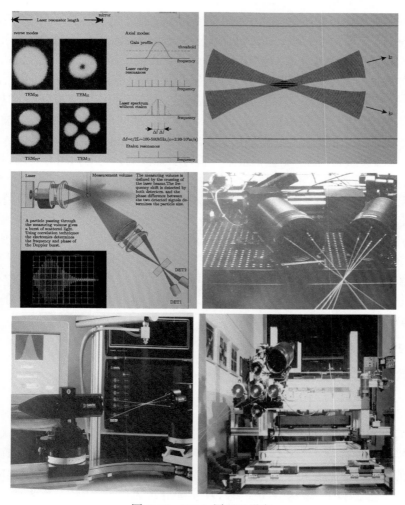

图 2-33　LDA 原理及设备

测速范围：约 1mm/s~1000m/s

分辨力：0.1%

采样频率：400MHz~800MHz

4. 粒子图像测速技术

　　流体力学的发展面临着许多非定常空间复杂流动的问题，将光学技术、计算机技术、图像处理技术等高科技手段引入到流体力学的测量之中，发展成为当今比较热门的粒子图像测速技术（Particle image velocimetry，PIV）。最早的 PIV 技术的图像处理方法是杨氏条纹法，该方法由于受到图像后处理复杂的限制，严重制约了 PIV 的发展。随着数字相机、计算机、以及图像处理技术的发展，PIV 技术发展成数字式的粒子图像测速技术，由开始的二维数字式粒子图像测速技术（2D-DPIV），发展成体视 3D-PIV 技术，也叫 SPIV 技术，此时也只能得到流场一个截面的三维速度分布。后来出现全息 PIV 技术，可以获得三维空间的三维速度分布，但由于全息技术复杂的限制，该技术至今没有被广泛应用。期间，还有显微 PIV 技术应用于微流道的测量。最近几年，出现层析 PIV 技术（Tomo-PIV），层析 PIV 是体视 3D-PIV 概念的拓展，能够测量记录某一瞬时三维被测体空间内所有速度矢量的三个速度分量。

　　纵观 PIV 技术的发展历史，数字相机技术、计算机技术以及图像处理技术的发展起了关键的作用，使得流体力学研究人员可以更直观真实的了解流场结构等基本问题。PIV 技术的时空分辨力与选用的 CCD 相机分辨率、图像相关处理精度、CCD 采集帧频或延时控制器等有关，目前通常采用 1k×1kCCD 相机，或 2k×2kCCD 相机，对不同的速度场采用不同的 CCD 采集帧频，有 25 帧/秒、200 帧/秒、500 帧/秒、1000 帧/秒等，相关处理精度达 0.1 像素，可实现不同的速度分辨力 $\leqslant 4\%$ FS。

2.2.4　理想的观测手段

　　对流动理想的观测手段具备如下条件：
　　① 具有空间、时间尺度观测的完整性；
　　② 具有空间、时间尺度观测的分辨力。
　　如何求不同尺度下的特征时间尺度 τ_λ，至今仍是一个困难的问题，关键是如何求知当地传输速度 U_C，这是一个理论分析问题，也是有待实验来测定确认的问题。观测流动的完整性和分辨细致性，以二维流动为例，见图 2-34。图 2-34(a) 是二维流场，图 2-34(b) 表达空间完整性和空间分辨力，图 2-34(c) 表达时间完整性和时间分辨力。

　　这里有必要介绍时空分辨力的观测分析估计。它类似于 CFD，计算机数值模拟，针对研究的流动，如只观测大尺度结构，还是要观测从大尺度直到粘性尺度结构的过程，需要估计所需仪器设备的时空分辨力，亦即观测物理空间的大小及其最小可分辨的网络大小，以及流动过程的时间历程的长短，和最小可分辨的时间间隔大小。图 2-35 中，δ 是空间尺度，$\Delta\delta$ 是网格大小，则 δ^3 是空间大小，$\Delta\delta^3$ 即是空间分辨力。图 2-36 表示时间尺度，T_0 是过程时间，$\Delta\tau$ 是时间分辨力，则时间所需的离散量 N_t 为

$$N_t = \frac{T_0}{\Delta\tau}, \quad \Delta\tau = t_{i+1} - t_i \tag{2-34}$$

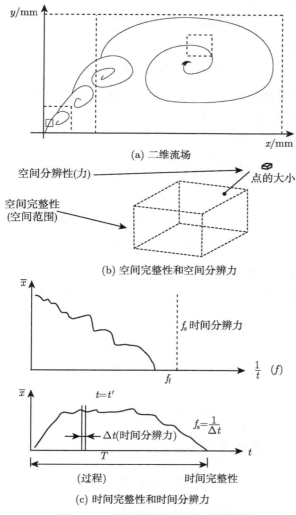

(a) 二维流场

(b) 空间完整性和空间分辨力

(c) 时间完整性和时间分辨力

图 2-34　时空完整性和时空分辨力

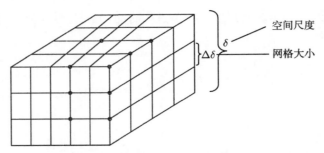

图 2-35　空间大小和空间分辨力

因此时空数据量 N 为

$$N = M \cdot N_s \cdot N_t \tag{2-35}$$

其中 N_S 是空间所需离散量，N_t 是时间所需离散量，M 为采样定律要求的（离散化）的系数（对一维而言，$M \geqslant 2$）。

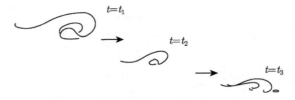

图 2-36　时间尺度问题

下面举例计算数据量。

例 2-8　已知空间 $256 \times 256 \times 256$，时间步长 1000 秒，则总数据量为

$$
\begin{aligned}
N &= M \cdot N_s \cdot N_t \\
&= M \cdot \frac{256 \times 256 \times 256}{16 \times 16 \times 16} \cdot \frac{1000}{\Delta \tau} \\
&= M \cdot 16 \times 16 \times 16 \times 10^4 \\
&= M \cdot 2^{12} \cdot 10^4
\end{aligned} \tag{2-36}
$$

实验观测和 CFD 的要求相同。

参 考 文 献

吴望一. 1982. 流体力学 [M]. 北京: 北京大学出版社.

Thomas K, Sherwood, Robert L, et al, 1975. Mass transfer. V. C. Berkeley: Mc-Grow-Hill Book Company.

第3章 直接注入法流动显示及其动力学问题

第 3、4、5 章简要介绍传统的流动显示方法和技术基础，尽管方法已沿用多年，仍有其价值和原理基础。直接注入法流动显示是自然界最常见的流动显示，也是最古老最常用的流动显示方法。如图 3-1，是用松花粉显示的芦苇秸秆后面的涡结构。

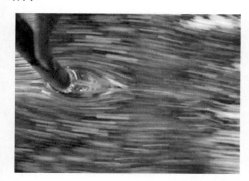 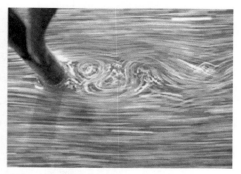

图 3-1　用松花粉显示的芦苇秸秆后面的涡结构

3.1　直接注入法流动显示

本章所介绍的直接注入法流动显示方法和技术应该已经比较成熟，直接注入法亦即将烟雾、油滴、气泡、粒子、墨水等作为流体的示踪物质，直接注入流体中，用于显示流体的流动。来自最古老最简单的技术和方法，从直接注入法流动显示记录或观察得到的线条大多不是迹线就是染色线，而只有在定常流动中才是流线，有时这些线条和图形还可能什么都不是（后有细述）。在应用时应十分小心，如何正确适当安排实验，如何观察现象、分析显示结果，并非简单。

3.1.1　空气（风洞）介质

1. 烟管法

材料：烟草黑 0.01~0.2μm，水蒸汽 1~50μm，炭黑、油烟 0.3~1μm（煤油），松香（树脂）烟 0.01~1μm。

煤油烟发生器，通过烟管排出煤油蒸汽（Steam），无毒，受重力影响，是大颗粒子，容易凝结在物体表面上。

照相通常需要 20μs 曝光时间（粒径 >15μm），高反差，采用频闪体照灯；高速摄影需要 1000~2000W 光源，500~800 帧/秒；CCD 相机通常 25~30 帧/秒~2000 帧/秒。

(1) 四氯化碳烟注入技术

图 3-2 给出四氯化碳烟注入技术的基本实验方法，反射板形成片光照明流场。图 3-3 是该方法的部分实验图片。

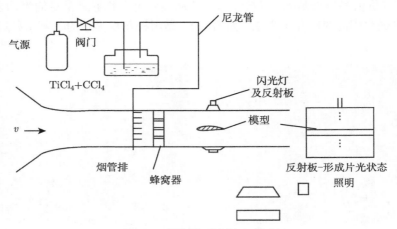

图 3-2　四氯化碳烟注入技术

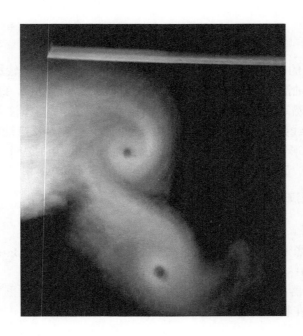

图 3-3　实验图片

(2) 烟屏与蒸汽屏

烟屏和蒸气屏均为流动显示方法,将烟或蒸气作为示踪粒子。用激光片光源照明流场一个截面形成烟屏或蒸气屏。

如图 3-4 所示,通过烟大面积的散发,采用狭缝形光源,激光片光照明形成烟屏,用于显示模型尾迹,涡流,前、后缘分离涡等。

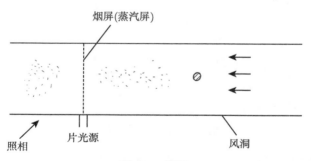

图 3-4　烟屏

蒸气屏多数用于超音速风洞,利用空气中存在的水蒸汽在风洞中加速,绝热膨胀中冷却时冷凝成雾,作为流体的示踪物质。

所谓蒸气屏法,在跨超音速风洞中空气加速膨胀导致气体冷却,使包含在空气中的水汽冷凝成水珠,成为示踪物质。配合片光照明(后面介绍)可以用来显示三角翼的前缘涡等。图 3-5 即是典型的蒸气屏显示前缘涡照片。

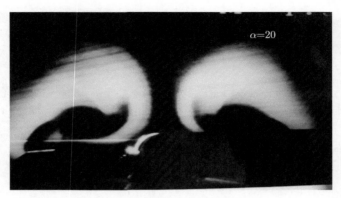

图 3-5　蒸汽屏显示前缘涡

类似的方法有四氯化碳 (TiCl$_4$) 烟发生器；油雾发生器等方法注入流动中，这里不作详细介绍。

2. 烟丝法

烟丝法原理布局见图 3-6 所示。在细丝（$d_w = 0.1$mm 左右的不锈钢丝或钨丝）上涂上油膜后，在两端加电压，细丝成为电阻并加热，形成蒸发油雾，即微小油滴，直径 $d \approx 1\mu$m 量级（细丝尽可能细）。烟丝法的特点是有可能显示和观察到流动的细节。

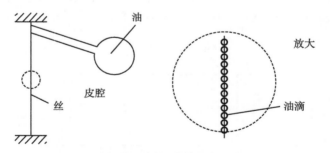

图 3-6　烟丝法原理布局

烟丝法的观察条件：$Re_{dw} \approx 20$，流动观察区应在 $>70d_w$ 时，细丝的尾流稳定和影响小（$Re_d < 10$）。当速度达到 4~5m/s 时，烟线将会散乱。

该方法适合在低湍流度条件下应用，高湍流度条件下扩散严重。技术要点：

(1) 丝应预张紧，丝不应（张力 1.03×10^9Pa——不锈钢丝）有明显弯曲。

(2) 加油方法

采用加压重力馈油法，如图 3-7 即烟雾发生器方法。

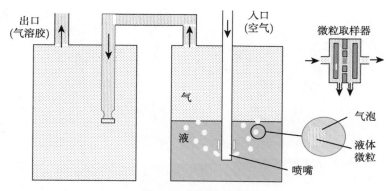

图 3-7 烟雾发生器

(3) 加热电路

一般采用直流电加热（交流电加热，脉线不易光滑和稳定），如对于细丝（302 不锈钢丝）长 0.4m，直径 $d = 0.076$mm，加热电流为 0.7A。实验过程中，加热时间要选取适当，如太长，则脉线容易不清楚，不利于照相。

加热电流强度 I 如图 3-8 所示，间隔通断电。通电时间（周期）为 T，通电频率为 f。这样每个油滴形成一条轨迹线，形成约 8 线/cm。

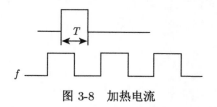

图 3-8 加热电流

(4) 延时同步照相，通过快门控制和闪光灯控制，保证油滴通过观察区时照相（太早或太迟都会拍不到油滴）

(5) 烟丝法应用实例

① 绕横向喷流的涡结构

如图 3-9 可见，将细丝布置在喷流流动的前方和后方不同方位切面位置，可显示横向喷流不同切面的流态。在水平面、纵切面、横切面，可从不同角度展示横向喷流受主流影响形成向下游弯曲状和圆柱形喷流截面形状后方的缺损，以及相互作用下流动形成的复杂的空间涡结构。

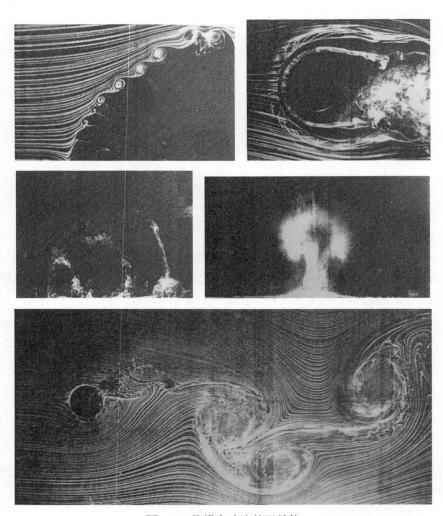

图 3-9　绕横向喷流的涡结构

② 绕细圆柱体卡门涡的近、远场发展

如图 3-10 所示，绕细圆柱体卡门涡的近、远场发展实际是一博士论文的核心内容。用烟丝法显示典型的绕圆柱流动，经常是以为卡门涡街一直会从近场延伸到远场。但如果将烟丝从圆柱前方移至后方不同位置，则发现到一定距离，卡门涡已经耗散，没有卡门涡街的存在，而到了更后的位置，又发现类似卡门涡的出现，这是二次不稳定性引起。究其原因，此时照片上的涡只是涡的模样，实际上已不再旋转，只是烟的遗迹。如果不是首先对流动的仔细观察，则会停留在错误的认识上。所以这里要特别提醒，别把流动显示物质留下来的遗迹，误认为是实际的物理流动。图 3-10 展示了烟丝放置在不同位置下的流动结构形态。

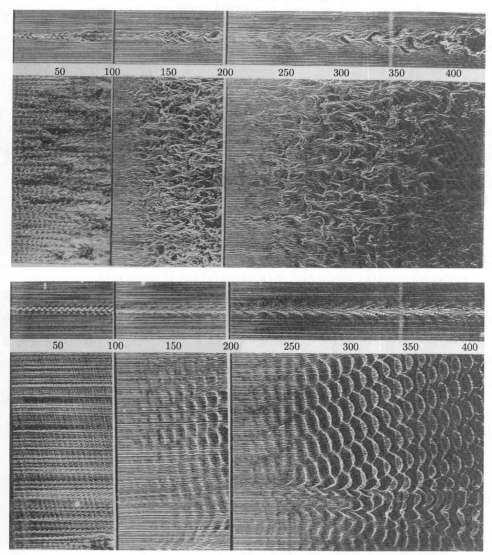

图 3-10 绕细圆柱体卡门涡的近、远场发展

3. 氢气泡法

氢气泡法发生器的工作原理如图 3-11 所示,氢气泡是一种充氢气的肥皂泡,是一种尺寸和浮力皆可以控制的比较理想的示踪显示粒子。由 Redon & Vinsonneau 1936 年提出,1967 年由 Hale,Tan,Stowell,Ordwall 等实现现代化。

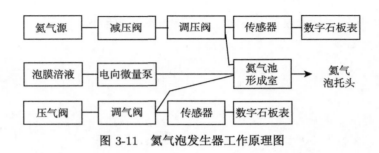

图 3-11　氦气泡发生器工作原理图

(1) 控制氦气量

制做一定量的肥皂液，产生氦气泡，通常直径达 $d_b = 1 \sim 5\text{mm}$。考虑气泡所受重力和浮力的影响，经旋涡过滤器，使用于流动显示的氦气泡有很好的跟随性，气泡发生率约 500 个/秒。

(2) 氦气泡头（枪）

低速头，用于主流 ~15m/s 的流场流动显示；高速头，用于主流 ~60m/s 的流场流动显示。

照明与照相，采用 150W 氙电弧灯，光强尽可能强（反射光仅 5%）。

过去采用的高灵敏度底片是 ASA 400（100，1600），暗背景，现在均采用 CCD 或 CMOS 采集图像。分辨率有多种。如 768×576，1K×1K，2K×2K 等。泡脉线的亮度不取决于帧频，而是取决于泡的速度，帧频是每秒拍摄图像的数量，确定每张图像上脉线长度和所照照片时间中泡的总数目 N

$$N = RT \tag{3-1}$$

其中，R 是泡发生速率（泡数/秒），T 是图像采集时间（秒）。

照相场内的泡数

$$N_1 = N - RL/V \tag{3-2}$$

L 是照相场的尺度，V 是空气流速。

右侧后一项为离开照相场内被空气带走的泡数

$$N_1 = R(T - L/V) \tag{3-3}$$

故，若增大泡发生速率 R，允许短的图像采集时间，可减少模型和背景的曝光时间，但也受限于风洞主流的速度和照相场（L）的大小。即风速越大，场越大，剩下的粒子越少，不得不延长曝光时间才能有足够的氦气泡留在照相区内。

采用相机或摄像机的记录：单个氦气泡的长时间轨迹线记录的是迹线；从氦气泡枪头发出的一系列氦气泡瞬时记录的是染色线；由很多个氦气泡枪头，发出的一系列氢气泡瞬时记录的是一组染色线。只有在定常流时，这些气泡的连线才是流线。

(3) 彩色氢气泡显示技术

采用特种泡膜液，薄膜光学干涉技术，产生不同彩色的氢气泡，不同彩色氢气泡显示不同染色线（定常流状态下为流线）。该技术方法亦可参考《中国气动力学报》1998 年 6 卷 2 页一文。由于该法使用复杂，又难以显示复杂的流动，至今几乎已不再采用。图 3-12 为氢气泡流动显示的典型结果。

图 3-12   氢气泡流动显示的典型结果

3.1.2   水流介质（水洞、水槽等）及水动力学的应用

最早的流动显示方法是水介质中直接注入染色液的方法，既简便又直观，应用广泛。如图 3-13 所示，醋中绿色食品液下沉和糖浆中红色食品液上浮。

图 3-13   醋中绿色食品液下沉和糖浆中红色食品液上浮

雷诺 1883 年完成的湍流流动显示实验，用墨水注入水管流中跟随水的流动，增加水管中流体的速度（Re 数），则发现染色液出现波动直至混乱，现在称为层流和湍流不同特性的流动现象，如第 1 章图 1-4 介绍。尽管现在看来实验很简单，但却是流体力学史上里程碑式的实验和发现。

1. 染色法

原理示意图如图 3-14 所示，调节塑料瓶高度，改变染色液注入的压差（H）；调节调节阀 V，改变染色液的注入流量。保证有足够的染色液供流动显示（粗细染色线），同时保证染色液的注入速度尽可能与环境速度相同，不干扰流场，（如注入速度不同，在不少场合对流动会有明显的干扰，如对涡破裂的位置会产生影响）。该方法原理简单、直观。

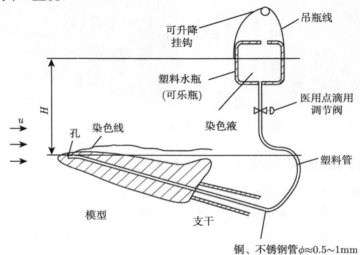

图 3-14   直接注入法工作原理示意图

图 3-15 用染料经注入针头，表面开孔、表面开缝进入流场。用于染色液的材

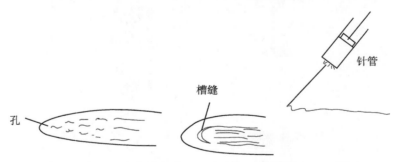

图 3-15   用针头将染料通过模型表面开孔和开缝处注入流场

料包括：牛奶、食品染料、墨水、牛奶与染料混合物（鲜亮）。注入技术上应注意染料注入速度要与环境速度相同，不干扰原流场，不能形成注入射流。表面开孔注入、医用针管直接注入、开缝注入技术用于剪切层流动显示（涡面）时，存在法向速度，应尽可能小。

　　直接注入法流动显示仍在不断改进中，尤其对涡的流动显示，如边界层、剪切层注入法，正在不断改进发展之中。如图 3-16 所示。

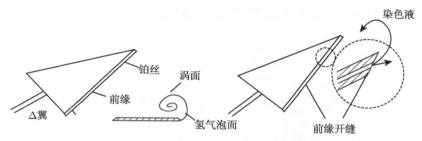

图 3-16　涡面显示注入法示意图

　　应用普通相照技术记录实验图片，染料颜色和模型颜色应有大的对比度。显示记录或观察得到的线条大多不是迹线就是染色线，而只有在定常流动中才是流线。

　　例 3-1　图 3-17 为实用的染色液注入器件实物照片，其中染色液瓶子可升降高度，以调节染色液的注入压差，又用导管的医用阀调节染色液的流量。

图 3-17　染色液注入器件实物照片

　　染色液法自雷诺开始，应用十分广泛，典型流动显示如图 3-18。

　　20 世纪 60 年代，应该说在水洞流动显示有重要进展，特别对于前缘分离涡的展现和应用，尤其是法国宇航院 ONERA，VSAF/WAL 等有重要贡献。

　　例 3-2　后掠翼前缘分离流流态如图 3-19 所示。

　　此外，又如下列分别在起动涡、涡环对撞相互作用、湍流斑、湍流涡、涡环追涡环相互作用、喷流混合流等流动中的直接注入式的流态显示照片如图 3-20。

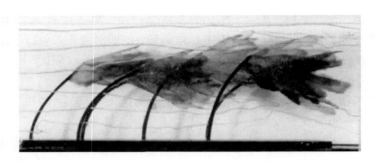

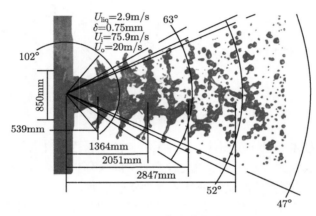

图 3-18　染色液法流动显示图

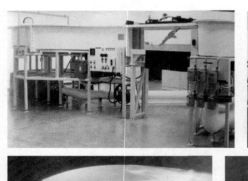

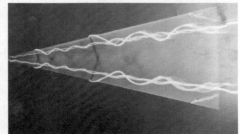

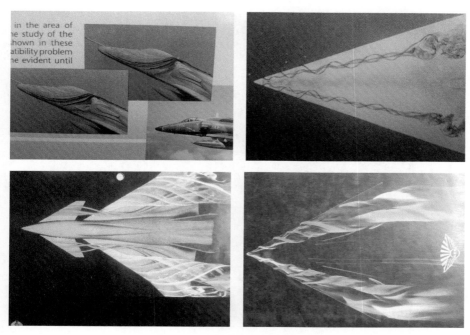

图 3-19　后掠翼前缘分离流流态

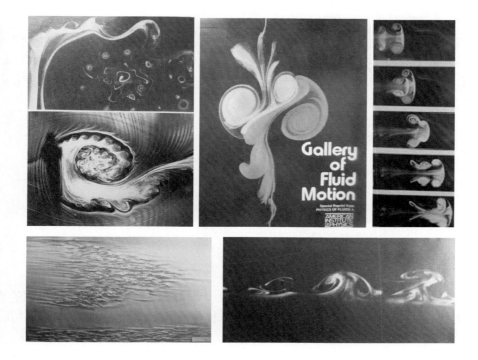

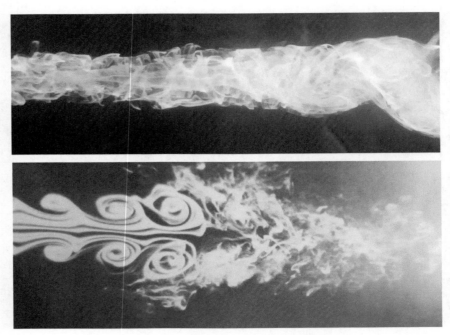

图 3-20　直接注入式的流态显示照片

2. 氢气泡

氢气泡法是 1954 年 Celler 提出的一种简单、直观、实用，至今仍然广为应用的方法，已经多次完善。它如同烟丝法，可以给出一种切面的流动显示（流态），可给出清晰的显示，并已实现既定性又定量的测量（详见后）。方法原理图见图 3-21 所示。

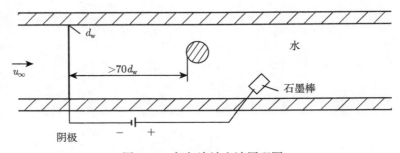

图 3-21　氢气泡法方法原理图

用一根张紧的细丝（铂丝或钨丝，直径 10～30μm），细丝和水分别为电源的两极（丝——阴极，水——阳极），加以直流电或脉冲电源，由于对水的电解作用，在细丝处形成氢气泡，并随水向下游流动。

$$2H_2O \rightarrow 2H_2 + O_2$$

细丝通直流电 $V_C=10\sim100V$ 形成连续氢气泡群（把阴阳电极对换，可增加氢气泡清晰程度）。加绝缘打结及脉冲供电，可产生不同形态的氢气泡群，用于不同需要的流动显示中。可产生染色线与时间线形成的氢气泡条纹（方块）显示技术。氢气泡法工作原理见图 3-22。

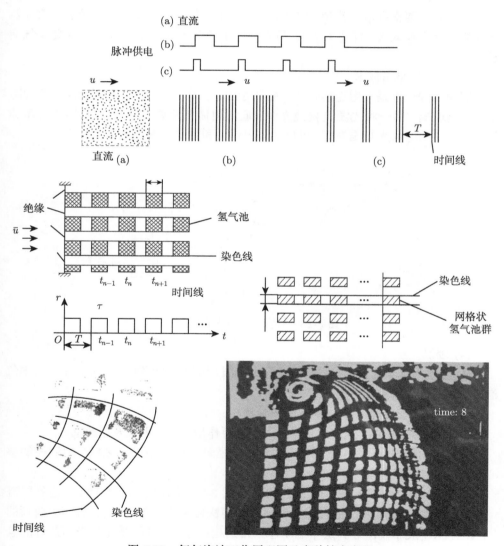

图 3-22 氢气泡法工作原理图及多种技术实现

氢气泡法的技术要点：

(1) 丝线直，不弯曲，流动观察区 $> 70d_b$ 才反映流动

(2) 氢气泡直径 d_b 大小控制

控制丝线直径 $d_w \approx 10 \sim 50\mu m$，氢气泡直径 $d_b \sim \frac{1}{2}d_w$，此时可忽略浮力的影响。实验中，电压增高，则 d_b 增大，不能忽略浮力的影响；流速增加时，d_b 减小，可忽略浮力的影响。

电压实际要根据水的流速、丝的长短来调整，保证有足够的氢气泡，又保证氢气泡的尺寸不要太大（浮力太大）。另外利用水中杂质或加 Na_2SO_2 可提高氢气泡发生率。

(3) 照明与照相技术

照明光源一种是采用连续光源（通常用台灯 1000W 量级），光源后面需要加防热、吸热玻璃。另一种光源是狭缝光源（通常用调节片调节）。照明与照相技术原理如下图 3-23，闪光灯是氙灯（2000V，8kW），利用最强前向散射光。

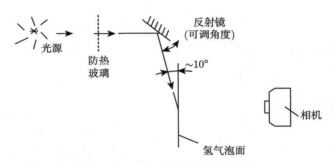

图 3-23　照明与照相技术原理图

(4) 限制

① 氢气泡观察时间 ～3s，氢气泡寿命有限，边流动边溶解于水中，在湍流中气泡扩散加快，寿命更短；

② 一般用于流速 $u_F < 30cm/s$ 低速流中；

③ 易受浮力影响，速度太低，浮力起主要作用下，不再代表原流动；

④ 存在黑洞区，该区域不存在氢气泡，是氢气泡进不去的区域，如涡核的核心区域、强切剪流区域等。

典型流动显示举例：图 3-24，图 3-25，图 3-26 是氢气泡法用于显示边界层流动结构的图片，湍流条带结构的发现存在所谓快慢条带 (斑) 结构；后期更清晰的氢气泡技术，展示湍流边界层中的动态条带结构；乃至作者用激光片光相结合的氢气泡技术，展示所谓快慢条带和涡结构之间直接相关的结果。

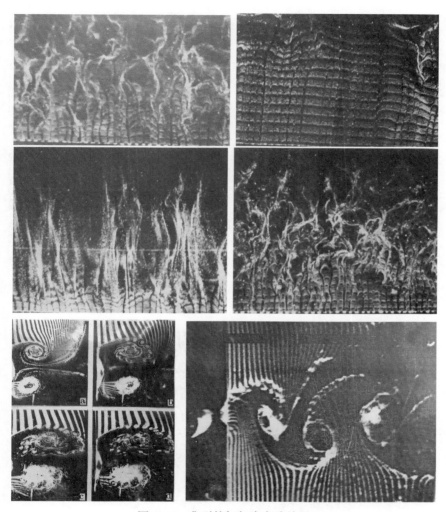

图 3-24 典型的氢气泡实验结果

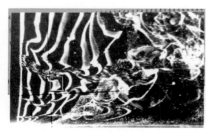
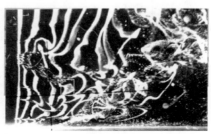

(a) $t=0$ (b) $t=\Delta t$

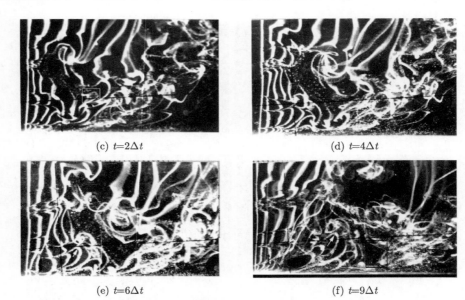

(c) $t=2\Delta t$　　　　　　　　　　　　　(d) $t=4\Delta t$

(e) $t=6\Delta t$　　　　　　　　　　　　　(f) $t=9\Delta t$

图 3-25　一个下扫流的侧面图像，铂丝在 $x = 3300\mathrm{mm}$，$\Delta t = 1/16\mathrm{s}$

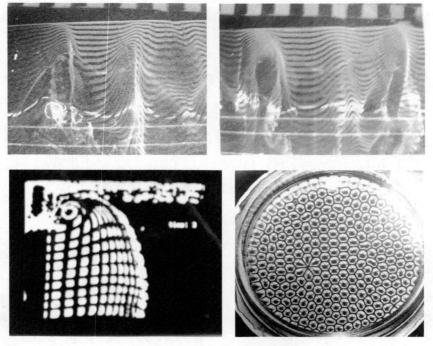

图 3-26　典型的氢气泡实验结果

3.1.3 注意要点

1. 流动遗迹影响

染色线的形态与流动的研究历史有关,注入式流动显示,注入的染色物质如果不能溶解扩散,其本身则保持存于流动中,即流动显示的遗迹问题,特别在非定常流动中尤应注意。

例 3-3 Limbala 的圆柱尾流的远场流动显示,远场的卡门涡不是由近场的连续发展,而是由衰减、二次不稳定引起,曾成为争论的问题。照相得到的卡门涡流态,并非卡门涡,而是流动显示遗迹,涡只有样子,不再转动。

这里需要指出,流动显示中的遗迹问题,随着定量化流动显示,如 PIV 技术的到来和应用而不必困扰,不再靠单张照片,而是速度场的瞬时定量测量,从而得到确切的流动形态,详见后面章节。

2. 示踪子与流体充分混合

在很多情况下,全流场充满粒子,不易观察到流态(看不清分界面,如涡面、涡核线等),则需将示踪子事前与流体混合,搅拌均匀,通过针孔或通过模型表面的孔和槽缝注入流场内(需无法向速度)。

3. 示踪子尺度与流动结构尺度的匹配

在采用粒子、气泡、颗粒作示踪物质(子)时,一定要考虑到该示踪子是否对观测的流动合适,空间尺度是否匹配。在本节中常用的方法中,大多数只适用于大尺度流动结构的观测,其示踪子的尺度(直径)一般均在几十微米以上。如果示踪子尺度大于需观测流动的尺度,则会导致错误的流动显示结果。

4. 示踪子的动态响应问题

除此以外还有示踪子的动态响应问题,如果示踪子没有足够的响应流动变化的频率,都会使示踪子不具备良好的流动跟随性,所得到流动显示结果也不具备真实性。这也是 3.2 节要讨论的内容。

表 3-1 是用于流动显示的不同固体粒子、液滴。将固体粒子(液滴),直接掺混在所研究的流体中,整个流场均布满了悬浮的粒子,在不少场合可以显示流动的形态。

表 3-1 用于速度测量的示踪粒子和流体间的组合

工作流体	粒子	直径/μm	完成人和完成时间
水	Pliolite	40~200	Carey and Gebhart(1982),Chiou and Gordon(1976), Kao and Pao(1980),Kornmilas and Telionis(1980), Mezarisetal. (1982),Nyhas et al. (1973), Telionis and Koromilas (1978)

续表

工作流体	粒子	直径/μm	完成人和完成时间
水和水 / 甘油	聚苯乙烯	10~200	de Verdiere (1979), Douglas et al. (1972), Gent and Leach (1976), Greenway and Wood (1973), Nakatani and Yimada (1982), Seki et al. (1978)
水	中空玻璃球	25	Kao and Kenning (1972), Pan and Acrivos (1967)
水 / 甘油, 硅油	蜂蜡	200~1000	Mallison et al. (1981), Mixworthy (1979)
水	铅和镁的片状粉末	10~100	Coutanceau and Bouard (1977), Ozoe et al. (1981), Gau and Viskanta (1983)
水, CCl$_4$	卡利镜碎片	30	Matisse and Gorman (1984), Rh ee et al. (1984)
CCl$_4$	有机染料颗粒		Trinh et al. (1982)
水	人造纤维的絮片	150~800	Hoyt and Taylor (1982)
水	混合液滴	20~200	Charwat (1977a), Yin et al. (1973)
空气	滑石	10	Sparks and Ezekiel (1977)
空气	石松子	30	Chen and Emrich (1963). Weinert et al. (1980)
空气	玻璃球	20	Philbert and Boutier (1972), Klein et al. (1980)
空气	油桶	1	Emrich (1983)

3.2　示踪粒子动力学分析

　　置入流体中的示踪粒子（气泡、烟、固体粒子、液滴、液雾、波动球······）的运动能否跟随或代表流体的运动？是否存在时间跟踪和空间跟踪的迟滞和偏移？示踪粒子的加入对流体运动的影响如何？是否会产生两相流问题？这些问题都是流动显示需要考虑的重要问题。实际的工作中，对于示踪粒子要有如下的假设条件：

　　（1）示踪粒子浓度足够低；

　　（2）与研究对象尺度比较，粒子的尺度（粒径 d_p）足够小；

　　（3）传速给粒子的热量或热交换可忽略；

　　（4）粒子间的相互作用可忽略。

　　无论定性流动显示还是定量测量，如何选择粒子是流体实验的基本问题，是实验成败的前提。本小节从如下六个方面分析和讨论示踪粒子动力学问题：

　　（1）时迟（滞）效应 —— 粒子一维运动方程（低速）

　　（2）轨迹偏离 —— 粒子轨迹方程

（3）BBO 方程 —— 斯托克斯定律表达（一维无势）

（4）重力影响 —— BBO 方程线性叠加

（5）松弛时间 —— 激波、膨胀波的（时滞、轨迹偏离）效应

（6）聚焦效应

如何选粒子，无论定性流动显示还是定量测量，是基本问题，是成败的前提。

1. 时滞效应

一维粒子运动方程为

$$m_\text{P} \frac{\mathrm{d}u_\text{p}}{\mathrm{d}t} = C_D \frac{\rho_\text{F}}{2}(u_\text{F} - u_\text{p})^2 A_\text{P} \tag{3-4}$$

m_p 是粒子质量，$m_\text{p} = \frac{1}{6}\pi d_\text{p}^3 \rho_\text{p}$，$A_\text{P}$ 是粒子横截面，下标 P 代表粒子，F 代表流体。

式 (3-4) 是一维 N-S 方程，尚未计及重力和浮力。粒子一般认为是球状，也适用于其他形状（采用不同的 C_p），C_p 是无量纲阻力系数，实际由经验（实验）确定，典型的阻力系数曲线见图 3-27。

$$C_\text{p} = f(Re_\text{p})$$

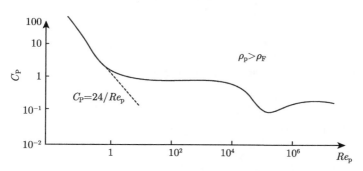

图 3-27 典型阻力系数曲线 $C_\text{P} \sim Re_\text{p}$

粒子 Re 数：

$$Re_\text{p} = [\rho_\text{F}(u_\text{F} - u_\text{p})d_\text{p}]/\mu_\text{F} \tag{3-5}$$

$$C_\text{p} = K_0 + K_1(Re_\text{p})^{-1} + K_2(Re_\text{p})^{-2} + \cdots\cdots \tag{3-6}$$

代入式 (3-4)

$$\frac{\mathrm{d}u_\text{p}}{\mathrm{d}t} = \phi_0 + \phi_1 u_\text{p} + \phi_2 u_\text{p}^2 + \cdots\cdots \tag{3-7}$$

其中，

$$\phi_0 = \frac{3\mu^2 K_2}{4\rho_F\rho_p d_p^3} + \frac{3\mu K_1}{4\rho_p d_p^2} + \frac{3K_0\rho_F}{4\rho_p d_p}u_F^2$$

$$\phi_1 = -\frac{3\mu K_1}{4\rho_p d_p^2} - \frac{3K_0\rho_F}{2\rho_p d_p}u_F$$

$$\phi_2 = \frac{3K_0\rho_F}{4\rho_p d_p}$$

粒子速度方程解：

① $u_F = C$ 是注入到恒流速的流动中的速度。

② $u_F = f(t)$ 数值解法/跟随流速变化是跟随流速变化的数值解法。

③ 在不可压时，$Re_p \sim (u_F - u_P)$ 随速度差变化。

④ 低 Re_p 时，斯托克斯流动可简化为

$$\frac{\mathrm{d}u_p}{\mathrm{d}t} = \frac{3\mu K_1}{4\rho_p d_p^2}(u_F - u_p) = \frac{18\mu}{\rho_p d_p^2}(u_F - u_p) \tag{3-8}$$

若 $u_F = C$

$$u_p = u_F[1 - e^{-k(t_0 - t_0)}] + u_{p0}e^{-k(t - t_0)} \tag{3-9}$$

若初始条件：$t = t_0$, $u_p = u_{p0}$; t_0 时，$u_p = 0$。则

$$u_p = u_F(1 - e^{-kt})$$
$$= u_F(1 - e^{-\frac{t}{T}}) \tag{3-10}$$

$$T = 1/k, \quad k = 18\mu/\rho_p d_p^2 \tag{3-11}$$

时滞为 $T = \rho_p d_p^2/18\mu$，表示时滞时间常数如图 3-28。

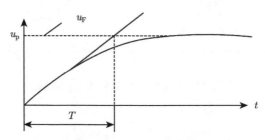

图 3-28　时滞时间常数

即粒子速度以指数规律逼近流体速度（粒子如有高的初速，则按指数规律来减至流体流速）。

若 T 越大，则粒子跟随流体的运动越差；若粒子密度越大，粒径越大，则 K 越小，时滞时间 T 越大，因而从粒子跟随性考虑，ρ_p 和 d_p 越小越好。

若 u_F-u_p 较大，$Re_p > 1$，虽然方程 (3-9) 不适用，但仍可修改，保守估计 T 实际会小些。以水为例 $\mu = 1.005 \times 10^{-3} \left[\dfrac{N}{m^2} \cdot s \right]$

$\rho_W = 10^3 \text{kg/m}^3$，设 $d_p = 1\mu\text{m}, \rho_p = \rho_W = \rho_F$，则时滞时间常数为：

$$T = \frac{(10^{-6})^2 \text{m}^2 \times 10^3 \text{kg/m}^{-3}}{18 \times 1.005 \times 10^{-3} \text{kg} \cdot \text{ms}^{-2} \cdot \text{sm}^{-2}} = 0.5528 \times 10^{-7} \text{s}$$

示踪粒子与水同比重，当 $d_P = 100\mu\text{m}$ 时，$T \cong 1\text{ms}$。

粒子重于水，$T \cong 2\text{ms}, 4\text{—}10\text{ms}$。

粒子满足动态响应的必要条件

$$d_P < \sqrt{\frac{18\mu T_p'}{\rho_p}}$$

T' 是流体的非定常运动周期。

$T_p' < \dfrac{1}{10} T'$ 为宜，选在 $\left(\dfrac{1}{2} \sim \dfrac{1}{10} \right)$ 范围内。表 3-2 给出不同粒子对应的时滞时间常数。

表 3-2 不同粒子对应的时滞时间常数

ρ_P / ρ_W \\ $T/\mu\text{s}$, $d_p/\mu\text{m}$	0.1	0.5	1.0	5	10	50	100
1(水)	0.001	0.025	0.1	2.54	10.15	254	1015
2	0.002	0.05	0.2	5.08	20.3	508	2030
4	0.004	0.1	0.4	10.16	40.6	1016	4030
10	0.01	0.25	1	25.4	101.5	2540	10150

2. 轨迹偏离——粒子轨迹方程（三维）

$$
\begin{aligned}
\frac{\mathrm{d}u_p}{\mathrm{d}t} &= \frac{\partial u_p}{\partial t} + u_p \frac{\partial u_p}{\partial x} + v_p \frac{\partial u_p}{\partial y} + w_p \frac{\partial u_p}{\partial z} \\
\frac{\mathrm{d}v_p}{\mathrm{d}t} &= \frac{\partial v_p}{\partial t} + u_p \frac{\partial v_p}{\partial x} + v_p \frac{\partial v_p}{\partial y} + w_p \frac{\partial v_p}{\partial z} \\
\frac{\mathrm{d}w_p}{\mathrm{d}t} &= \frac{\partial w_p}{\partial t} + u_p \frac{\partial w_p}{\partial x} + v_p \frac{\partial w_p}{\partial y} + w_p \frac{\partial w_p}{\partial z}
\end{aligned}
\tag{3-12}
$$

上述方程求解需考虑三维斯托克斯方程，应计及压差、重力影响等。解相当复杂，不在本书范围，这里只介绍某些结果。

(1) 由于剪切作用 $\left(\dfrac{\partial \overline{u}_{\mathrm{p}}}{\partial \overline{S}} \text{ 存在} \right)$ 对粒子的作用力

$$\begin{cases} L_x = K_L \mu d_{\mathrm{p}}^2 \left(\dfrac{1}{v} \left| \dfrac{\partial u_{\mathrm{F}}}{\partial x} \right| \right)^{1/2} (u_{\mathrm{F}} - u_{\mathrm{p}}) \\ L_y = K_L \mu d_{\mathrm{p}}^2 \left(\dfrac{1}{v} \left| \dfrac{\partial u_{\mathrm{F}}}{\partial y} \right| \right)^{1/2} (u_{\mathrm{F}} - u_{\mathrm{p}}) \end{cases} \tag{3-13}$$

其中 L_x, L_y 分别为作用于粒子的 x 方向和 y 方向的作用力。

由上可见, 粒子在强剪切区 (流体的流动速度梯度很大) 受到向剪切力小的区方向的作用力, 即离开强剪切区的作用力。

如粒子在边界层中, 受式 (3-14) 的作用力, 使粒子不易进入边界层中, 特别是大的粒子 ($\propto d_{\mathrm{p}}^2$) 更不易留在边界层内, 见图 3-29。如果要显示边界层, 除必须采用小粒子 (一般要求 $d_p \leqslant 1\mu\mathrm{m}$ 量级) 外还需要采取特殊的措施。

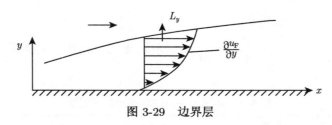

图 3-29　边界层

又如经尖劈时轨迹偏离引起示踪问题, 图 3-30 是不同大小粒径 d_{p}(30μm, 800μm) 的粒子, 经尖劈时流动轨迹偏离实测图。同样原理, 粒子也不易留在涡核心区内, 因为同样存在强速度梯度区。

(2) 由于离心力作用对粒子的轨迹的影响, 粒子越小, 粒子密度越接近于流体密度, 随真实流线的跟随性越好。反之, 由于离心力作用, 越大的粒子绕圆柱时就不能随流体拐弯, 在圆柱背面无粒子, 不再能代表流体的流动, 见图 3-31。

3. BBO (巴西特–布斯内斯库–奥森) 方程

一维无位势力 (重力、浮力、热力), 斯托克斯定律表达为

$$\frac{\mathrm{d}u_{\mathrm{p}}}{\mathrm{d}t} = a(u_{\mathrm{F}} - u_{\mathrm{p}}) + b\frac{\mathrm{d}u_{\mathrm{F}}}{\mathrm{d}t} + C \int_{t_0}^{t} \frac{\mathrm{d}(u_{\mathrm{F}} - u_{\mathrm{p}})}{\mathrm{d}\tau} \frac{\mathrm{d}\tau}{(t - \tau)^{1/2}} \tag{3-14}$$

其中,

$$a = 18\gamma/(\rho_{\mathrm{p}}/\rho_{\mathrm{F}} + 0.5)d_{\mathrm{p}}^2$$
$$b = 3/2(\rho_{\mathrm{p}}/\rho_{\mathrm{F}} + 0.5)$$
$$c = 9\left(\frac{\gamma}{\pi}\right)^{1/2}/(\rho_{\mathrm{p}}/\rho_{\mathrm{F}} + 0.5)$$

C 为时间历程项。

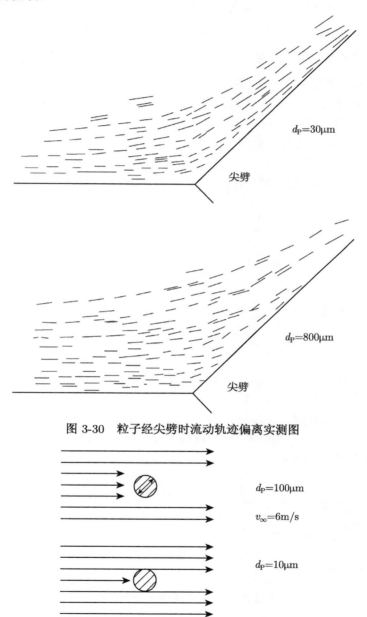

图 3-30 粒子经尖劈时流动轨迹偏离实测图

图 3-31 对粒子的轨迹的影响

(1) BBO 方程比式 (3-10) 更受限止。要求 Re_p 数低，并要求 $\dfrac{d_p^2}{\gamma} \times \dfrac{\partial u_p}{\partial x} \leqslant 1$，

速度梯度增加，加速度增加，要求 d_p 减小。$\dfrac{u_p}{d_p^2}\left(\dfrac{\partial^2 u_p}{\partial \times 2}\right)^{-1} \geqslant 1$，流线曲率半径越小，需 d_p 减小。此与前面 Morsi. Alexander 绕圆柱的结果类同。即既使是定常流动下，在速度梯度 $\dfrac{\partial u}{\partial x}$ 存在时，存在作用力，或流线弯曲（曲率半径很小），都应注意，选用的粒子不能太大，否则粒子偏离流线。

这里仍应注意染色线 $\neq$ 轨迹线 $\neq$ 流线，此处更值得注意的是粒子选用不合适，染色线 $\neq$ 真实流体的染色线。

(2) BBO 方程的三种近似解法

① 第一种近似解，取 $C = 0$，适用于 $(\rho_p/\rho_F) \gg 1$，γ 不大时。

② 第二种近似解忽略时间历程项 $C = 0$，并在 a,b 中附加质量项 $\dfrac{\rho_p}{\rho_F} \gg 0.5$，则

$$\frac{\mathrm{d}u_p}{\mathrm{d}t} = a'(u_F - u_P) + b'\frac{\mathrm{d}u_F}{\mathrm{d}t}$$
$$a' = \frac{18\gamma}{(\rho_p/\rho_F)d_p^2} = \frac{18\mu}{\rho_p d_p^2} \tag{3-15}$$
$$b' = 3\rho_F/2\rho_p$$

③ 第三近似解，在第二近似基础上，再忽略流动速度变化，则

$$\frac{\mathrm{d}u_p}{\mathrm{d}t} = \frac{18\mu}{\rho_p d_p^2}(u_F - u_p) \tag{3-16}$$

第三种近似解 (3-16) 与式 (3-5) 一维粒子运动方程解相同。也具有式 (3-6) 的解，且有满足假设 $\rho_p/\rho_F \gg 0.5$。

附：傅里叶积分解

由表 3-3 ρ_p/ρ_F，d_p，求得极限特征数率 f_{cp}（在此频率下，可以认为粒子以足够的粒度跟随流动起伏流动。

表 3-3　计算解的例子

（粒子/流体）组合	ρ_p/ρ_F	d_p/mm	f_{cp}/Hz
砂粒/水	2.65	0.5	0.16
水滴/空气	1000	7×10^{-3}	812
氢气泡/水	0.84×10^{-4}	0.2	20

4. 重力（浮力）影响（温度场、静电场等影响）

$$F_g = \frac{4}{3}\pi \cdot \left(\frac{1}{2}d_p\right)^3 g(\rho_p - \rho_F) \tag{3-17}$$

若 $u < 30\mathrm{cm/s}$，可用线性叠加

$$U_{\rm p} = U_{\rm P(BBO)} + U_{\rm P(g)}$$

粒子下沉（上浮）速度与粘性有关，也符合斯托克斯定律

$$U_{\rm s} = (\rho_{\rm p} - \rho_{\rm F})gd_{\rm p}^2/18\mu_{\rm F} \qquad (3\text{-}18)$$

一般要求在实验期间，粒子下降速度 U_s 引起的下沉距离 h 应小于直径 $d_{\rm P}$，见图 3-32。

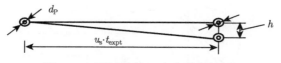

图 3-32 下沉距离 h 应小于直径 $d_{\rm P}$

即 $h = t_{\rm expt} \cdot U_s \leqslant d_{\rm P}$，则

$$d_{\rm p} \leqslant \frac{18\mu_{\rm F}}{(\rho_{\rm p} - \rho_{\rm F})gt_{\rm expt}} \qquad (3\text{-}19)$$

实验观测过程时间 $t_{\rm expt}$ 越长，粒子应越小。

5. 跨超音速流中的粒子运动

假设忽略布朗运动，悬浮在气体中的微小粒子 —— 牛顿方程。

$$\frac{{\rm d}\overline{u}_{\rm p}}{{\rm d}t} = -\frac{(\overline{u}_{\rm p} - \overline{u})}{\tau} + \overline{g}$$

$u_{\rm P}$ 是粒子速度，u 是载体气体速度，τ 是粒子松弛时间。

(1) 聚焦效应

通过收缩喷管后粒子聚焦于一点 $X_{\rm CO}$，见图 3-33。

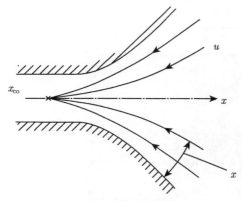

图 3-33 聚焦效应

(2) 间断效应

见图 3-34，粒子通过激波、膨胀波（速度、方向大小发生突跃变化）时，跟踪的粒子需要附加的松弛时间 τ，直到它的运动状态被气流所补偿为止。亦即，粒子经过波系时不能立即改变速度（大小和方向），需经一定时间（距离）后，才能达到实际气体的速度方向和大小。因而这也成为跨超音速测速时的关键问题（包括 LDV、PIV）。

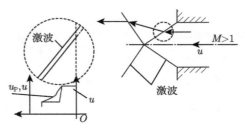

图 3-34　间断效应

(3) 乳胶粒子的聚合问题

见图 3-35，采用乳胶粒子（Latex spheres）存在聚合问题，G Fedchi 的实验表明：$Ma = 2, 3$，用 LDV 沿程测量，示踪粒子直径 $d_{\mathrm{p}} \sim 0.5\mu\mathrm{m}$，则无论纵向或横向，均要经 $x = 15\mathrm{mm}$ 左右才能达到波后的应有速度。减小粒径，$d_{\mathrm{p}} \sim 0.35\mu\mathrm{m}$，约需经 $x = 10\mathrm{mm}$ 才达到波后应有速度。

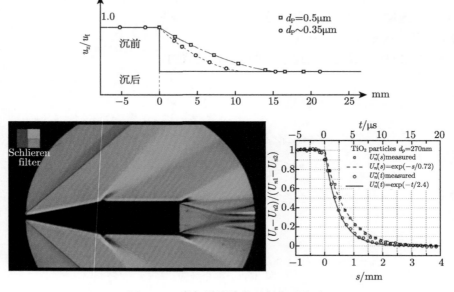

图 3-35　彩色阴影法显示超音速流动

跨超音速（利用粒子）测速技术也是当今研究课题之一，目前已取得重要进展，详见后面 PIV 章节。

6. 其他（粒子在特定情况下的运动）

(1) 粒子在非等熵各向同性湍流中的粒子弥散。
(2) 粒子在振荡流动中的跟随性。

7. 注意问题

(1) 以上讨论均是悬浮在流体中粒子的情形。
(2) 流体自由表面上的流动显示的粒子运动。

如水表面上的粒子，可以显示流动，也不少人采用此方法（用铝片）。这种情况存在表面张力的影响（表面张力的阻尼效应），不能代表流体内部的流动情况。

(3) 粒子的密度问题，一般可不加考虑，但在液体中，因浮力大要考虑，尽量做到 $\rho_p \approx \rho_F$。

(4) 氢气泡（氦气泡）在水中的显示问题。

与固体示踪粒子不同，气泡在随流体运动时，会改变它自己的形状，特别在存在强剪切区域，氢气泡的变形会不小，同时加速在水中的溶解。气泡的运动方程实际要复杂得多，阻力系统 C_p，不仅是 $(\bar{u}_p - \bar{u}_F)$ 的函数，而且也是作用在粒子上形变力的函数。此外，氢气泡引起的浮力很大，引起的上升速率必须考虑在内，引起的测速误差，取决于所测速度的大小。

$$e \approx u_g / \bar{u}$$

(5) 注入式流动显示应用最为广泛，如何正确使用、正确理解十分重要。否则会导致错误解说流动。许多具体方法、细节、技术仍在发展中，特别在非定常流中还存在不少问题。

(6) 示踪粒子动力学分析，本身是一个复杂问题，有待进一步研究。已有的一些结果，对流动显示的流动跟随性，对粒子提出了一些要求，当然要尽量满足。但从显示角度对粒子还存在其他（甚至矛盾的）要求。

8. 粒子示踪问题小结

(1) 对流体流动不同尺度层次观测的空间尺度要求，一般示踪粒子的粒径应满足 $\lambda/10 \sim 100\mu m$。

(2) 时间跟随性（时间常数 $T_p \ll T_\lambda$，对流体流动不同尺度层次观测的时间尺度要求。

(3) 经曲面弯曲（聚焦中心）时影响（跟随性）。

(4) 压力梯度（近壁），速度梯度的影响（粒子分布）。

(5) 浮力（重力）影响（密度不同引起）。

(6) 间断性的跟随性（经激波、膨胀波时的跟随性）。

(7) 散射效率（记录的必要条件）。

(8) 特别需要指出，如果示踪粒子（物质）选择不合适，示踪粒子（物质）的空间尺度不能小于或大大小于观测流动结构的尺度，不能跟踪流体流动，则流动显示的流线、迹线、染色线不仅在非定常流下，而且即使在定常流动下，也不再是真实的流线、迹线和染色线，将提供错误的信息。

参 考 文 献

胡成行. 1993. 跨音速时三角翼涡结构的激光蒸汽屏显示. 第四届全国实验流体力学学术会议: 354-361.

袁亚雄, Crowe, C. T. 1992. 颗粒在非各向同性均匀湍流中的扩散 [J]. 空气动力学学报, (2): 201-209.

Bienkiewicz B, Cermak J E. 1987. A flow visualization technique for low-speed wind-tunnel studies[J]. Experiments in Fluids, 5(3): 212-214.

Cox R G, Mason S G. 1971. Suspended particles in fluid flow through tubes[J]. Annual Review of Fluid Mechanics, 3(1): 291-316.

Freymuth P, Bank W, Finaish F. 1987. Further visualization of combined wing tip and starting vortex systems[J]. AIAA Journal, 25(9): 1153-1159.

Tedeschi G, Gouin H, Elena M. 1999. Motion of tracer particles in supersonic flows[J]. Experiments in Fluids, 26(4): 288-296.

第4章 表面流动显示方法及分析

4.1 表面流动显示方法

表面流动显示，顾名思义，是用一种置在物体表面的示踪物质，显示流体流过物体表面的流动形态，也常由此推测流经该物体时流动的空间结构（如分离、附着、旋涡等）。这是一种常用的流动显示方法。

4.1.1 油流法（风洞）

模型表面涂上一层包括有示踪材料（煤粉等）的油膜，在风洞中吹风的一定时间内，在模型表面形成流动的流迹，这种方法叫油流法。通常用炭墨、煤油混合物，或者荧光粉、煤油混合物。例如吹风试验，均匀涂膜，在油蒸发前，开关风洞。注意吹风时间不能过长，否则油墨会吹尽。在模型表面采用紫外线照明（荧光粉）或普通舞台灯照明，黑白或彩色照相。典型的照相油流试验结果，表面油流图像如图 4-1。

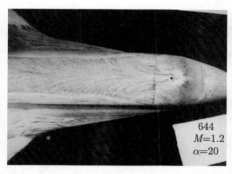
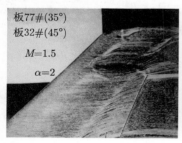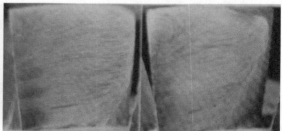

图 4-1 油流试验结果

　　一种典型全尺度油流试验记录法：此时不用照相记录，而是采用大张透明胶纸直接粘贴到形成流动流迹的油膜试验模型表面上，表面的油膜包括它的流动形态即完全被粘在透明胶纸上，再把此胶纸小心地粘贴到白纸上，最后记录保留全尺度的油流的形态。以全尺度保持油流表面流动显示图像记录在大张胶纸上，详见图 4-2。

图 4-2　全尺度油流试验记录法

　　另外，表面喷烟云法，此法也可展示表面流态，见图 4-3，此处不作详细介绍。

图 4-3　表面喷烟云法

4.1.2　染色液表面流动显示法（水介质）

　　染色液表面流动显示法（水介质）是在模型表面开孔、开槽，通常有两种注入方法，染色液边界层注入法，和针管染色液边界层注入法（染色液渗入边界层内），见图 4-4。

　　典型染色液模型表面开孔，表面流动显示图像见图 4-5。

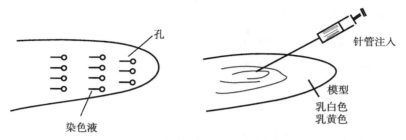

图 4-4 染色液表面流动显示法

染色液 + 胶水 + 牛奶, 荧光染料

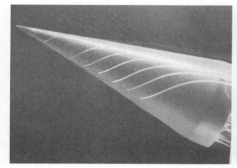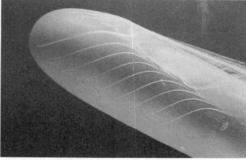

图 4-5 染色液模型表面开孔

典型染色液表面流动显示图像见图 4-6, 在水漕水流经该纯头体时, 采用针管把荧光染料直接注到模型表面上, 移走针管, 在表面形成流态, 染料还没有流走以前拍照即得。由图可见, 在物面上流迹线和流动分离线清楚可见。此外, 该图上, 空间流态 (分离涡等) 也清晰可见。

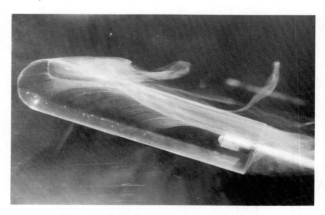

图 4-6 典型染色液表面流动显示图像

4.1.3   其他方法（详见后面章节）

其他方法有近代定量化表面流动显示、热敏漆（表面大范围温度）、液晶、红外摄像（表面温度）、压敏漆（表面压力）等。

4.2   油流线及油流谱分析

首先是问题的提出：表面流动显示，流动的形态（表面上的线条）代表什么？是流线吗？还是在物体表面上的流线？

4.2.1   油流线与壁面摩擦力线之间的关系

假定：油膜厚度 ≈ 边界层厚度，讨论气和油的粘性比简化运动方程。

边界条件，见图 4-7：①在油表面上空气和油的速度相等；②在油表面上空气和油的粘性应力相等；③物体表面上的油的速度为零；④穿过油层的压力是常数（压力梯度为零）。

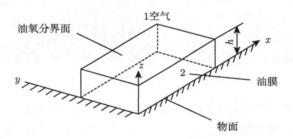

1-空气，2-油膜，h-油膜厚度

图 4-7   物表油膜和空气流动的关系示意图

①油膜流动的动量方程：

$$
\begin{cases}
\begin{aligned}
&\frac{\partial u_2}{\partial t} + \left(u_2\frac{\partial u_2}{\partial x} + v_2\frac{\partial u_2}{\partial y} + w_2\frac{\partial u_2}{\partial z} \right) \\
&= \nu_2\left(\frac{\partial^2 u_2}{\partial x^2} + \frac{\partial^2 u_2}{\partial y^2} + \frac{\partial^2 u_2}{\partial z^2} \right) - \frac{1}{\rho_2}\frac{\partial p_2}{\partial x}
\end{aligned} & \text{(4-1)} \\[2ex]
\begin{aligned}
&\frac{\partial v_2}{\partial t} + \left(u_2\frac{\partial v_2}{\partial x} + v_2\frac{\partial v_2}{\partial y} + w_2\frac{\partial v_2}{\partial z} \right) \\
&= \nu_2\left(\frac{\partial^2 v_2}{\partial x^2} + \frac{\partial^2 v_2}{\partial y^2} + \frac{\partial^2 v_2}{\partial z^2} \right) - \frac{1}{\rho_2}\frac{\partial p_2}{\partial y}
\end{aligned} & \text{(4-2)} \\[2ex]
\begin{aligned}
&\frac{\partial w_2}{\partial t} + \left(u_2\frac{\partial w_2}{\partial x} + v_2\frac{\partial w_2}{\partial y} + w_2\frac{\partial w_2}{\partial z} \right) \\
&= \nu_2\left(\frac{\partial^2 w_2}{\partial x^2} + \frac{\partial^2 w_2}{\partial y^2} + \frac{\partial^2 w_2}{\partial z^2} \right) - \frac{1}{\rho_2}\frac{\partial p_2}{\partial z}
\end{aligned} & \text{(4-3)}
\end{cases}
$$

边界条件:

$$z = 0, \quad u_2 = v_2 = w_2 = 0 \tag{4-4}$$

$$z = h, \quad u_2 = u_1, \quad v_2 = v_1, \quad w_2 = w_1 \tag{4-5}$$

$$\mu_2 \frac{\partial u_2}{\partial z} = \mu_1 \frac{\partial u_1}{\partial z}, \quad \mu_2 \cdot \frac{\partial v_2}{\partial z} = \mu_1 \frac{\partial v_1}{\partial z} \tag{4-6}$$

② 油膜附近的气流控制方程

$$\begin{cases} u_1 \dfrac{\partial u_1}{\partial x} + v_1 \dfrac{\partial u_1}{\partial y} + w \dfrac{\partial u_1}{\partial z} = -\dfrac{1}{\rho_1} \dfrac{\partial p_1}{\partial x} + \nu_1 \dfrac{\partial^2 u_1}{\partial z^2} & (4\text{-}7) \\[2mm] u_1 \dfrac{\partial u_1}{\partial x} + v_1 \dfrac{\partial v_1}{\partial y} + w \dfrac{\partial v_1}{\partial z} = -\dfrac{1}{\rho_1} \dfrac{\partial p_1}{\partial y} + \nu_1 \dfrac{\partial^2 v_1}{\partial z^2} & (4\text{-}8) \\[2mm] \dfrac{\partial p_1}{\partial z} = 0 & (4\text{-}9) \end{cases}$$

③ 由于定常方程略去高阶项, 式 (4-1), (4-2), (4-3) 可简化为

$$\begin{cases} \nu_2 \dfrac{\partial^2 u_2}{\partial z^2} = \dfrac{1}{\rho_2} \dfrac{\partial p_2}{\partial x} & (4\text{-}10) \\[2mm] \nu_2 \dfrac{\partial^2 v_2}{\partial z^2} = \dfrac{1}{\rho_2} \dfrac{\partial p_2}{\partial y} & (4\text{-}11) \\[2mm] \dfrac{\partial p_2}{\partial z} = 0 & (4\text{-}12) \end{cases}$$

由式 (4-9), (4-12) 得 $p_1 = p_2 = p_e$。p_e 为边界层边缘上的压力。解方程 (4-10), (4-11):

$$u_2 = \frac{\mu_1}{\mu_2} \left\{ \frac{1}{\mu_1} \frac{\partial p_e}{\partial x} \left(\frac{z^2}{2} - hz \right) + \left(\frac{\partial u_1}{\partial z} \right)_{z=h} \cdot z \right\} \tag{4-13}$$

$$v_2 = \frac{\mu_1}{\mu_2} \left\{ \frac{1}{\mu_1} \frac{\partial p_e}{\partial y} \left(\frac{z^2}{2} - hz \right) + \left(\frac{\partial v_1}{\partial z} \right)_{z=h} \cdot z \right\} \tag{4-14}$$

在油气分界面上, 则有 $z = h$,

$$(u_2)_{z=h} = \frac{\mu_1}{\mu_2} \left\{ \left(\frac{\partial u_1}{\partial z} \right)_{z=h} \cdot h - \frac{1}{\mu_1} \frac{\partial p_e}{\partial x} \left(\frac{h}{2} \right)^2 \right\} = (u_1)_{z=h} \tag{4-15}$$

$$(v_2)_{z=h} = \frac{\mu_1}{\mu_2} \left\{ \left(\frac{\partial v_1}{\partial z} \right)_{z=h} \cdot h - \frac{1}{\mu_1} \frac{\partial p_e}{\partial y} \left(\frac{h}{2} \right)^2 \right\} = (v_1)_{z=h} \tag{4-16}$$

故若 $\dfrac{\partial p_e}{\partial x}$, $\dfrac{\partial p_e}{\partial y}$ 压力梯度不大时, 式 (4-13), (4-14), 油膜的流线方程则为

$$\frac{\mathrm{d}y}{\mathrm{d}x} = \frac{v_2}{u_2} = \frac{(\partial v_1/\partial z)_{z=0}}{(\partial u_1/\partial z)_{z=0}} = \frac{\tau_{yz}}{\tau_{xz}} \tag{4-17}$$

因而，可以认为，油流线近似显示气流绕流中物面上的摩擦力线。无限贴近物面的流线称为极限流线，极限流线近似为表面摩擦力线。

问题讨论：在水洞中的表面流态试验，染色液显示的形态代表什么？亦即表面边界层范围显示的形态是什么？不同于油膜法（油流法）用油膜，这里是同一介质的边界层，如果边界层已不再是层流又会如何？

4.2.2　油流流谱特性分析

油流流谱特性分析的目的是由表面的流动形态推测流动绕物体的空间流动形态。特别在传统观测技术上过去很难取得空间流态情况下，这是一种重要手段。同时在流谱分析的方法指导下，即使表面流态有若干不很清楚的地方，也可以经分析推断出应该有的流动形态。

$$\frac{\mathrm{d}y}{\mathrm{d}x} = \tau_{xz}(x \cdot y)/\tau_{xz}(x \cdot y) \tag{4-18}$$

表面摩擦线方程 (4-18) 是一个向量场，具有如下特性：

① 非奇点处，每一点都有一条摩擦力线通过；② 奇点处 $\left(\frac{\mathrm{d}y}{\mathrm{d}x}=0/0\right)$，$\tau_{yw}=\tau_{xw}=0$，可以两条或更多的摩擦力线通过；③ 摩擦力线只能从奇点开始，到奇点终止。

微分方程的相平面理论（奇点分析）

$$\begin{cases} \dfrac{\mathrm{d}x}{\mathrm{d}t} = \tau_{xz}(x,y) \\ \dfrac{\mathrm{d}y}{\mathrm{d}t} = \tau_{yz}(x,y) \end{cases} \tag{4-19}$$

奇点 $p(x,y)$ 上，$\tau_{xz}(x_p,y_p) = \tau_{yz}(x_p,y_p) = 0$。

式 (4-19) 级数展开，

$$\begin{cases} \dfrac{\mathrm{d}x}{\mathrm{d}t} = \left(\dfrac{\partial\tau_{xz}}{\partial x}\right)_0 x + \left(\dfrac{\partial\tau_{xz}}{\partial y}\right)_0 y \\ \dfrac{\mathrm{d}y}{\mathrm{d}t} = \left(\dfrac{\partial\tau_{yz}}{\partial x}\right)_0 x + \left(\dfrac{\partial\tau_{yz}}{\partial y}\right)_0 y \end{cases} \tag{4-20}$$

奇点处摩擦力线方程，取决于特征方程的根的性质，特征方程为

$$\lambda^2 - p\lambda + q = 0 \tag{4-21}$$

其中，p 为散度，q 为雅可比。

$$p = \left(\frac{\partial\tau_{xw}}{\partial x}\right)_0 + \left(\frac{\partial\tau_{yw}}{\partial y}\right)_0 \tag{4-22}$$

$$q = \left(\frac{\partial \tau_{xw}}{\partial x}\right)_0 \left(\frac{\partial \tau_{yw}}{\partial y}\right)_0 - \left(\frac{\partial \tau_{xw}}{\partial y}\right)_0 \left(\frac{\partial \tau_{yw}}{\partial x}\right)_0 \tag{4-23}$$

$$\left.\begin{array}{l} \lambda_{1,2} = \dfrac{1}{2}(p \pm \sqrt{\Delta}) \\[2mm] \Delta = p^2 - 4q \end{array}\right\} \tag{4-24}$$

不同的根，分类具有下列不同性质，即

1. **鞍点** (Saddle) ——S, $q < 0$。

存在符号相反的两个实根流动经过该点，有进有出，如图 4-8。

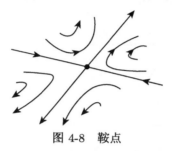

图 4-8　鞍点

2. **结点** (Node) ——N, $q > 0, \Delta > 0$。

$p < 0$ 时，符号相同的两个实根指向结点，此结点为分离结点，流动经过该点，只进不出；$p > 0$ 时，符号相同的两个实根背向结点，此结点为附着结点，流动经过该点，只出不进，如图 4-9。

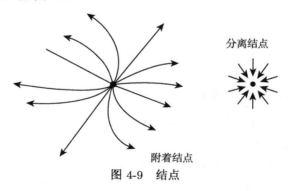

分离结点

附着结点

图 4-9　结点

3. **焦点** (Focus) ——$F, q > 0, \Delta < 0$。

$p = 0$ 时为中心点；$p < 0$ 时为分离焦点；$p > 0$ 时为附着焦点。流动经过该点，只进或只出，如图 4-10。

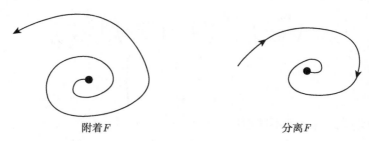

附着 F 分离 F

图 4-10　焦点

表 4-1 为鞍点、结点、焦点汇总。相平面图见图 4-11。

表 4-1　鞍点、结点、焦点汇总

	鞍点	结点	焦点
条件	$q < 0$	$q > 0, \Delta > 0$	$q > 0, \Delta < 0$
状态	有进有出	$p < 0$, 指向结点 — 分离	$p = 0$, 中心点
		$p > 0$, 背向结点 — 附着	$p < 0$, 分离
			$p > 0$, 附着

拓扑规律: 对于单连通体, 其物面流态的奇点数应服从拓扑规律:

$$\sum_N - \sum_S = 2 \tag{4-25}$$

推广一下, 见图 4-12, 截面流态的奇点数应服从于拓扑规律:

$$\left(\sum_N + \frac{1}{2}\sum_{N'}\right) - \left(\sum_S + \frac{1}{2}\sum_{S'}\right) = -1 \tag{4-26}$$

其中, N' 为半结点数, S' 为半鞍点数。

① 奇点的数目和存在有一定规律, 服从式 (4-25)、(4-26), 总数有限。

② 奇点不仅包括结点. 实际也包括焦点, 即所谓只出只进的点。

③ 半鞍点、半结点: 指在截面流态中, 奇点被物体上下表面分割为一半。如图 4-13 为例: 机翼的切面流态。

$$\left(2_F + \frac{1}{2}2_{N'}\right) - \left(2_S + \frac{1}{2}6_{S'}\right) = 3 - 4 = -1$$

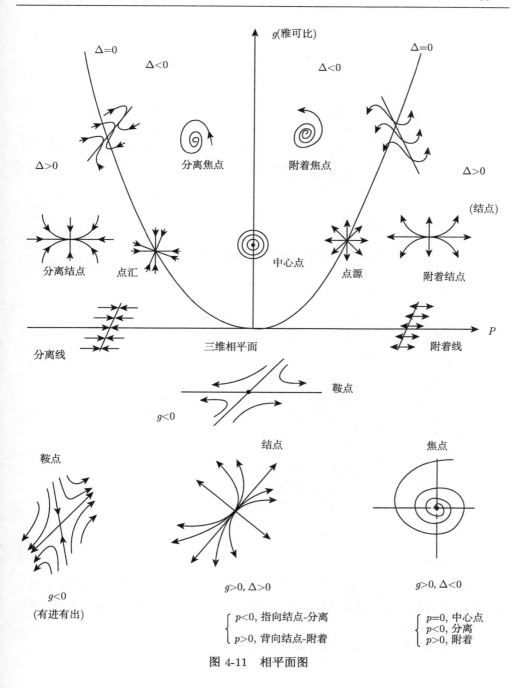

图 4-11 相平面图

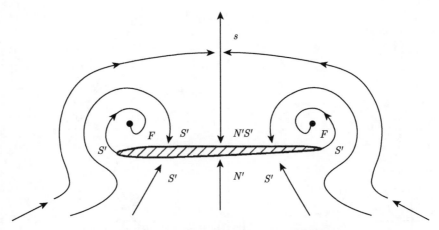

图 4-12　截面流态的奇点数应服从于拓扑规律

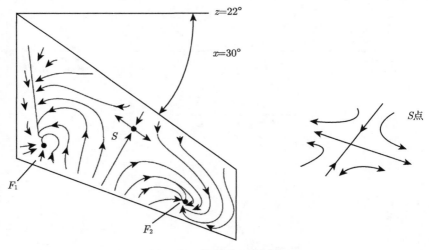

图 4-13　机翼的切面流态

若干特性：

　　存在焦点的同时，必然存在相应的一个或一个以上的鞍点，且由这些鞍点发出的一条摩擦力线的螺旋线形式进入焦点。从另一种观点可以说鞍点提供涡量，焦点形成涡核。

　　附 4-1：典型表面流动流谱，如图 4-14 至图 4-20。

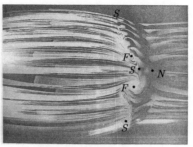

油流法流动显示, $Ma=0.7$ 油流法流动显示, $Ma=0.8$

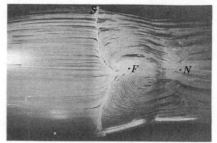

油流法流动显示, $Ma=0.862$

图 4-14 典型表面油流显示

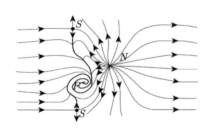

油流法流动显示, $Ma=0.7$ 油流法流动显示, $Ma=0.8$

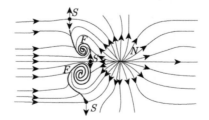

油流法流动显示, $Ma=0.862$

图 4-15 典型表面流动流谱

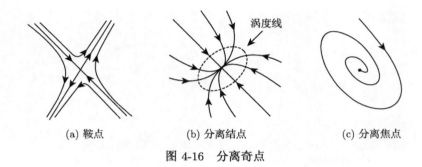

(a) 鞍点　　　　　　(b) 分离结点　　　　　　(c) 分离焦点

图 4-16　分离奇点

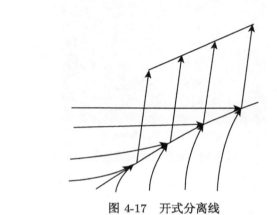

图 4-17　开式分离线

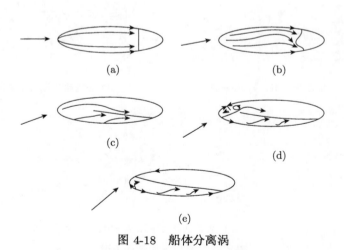

(a)　　　　　　　　　　　(b)

(c)　　　　　　　　　　(d)

(e)

图 4-18　船体分离涡

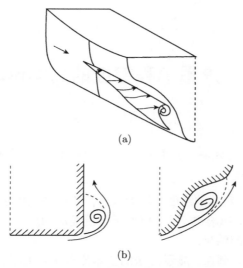

(a)

(b)

图 4-19 椭球的各种分离形态（分离线）

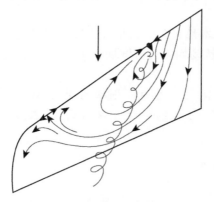

图 4-20 后掠翼上的（半）鞍点

参 考 文 献

邓学莹, 等. 1987. 空气流经物体表面边界层下薄膜油层的诱导运动 [J]. 空气动力学学报, 122.

Chamberlain R R. 2015. Unsteady flow phenomena in the near wakeof a circular cylinder[J]. Aiaa Journal, 26(1): 8-9.

Mattby R L. 1962. In flow visualization in wind turnels using indicators. AG ARDonraph, 20: 59.

Mehta, Rabindra D. 1988. Vortex/separated boundary-layer interactions at transonic Mach numbers[J]. AIAA Journal, 26(1): 15-26.

第5章　度量沿程密度的光学流动显示

5.1　引　　言

1. 传统的光学观测方法：主要用于可压缩流动显示，也是至今仍十分重要的流动显示方法

在不可压流动中，流体的温度与压力仅有简单关系，因而添加物虽然与流动的热力学特性完全不同，影响也不大，但对于可压缩流动加入添加物就有影响了，可能不能获得任何定量的结果。

在可压缩流动中，测量、显示方法的基本原理是：可压缩流中密度是变化的，是一个密度场，而气体的光学折射率是密度的函数，各种光学方法都基于敏感气体的密度场。

所有的光学装置基本都包含一组平行或发散的激光光束，激光经受某种方式扰动的密度场，与经无扰动均匀的密度场相比，发生光线偏离（距离与方向）或相移（相位变化）。

即密度场密度的变化 $\Delta\rho$，引起折射率的变化 Δn，对应产生光线偏离的距离 ΔX 和方向 $\Delta\theta$，或相移 $\Delta\varphi$：$\Delta\rho \to \Delta n \to \Delta X, \Delta\theta, \Delta\varphi$。注意，该变化量是激光沿行程积分的结果。

2. 密度场的几种情况

(1) 等熵流

$$\Delta\rho/\rho_t = (\rho_t - \rho)/\rho_t = \frac{1}{2}M^2 - \frac{1}{8}M^4 + \cdots \tag{5-1}$$

密度的变化率是 M 数的函数，M 越大，$\Delta\rho/\rho_t$ 越大。

例 5-1　$M=0.2$, $\left(\dfrac{\Delta\rho}{\rho_t}\right)_{\max} \approx 2\%$

$M=1$, $\left(\dfrac{\Delta\rho}{\rho_t}\right)_{\max} \sim 37.5\%$

$M=5$, $\left(\dfrac{\Delta\rho}{\rho_t}\right)_{\max} \sim 66\%$

因而本方法大多应用于超音速流动显示中。

(2) 热对流（等压过程）

$$\Delta\rho/\rho = -\Delta T/T$$

只要几度温度差，就会导致密度变化，可用光学法显示。

3. 光学法的限制

光线的偏离或相移，记录到相片上，都是沿光线光程的积分结果，因而无法确切知道光线光路某一位置的（包括切面）的密度量，且不说非定常，就是三维流场，定量测量也遇到困难，因而无法从照片上（显示）的结果，推断密度沿光线光程的变化。CT 技术在本书后面章节给出详细介绍。

5.2 沿光线光程的流动显示方法的光学基础

5.2.1 格代（格拉德斯通–代尔）公式

密度和折射率的关系式（推导自电动力学）

$$n - 1 = K\rho = \frac{\rho}{2\pi} \frac{L}{m} \frac{e^2}{m_e} \sum_i \frac{f_i}{r_i^2 - r^2} \tag{5-2}$$

K 是格代常数（不同气体不同值），m 是分子量，L 是洛喜密脱数，m_e 是电子质量，e 是电子电荷，f_i 是振子的频率，每个原子可能有几个不同振动频率的畸变电子 r_i，要求和。

将频率化为波长可为

$$K = \frac{e^2}{2\pi c^2 m_e} \cdot \frac{L}{m} \sum_i \frac{f_i \lambda^2 \lambda_i^2}{\lambda^2 - \lambda_i^2} \tag{5-3}$$

即格代常数 K 是气体、波长、温度的含数：$K = f$ (气体、波长、温度)。

1. 常用格代常数 K 值

表 5-1 给出常用 K 值，其中 $T = 273K$, $\lambda=0.589$。

表 5-1 常用 K 值

气体	K 值
O_2	0.190
N_2	0.238
He	0.196
CO_2	0.229

2. 混合气体（线性组合）

$$n - 1 = \sum_i K_i \rho_i \tag{5-4}$$

$$K = \sum_i K_i \frac{\rho_i}{\rho} = \sum_i K_i a_i, a_i \text{——质量分数。}$$

3. 高温气体 (部分电离)

$$n - 1 = \rho[K_{\mathrm{M}}(1 - \alpha_D) + K_{\mathrm{A}}\alpha_D] \tag{5-5}$$

K 是格代常数，M 是中性未离解的气体 (中性分子)，A 是原子气体，α_D 是离介度系数，$\alpha_D = f(T)$。

4. 等离子气体

$$n_e - 1 = -\omega_p^2/2\omega^2 \tag{5-6}$$

其中 $\omega_p^2 = 4\pi N_e e^2/m_e$ 是等离子体频率，n_e 是电子气体的位相折射率，N_e 是电子浓度。

电离气体中，即使电离度不高，其光学性质也会受到存在的自由电子的影响和支配。

$n_e - 1 = -13.33 \times 10^{-23}$, N_e 为电子浓度。

$n_A - 1 = -1.06 \times 10^{-23}$, N_A 为原子浓度。

N_e 和 N_A 产生不同的位相折射率，且方向相反。因而在高 M 数下，存在化学反应，存在电离，既使用本法也还存在不少问题，有待进一步研究。

5.2.2   光线在非均匀折射场中的偏折

一般关系式 —— 可压缩流场中，转化为折射率场 n。

$$n = n(x, y, z, t) \tag{5-7}$$

即空间流场的时间函数。

定常下，

$$n = n(x, y, z) \tag{5-8}$$

扰动场使光线发生位移、偏转、相差，如下章节所示。格代常数 (G-D 常数) 表如表 5-2 和 5-3 所示。

表 5-2   空气在 T=288K 下的格代常数

$K/(\mathrm{cm}^3/\mathrm{g})$	波长/μm
0.2239	0.9125
0.2250	0.7034
0.2259	0.6074
0.2274	0.5097
0.2304	0.4079
0.2330	0.3562

表 5-3 不同气体的 Gladstone-Dale 常数

气体	$K/(cm^3/g)$	波长/μm	温度/K
He	0.196	0.633	295
Ne	0.075	0.633	295
Ar	0.157	0.633	295
Kr	0.115	0.633	295
Xe	0.119	0.633	295
H_2	1.55	0.633	273
O_2	0.190	0.589	273
N_2	0.238	0.589	273
CO_2	0.229	0.589	273
NO	0.221	0.633	295
H_2O	0.310	0.633	273
CF_4	0.122	0.633	302
CH_4	0.617	0.633	295
SF_4	0.113	0.633	295

5.3 若干光学仪器原理简介

1. 阴影仪

这是一种最简易光路，方法简单，用于强扰动场，激波、膨胀波观察记录。

阴影仪 (Shadowgraph) 原理图如图 5-1，点光源经透镜后形成平行光，通过扰动场后在底板上形成阴影图像图 5-1(a)；或再经过透镜汇聚，阴影图像由相机直接拍摄图 5-1(b)。

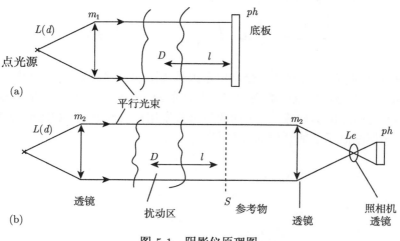

图 5-1 阴影仪原理图

　　清晰度 $=ld/f$，其中 d 是光源直径，要求小，影响衍射清晰度，f 是焦距。阴影仪记录的原理说明如图 5-2，光束通过矩形透镜则成像在记录底片上的图像为平行的均匀照明度的图像，矩形透镜 $n=c$；光束通过三角形透镜，则得到图像在记录底片上偏转，但照明度不变，即三角透镜 $\frac{\partial n}{\partial y}=c$；光束通过弧状透镜，则图像产生不均匀偏转，照明度也不均匀，$\frac{\partial n^2}{\partial y^2}=c$。

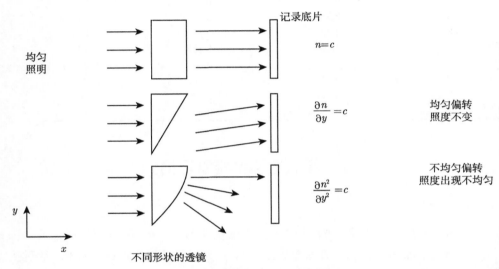

图 5-2　照明与记录底片成像关系

阴影仪记录的为折射率二阶导数的积分

$$\frac{I-I^*}{I^*}=\frac{\Delta I}{I^*}=I\int_s^{s_1}\left(\frac{\partial^2}{\partial x^2}+\frac{\partial^2}{\partial y^2}\right)(\ln n)\mathrm{d}z \tag{5-9}$$

　　阴影仪记录流场，见图 5-3 分别展示人体周围的自然对流，长枪和短枪发射的流态。图 5-4 为超音速流中的激波和膨胀波的流态。图 5-5 是著名的流动显示结果，不同流速引起的剪切流，上下两股气流分别用氮气和氦气，利用两种气体的密度不同，阴影法展示了剪切层的大尺度流动结构。

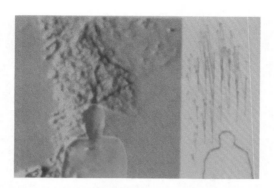

图 5-3 阴影仪记录流场

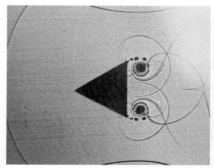

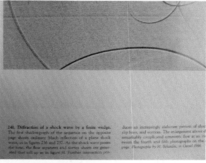

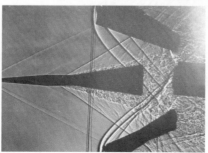

图 5-4 超音速流中的激波和膨胀波的流态

图 5-5　大尺度流动结构的阴影图像

2. 纹影仪

纹影仪 (Schlieren) 原理图如图 5-6,光源经透镜后形成平行光束,通过扰动场后,再经过汇聚透镜,在焦点处放置一刀口,此时在记录底片上形成纹影图像。受扰动后光源缝像（Δa）实质是光线角度方向改变的结果

$$\Delta a = f_2 \mathrm{tg}\varepsilon_y \approx \varepsilon_y f_2 \tag{5-10}$$

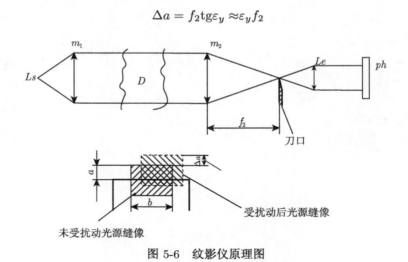

图 5-6　纹影仪原理图

ε_y-y 方向的光线偏转角（受扰动后）

$$\frac{\Delta I}{I} = \frac{f_2}{a} \int_\zeta^{\zeta_1} \frac{1}{n}\frac{\partial n}{\partial y}\mathrm{d}z \tag{5-11}$$

即纹影仪显示的是折射率的一阶导数的沿程积分（阴影仪显示是折射率的二阶导数的沿程积分）见图 5-7 中所示照片为例。

图 5-7 纹影图像

附 5-1：图 5-8 所示为双刀口纹影仪，$\dfrac{\partial n}{\partial x}, \dfrac{\partial n}{\partial y}$ 表示双向灵敏度。

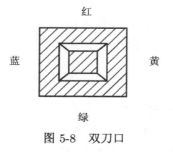

图 5-8 双刀口

彩色纹影仪用三色滤光片狭缝替代刀口，在无扰动时，已有一种颜色光通过。当有扰动时，按折射率梯度，按序通过各种颜色，见图 5-9 所示照片。

图 5-9   彩色纹影图像

图 5-10 是一组爆炸过程中两个瞬间的纹影照片。

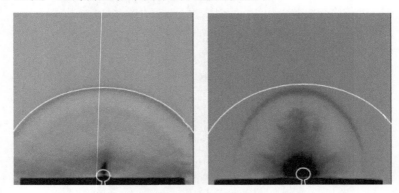

图 5-10   爆炸过程中两个瞬间的纹影照片

3. 马赫 — 曾德干涉仪

马赫 — 曾德干涉仪（Mach-Zehnder interferometer）基本原理图如图 5-11 所示。

补偿板 —— 保证光程相同（试验段未扰动时），干涉仪记录的是光线的相位差（到达时间不同）的沿程积分结果，由干涉条纹显示出来。

$$\rho(x,y) = \rho_0 + i\lambda/(KL) \quad （二维） \tag{5-12}$$

其中，L 是试验段在 Z 方向的宽度，λ 是波长，i 是条纹等级。

一束激光经透镜后形成平行光束，经过分束镜 M_1' 分束，一束物光，一束参考光；物光经反射镜 M_2 反射后通过试验段，再透过分束镜 M_2'；参考光经过补偿板，再经反射镜 M_1 反射和分束镜 M_2' 反射后，与物光相遇，产生干涉条纹；该干涉条纹记录了试验段的物理量的变化。

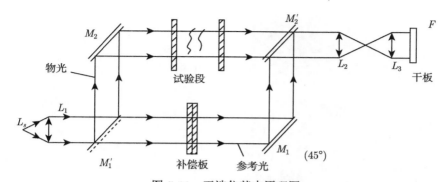

图 5-11 干涉仪基本原理图

M_1，M_2，反射镜 45°，L_1，L_2，L_3 透镜；M_1'，M_2' 半透半反镜（45°）F–干板；

L_s–光源（相干光源 —— 激光）

干涉条纹是等密度线，密度值由条纹等级确定。条纹宽度：

$$\Delta S/S = (L/\lambda)(n_1 - n_2) = (LK/\lambda)(\rho_1 - \rho_2) \tag{5-13}$$

一般只能给出相对密度量，绝对值需用其他方法测得。目前水平，最小相位扰动 $\varphi_{\min} \approx 7 \times 10^{-2}$，最小可分辨光程差为 $\lambda/100$。

举例照片：图 5-12、图 5-13 分别为蒸汽透平绕翼片的流动，超音速绕弹体和机身流动的干涉照片，展示了密度场的分布细节。

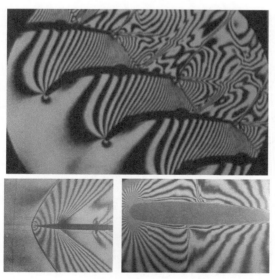

图 5-12 平面运动激波与爆炸波相互作用

起爆位置：激波到达爆源前 60μm，作用时间：起爆后 40μm，Ma=1.25

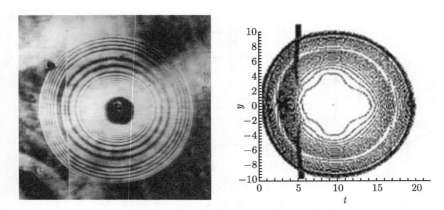

图 5-13　干涉照片及数值计算等密度线

原理归纳如图 5-14。

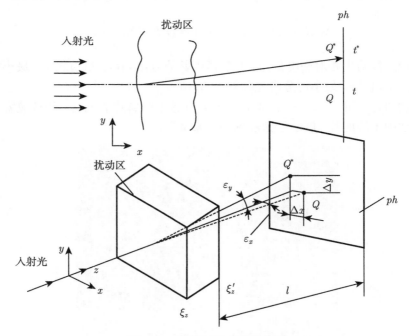

图 5-14　光经过扰动区的偏折

位移

$$\begin{cases} (\overline{QQ^*})_x = l \int_{\xi_2}^{\xi_1} \dfrac{\mathrm{d}x^2}{\mathrm{d}z^2}\mathrm{d}y = l \int_{\xi}^{\xi_1} \dfrac{1}{n}\dfrac{\partial n}{\partial x}\mathrm{d}z \\[4mm] (\overline{QQ^*})_y = l \int_{\xi}^{\xi_1} \dfrac{1}{n}\dfrac{\partial n}{\partial y}\mathrm{d}z \end{cases} \tag{5-14}$$

偏转

$$\begin{cases} \mathrm{tg}\varepsilon_x = \int_{\xi}^{\xi_1} \frac{1}{n}\frac{\partial n}{\partial x}\mathrm{d}z \\[3mm] \mathrm{tg}\varepsilon_y = \int_{\xi}^{\xi_1} \frac{1}{n}\frac{\partial n}{\partial y}\mathrm{d}z \end{cases} \tag{5-15}$$

时差相差

$$\begin{cases} \Delta t = t^* - t = \frac{1}{c}\int_{t}^{t_1} [n(x,y,z) - n_0]\mathrm{d}z \\[3mm] \dfrac{\Delta\varphi}{2\pi} = \frac{1}{\lambda}\int_{\xi_1}^{\xi} [n(x,y,z) - n_0]\mathrm{d}z \end{cases} \tag{5-16}$$

阴影仪

$$\frac{\Delta I}{I^*} = I\int \left(\frac{\partial^2}{\partial x^2} + \frac{\partial^2}{\partial y^2}\right)\ln n\,\mathrm{d}z \tag{5-17}$$

阴影法对折射率 (密度或温度) 的二阶导数灵敏, 适用于最强的折射率梯度变化的显示, 如激波等。

纹影仪

$$\frac{\Delta I}{I^*} = \frac{f_2}{a}\int \frac{1}{n}\frac{\partial n}{\partial y}\mathrm{d}z \tag{5-18}$$

纹影法对折射率 (密度或温度) 的一阶导数灵敏, 此阴影法有更多的细节分辨, 能显示连续变化的场。

干涉仪

$$\frac{\Delta S}{S} = \frac{LK}{\lambda}(\rho_1 - \rho_2) = (L/\lambda)(n_1 - n_2)$$

$n=k\rho,\ (n-1)=k\rho$ 干涉法对折射率 (密度或温度) 本身灵敏, 可用于定量测量。① 直观; ② 二维流场 (不能确切反映三维真实流场); ③ 以光的干涉为基础, 仪器要求防震, 并且调试和使用比较困难; ④ 价格不便宜 (特别干涉仪)。

由于干涉仪可以高灵敏度、定量、实时的观测流场, 并且最近几年应用广泛, 本书将在第 15 章详细论述。

第6章 激光空间流动显示（光致发光）

6.1 引 言

不同于传统的流动显示方法和技术，激光空间流动显示（光致发光）技术引入了激光技术，引入了光致发光技术（Photoluminescence），特别是引入的激光片光技术是里程碑式的进展，不仅提供了揭示流动内部结构切面流态的可能，而且也为粒子图像测速、多普勒测速等定量测量提供了技术基础，图6-1是片光技术观测流态。因而本章亦是近代流动显示的开章和最重要的基础方法技术。包括：光致发光技术、激光诱导荧光（Fluorescence）、激光诱导磷光（Phosphorescence）、光致变色（Photochromic）、化学发光（Chemiluminescence）等。激光片光形成技术使流动显示有了新面貌，具有如下特色。

- 揭示流动的内部流动结构（切面流态，片光应用）；
- 揭示多切面的流动内部结构（多片光应用）；
- 揭示流动的空间内部结构（移动片光应用）；
- 欧拉式或拉格朗日式流动显示；
- 不仅定性，而且可以实现定量化。定量化流动显示已成为实验流体力学的一个新领域，并正在发展壮大。

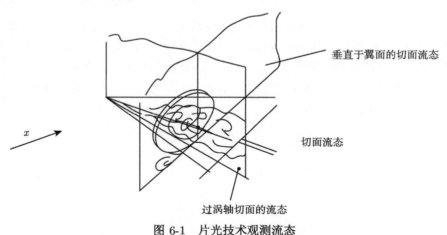

图 6-1 片光技术观测流态

6.2 光的散射效应及米氏散射

1. 光的各种散射效应

光束通过不均匀透明介质时, 部分光束偏离原来方向而分散传播, 在各个方向都可以看到光的现象称为光的散射。光的散射效应 (Scattering effect) 目前已广泛应用于流动的观察和测量中。典型的散射特性有: ① 弹性散射 (Elastic scattering), 散射波长不变, 仅有相移 (Phase shifts) (1928); ② 非弹性散射 (Inelastic scattering), 又叫拉曼散射 (Raman effect), 存在能量迁移和波长的微小变化。

本节介绍弹性散射, 用于多数粒子作为示踪粒子的流动显示中, 下一节介绍非弹性散射。

2. 米氏散射

入射光照射粒子或颗粒, 粒子或颗粒尺寸接近或大于入射光的波长, 其散射光由粒子或颗粒的反射光和多级折射光形成, 散射光强与波长无关, 称为米氏散射 (Mie scattering)。此种散射属于弹性散射, 散射的基本原理见图 6-2。

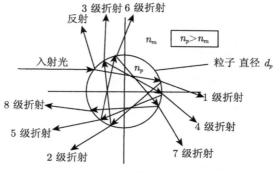

图 6-2 散射原理

其中, d_p 是粒子或颗粒直径, λ 是波长, 米氏散射理论 (Mie 理论), 其散系数 α 为

$$\alpha = \pi k \overline{r^2} N f(\theta) \tag{6-1}$$

其中, N 是粒子浓度, $\overline{r^2}$ 是粒子均方半径, θ 是入射与散射光的夹角。这是一种常用的流动显示和测量的效应。流场中布撒粒子作为示踪子, 对于不同粒径 (相对于波长) 的粒子的散射光分布, 参见图 6-3。

由式 (6-1) 可见, 散射光在不同方向强度不同, 有一个强散射方向并不垂直于入射光方向。通常情况下, 在流动显示实验和测量中, 如保证显示的流态不变形, 片光常与照相机方向互相垂直, 如图 6-4。

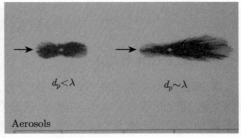

图 6-3　不同粒径的粒子的散射光分布

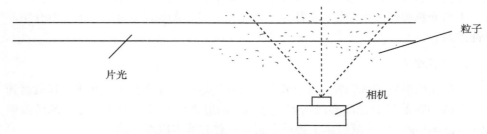

图 6-4　片光常与照相机方向互相垂直

6.3　光的非弹性散射及光致发光效应

存在多种非弹性散射，典型例子如下所述：

1. 压力波、声波散射

$$f_C + \Delta f_D = f \quad 或 \quad f_C - \Delta f_D = f \tag{6-2}$$

f_C 是入射波频率，f 是散射波频率，Δf_D 是多普勒频移效应。通过检测运动微粒的散射光的多普勒频移，可以测量微粒运动的速度。将这一原理应用于 LDV 激光多普勒测速和 DGV 多普勒全场测速（将在本书后面介绍）。

$$\Delta f_D = -\frac{1}{2\pi} \vec{k} \cdot \vec{u} \tag{6-3}$$

$\vec{k}$ 是波向量，$\vec{u}$ 是物质运动速度向量，$\vec{k}$ 和 $\vec{u}$ 同方向（$\varphi<90°$），产生红移，$\vec{k}$ 和 $\vec{u}$ 反方向（$\varphi>90°$），产生蓝移，见图 6-5。

$$红移 —— \begin{cases} f < f_C \\ \lambda > \lambda_C \end{cases}, 蓝移 —— \begin{cases} f > f_C \\ \lambda < \lambda_C \end{cases}$$

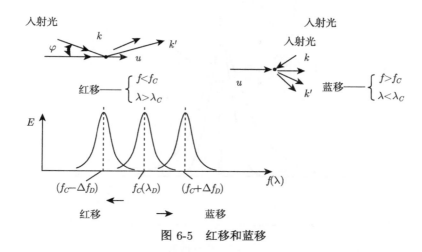

图 6-5 红移和蓝移

如图 6-6 所示，火车汽笛声，由来而去，笛声由低音变为高音，散射光无一定方向，按各方向散射，但各方向的散射强度不同，前向散射光强较强，后向散射光强较弱。

图 6-6 前向散射和后向散射

2. 瑞利散射

瑞利散射（Rayleigh scattering）是由物质的焓和温度脉动（Enthalpy or Temperature fluctuation）引起的。

$$f = f_C \pm \Delta f \tag{6-4}$$

如图 6-7，散射光频率 f 的中心频率为 f_C，但其频宽或波长展宽为 Δf。瑞利散射的光强很弱，并是散射角 θ 的函数。目前大多用于温度场的测量。

$$\frac{I(\theta)}{I_0} = \frac{\pi d}{r^2} \lambda^{-4} U^2 (1 + \cos^2 \theta)(n-1)^2 \tag{6-5}$$

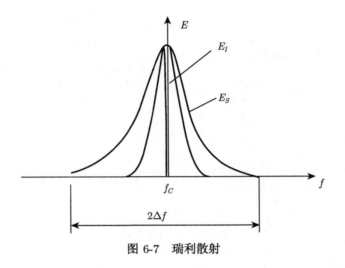

图 6-7　瑞利散射

3. 光致发光散射

光致发光物质，吸收入射光的能量，从基态到激发态再回到基态时，发出散射光，其散射光的频率（波长）发生红移，这是光致发光的基本原理。按散射光发光时间的持续长短（发光寿命），又分为荧光散射（Fluorescence scattering）和磷光散射（Phosphorescence scattering）。

散射光频率或波长为

$$f = f_C - \Delta f \quad 或 \quad \lambda = \lambda_C + \Delta \lambda \tag{6-6}$$

f_C 和 λ_C 是入射光的频率和波长，Δf 和 $\Delta \lambda$ 是红移频率和红移波长，f 和 λ 是散射光的频率和波长，见图 6-8。

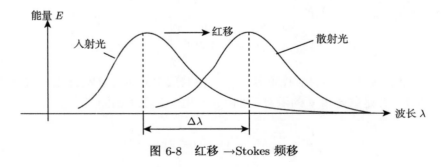

图 6-8　红移 →Stokes 频移

附 6-1：化学发光（Chemiluminescence）

这是化学反应引起的发光效应，也用于流动显示和测量之中，其基本原理为

$$A + B \rightarrow C^* + D \tag{6-7}$$

$$C^* \rightarrow C + h\nu \tag{6-8}$$

A，B，C，D 分别表示反应前物质和化学反应后生成物。

C^* 表示物质（Species）C 的激发态。

$h\nu$ 表示光量子。

例 6-1　气体一氧化氮和臭氧的化学反应，会产生发光效应，其波长 λ 为 600～2800nm，其光强与 NO_2 的浓度呈线性关系。

$$NO + O_3 = NO_2^* + O_2 \tag{6-9}$$

$$NO_2^* \rightarrow NO_2 + h\nu \tag{6-10}$$

由此可以检测高度

1 ppb　→　10000 ppm（1 ppb= 十亿分之一，1 pmm= 百万分之一）

　↓　　　　　　　　　　　　　　↓

地面　　　　　　　　　　　20km 高空

也可以用于混合（化学反应）的浓度、成分的定量测量和混合结构的流动显示。

例 6-2　液体鲁米诺（Luminol）

化学反应生成物发出蓝色光，可用于液体的化学反应流动显示测量，如图 6-9。

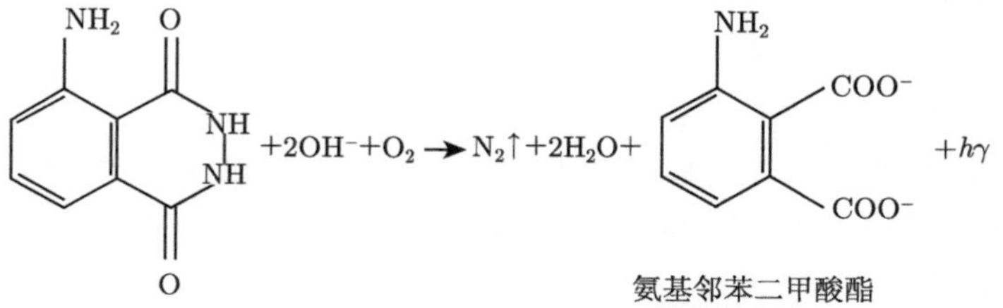

氨基邻苯二甲酸酯

图 6-9　化学反应生成物发出蓝色光

6.4　激光诱导荧光（磷光）流动显示

激光诱导荧光（Laser induced fluorescence，LIF）发光寿命约为 10^{-6}s，激光诱导磷光（Laser induced phosphorescence，LIP）发光寿命约为 ms～s。

这是光致发光散射效应的一种，用激光（单色光）照射荧光或磷光物质，该物质吸收激光能量后跃迁至激发态，经激发态返回到基态，发出荧光或磷光，其光波

波长发生红移。此外，荧光和磷光在照射光停止照射后，维持发光的时间不同，前者很短，仅 $10^{-6} \sim 10^{-5}$s，而后者则可维持几毫秒至十几秒。这是当前应用最为普遍的激光流动显示方法。见图 6-10。

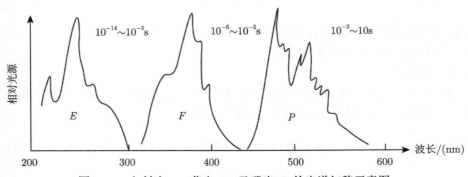

图 6-10　入射光 E，荧光 F，及磷光 P 的光谱红移示意图

由于有不同荧光材料或磷光材料，可以有不同的吸收光谱和不同发射光谱，因而可以在同一实验中采用多种荧光材料（染料）。有不同的彩色，显示不同的流动结构和组成，如不同的旋涡，不同的流体等，以及它们间的相互作用，该方法优于用来粒子作流动显示。

1. 基本原理

光致发光的基本原理是能级转换，光子发光能级系统图如图 6-11 所示。

荧光（磷光）光强公式 ——Beer 定律如下：

$$F = K'(P_0 - P) \tag{6-11}$$

F 是荧光（磷光）光强，K' 是常数，取决于荧光过程的量子效率，P_0 是入射光束功率，P 是经介质长度后（b）的光束功率。

能量的衰减：

$$\frac{P}{P_0} = 10^{-\varepsilon bc} \tag{6-12}$$

$$
\begin{aligned}
F &= K'P_0(1 - 10^{-\varepsilon bc}) \\
&= K'P_0 \left[2.3\varepsilon bc - \frac{(2.3)^2}{2!}(\varepsilon bc)^2 + \frac{(2.3)^3}{3!}(\varepsilon bc)^3 + \cdots \right]
\end{aligned} \tag{6-13}
$$

若 $\varepsilon bc = A < 0.05$，简化为 $F = 2.3K'\varepsilon bcp_0$，$A$ 是吸收率，ε 是荧光分子模吸收。

若 $P_0 = C$，

$$F = KC \tag{6-14}$$

$$K = 2.3K'\varepsilon bp_0 \tag{6-15}$$

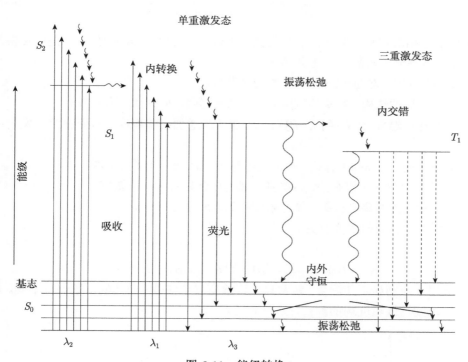

图 6-11 能级转换

即在入射光强不变，光束路经长 b 不变条件下，对一定的荧光物质，其荧光光强与该荧光物质的浓度成正比。但其浓度 C 不能太浓，受限于 $\varepsilon bc < 0.05$，即在光束路经该物质中光的能量的吸收量为小量可以忽略的条件下，上述线性关系才能成立。

本质上讲，每一种物质都具有 LIF、LIP 的功能，但只有少数物质具有较高的荧光（磷光）发射效率。

气体中常用荧光染料：NO/N_2，I 碘蒸汽/N_2。

液体中常用荧光染料：罗丹明 B(RB)，$\lambda_{激}$=610，$\lambda_{荧}$=580nm；

罗丹明 6G(R6G)，$\lambda_{激}$=590，$\lambda_{荧}$=478nm；

荧光素纳，$\lambda_{激}$=560nm，$\lambda_{荧}$=501nm；

横化罗丹明 B，$\lambda_{激}$=628nm，$\lambda_{荧}$=554nm。

荧光（磷光）发射率的影响因素

● 量子场效率 ϕ—— 影响自熄灭、自吸收（吸收、发射波长峰值重叠）。

$$\phi = \frac{k_f}{k_f + k_i + k_{ec} + k_{ic} + k_{p\alpha} + k_d} \tag{6-16}$$

其中 k_f 是相对荧光率常数，k_i 是内交错常数，k_{ec} 是外转换常数，k_{ic} 是内转换常数，$k_{p\alpha}$ 是预分离常数，k_d 是分离常数。

● 激励（发）态的状态，$\pi \to \pi^*$ 的激发效率。

● 跟物质的结构、结构的刚度有关，刚度越强，K 越大，有利发光。

● 跟环境温度 T 有关，T 越高，K 越小，增加碰撞概率，从而使荧光发射率减小。

● 跟溶剂（Solvent）有关，溶剂极性对 $\pi \to \pi^*$ 过程有重要影响。

● 跟 pH（酸度）值有关，带酸基、碱基化合物对 pH 值敏感。

● 跟存在的游离氧有关，氧的浓度越高，K 越小。

● 跟荧光物质的浓度有关。

因此

$$K = f(\phi,\ \pi \to \pi^*,\ 结构刚度,\ T,\ S,\ \mathrm{pH},\ \mathrm{O}_S \dots)$$

应用于流动显示和测量，常常只允许改变一个参数，而其他参数保持不变。如可用于浓度场或温度场的测量，见图 6-12。

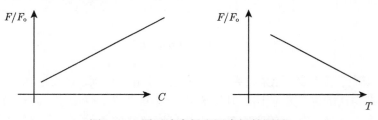

图 6-12　用于浓度场和温度场的测量

2. 应用举例

斯坦福大学 (Stanford University) 的科研人员应用 LIF 和 LIP 测量超音速温度、密度、压力及其脉动。

(1) LIF：用 NO 做荧光染料加入 N_2 中，浓度为 100ppm。使用脉冲激光中照明，空间分辨力达 1mm，时间分辨力为 125ns；测温范围为 150~300K；测量精度为 1%，测量压力范围 0.3~1MPa，精度 2%。

(2) LIP：根据网格随时间的变形流动显示及速度、涡量、剪切应变的测量，见图 6-13。

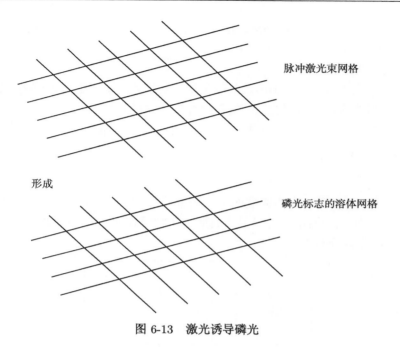

图 6-13 激光诱导磷光

6.5 激光器及激光片光技术

1. 应用于流动观测的激光器

从方便使用和安全考虑，用于流动观测的激光器一般采用可见光波长的激光器。气体激光器和固体激光器均广泛应用于流动观测。

(1) 气体激光器

氦氖（He–Ne）激光器，波长为 6328Å，能量通常在 mW$\sim$10^{-1}W 范围。

氩离子（Ar$^+$）激光器，波长为 4880Å（绿）、5145Å（蓝）、4500Å（紫），能量在 W 级。

铜离子（Cu^{2+}）激光器，波长为 5782Å，能量通常在 W$\sim$kW 级。

气体激光器多数为连续（发光）激光器，少数为脉冲激光器，如铜离子激光器，20kHz(Cu^{2+})。

(2) 固体激光器（多数为脉冲式）

红宝石激光器，波长为 6949Å，J/脉冲（单/双脉冲）。

掺钕—钇铝石榴石激光器，波长为 532nm，其倍频波长为 1064nm，脉宽为 6$\sim$8ns。

(Nd^+/YAG) 简称 YAG，能量为 $10^2mJ \sim J$/连续脉冲，脉宽ns (fs)$\sim\mu$s，目前应用最广泛。

(3) 连续调谐激光器

主要为染料激光器，波长可以覆盖从紫外到红外，用一固定波长的激光器作为泵浦激光，激光束注入染料盒，产生新的波长荧光激光光束。

(4) 半导体激光器，小巧且使用方便，目前已被广泛使用。

2. 激光光束特性

(1) 模式

① 横模：是指激光光束横截面上的光强分布，输出激光束横截面上横模光斑图见图 6-14。实验中通常选用光强为高斯分布的模式，即 TEM_{00} 模，图 6-15 给出 TEM_{00} 模的光强分布图。

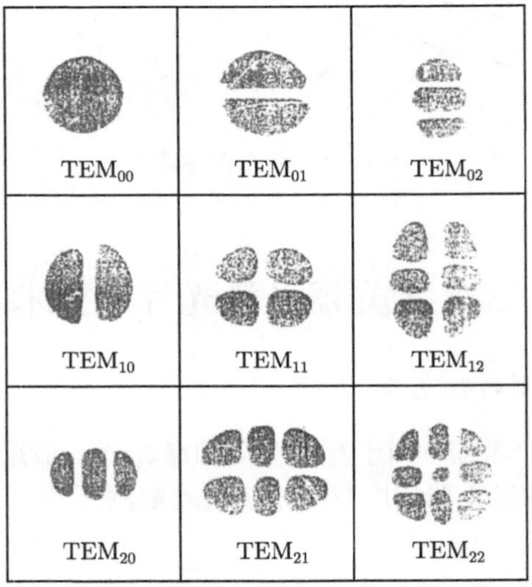

图 6-14　横模模式（TEM）

② 纵模：是指沿谐振腔轴向的稳定光波振荡模式，表示光波长的带宽；即频率，见图 6-16。

$$l_m = \alpha \frac{\lambda}{2}, \quad \alpha \text{ 为比例系数}, \quad \Delta v = \frac{C}{2d} \frac{l_c}{l_m},$$

图中，两个纵模的间距为 l_c，同一纵模相距 l_m。一般选用（00）模，模式不好影响单色性，影响聚光和相干性。

(2) 相干性（单色性）

用于照明时对相干性要求可以降低，但对作为干涉、全息用光源，相干性应越高越好，亦即要求发出的激光不仅只有一个波长而且其光频谱的频宽应越窄越好，见图 6-17。

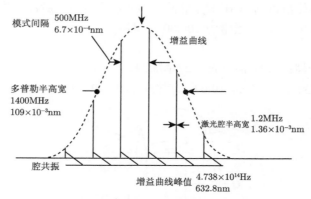

图 6-15 激光器横模，高斯分布

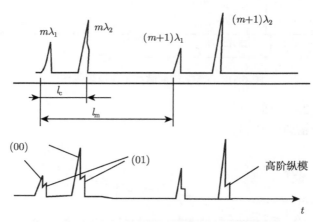

图 6-16 激光器的纵模示意图 (示波器观测)

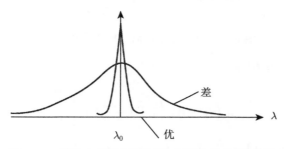

图 6-17 激光光束相干性要求示意图 (示波器观测)

(3) 光束的能量和功率、脉宽及重复频率

连续激光器能量以功率 W 计。脉冲式激光能量以单位脉冲能量 J/p 和脉冲重复频率 Rt 计。$Rt = 1/T$，通常为 10~30 次/秒。

典型数据：

红宝石激光器：$\tau = 10\text{ns} \sim 1\mu\text{s}$，1J/单脉冲。

YAG 激光器：$\tau = 6 \sim 8\text{ns}$，10mJ~J/脉冲，$Rt = 10 \sim 30\text{Hz}$（2000Hz），见图 6-18。

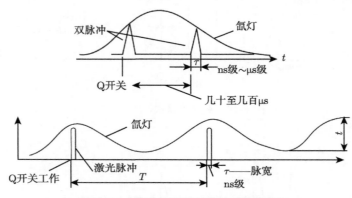

图 6-18   YAG 周期脉冲工作原理简图

(4) 激光的光束传送

激光光束传输如图 6-19 所示。

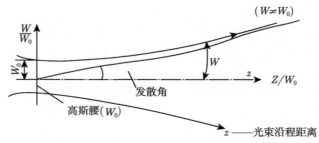

图 6-19   激光光束传输（W 为光束半径）

光束沿程半径为 $W(z)$

$$W(z) = W_0 \left[1 + \left(\frac{\lambda z}{\pi W_0^2} \right)^2 \right]^{1/2} \tag{6-17}$$

$$W(z) \approx \frac{\lambda z}{\pi W_0}, \quad W \propto \frac{1}{W_0} \cdot z \tag{6-18}$$

腰越细，光束扩束越宽，扩束角 θ 发散越大。

$$\theta = \frac{W(z)}{z} = \frac{\lambda}{\pi W_0} \tag{6-19}$$

激光光束传输时,光束直径会发生变化,而且光束腰越细,发散角越大。为保证远距离传输,需将激光扩束准在将发散角减小再远距离传输。

3. 片光形成技术

片光应用示意图如图 6-20 所示。烟雾发生器将示踪烟雾送入流场中跟踪流体运动。激光经过三角棱镜反射后再经柱透镜形成片光源照亮流场某一个截面。采用 CCD 相机拍摄该截面烟雾粒子图像,存储于计算机中。图 6-21 给出柱透镜形成片光的原理图。

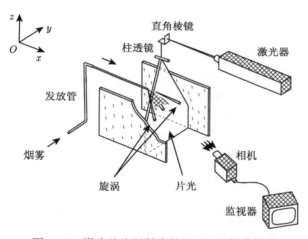

图 6-20   激光片光照射流场及 CCD 摄像技术

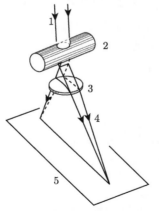

图 6-21   柱透镜形成片光

1-激光; 2-柱透镜; 3-汇聚透镜; 4-片光; 5-屏

(1) 透镜组合

采用凸或凹圆柱镜，光束扩束成片光（玻璃棒是最简单的扩散透镜），如图 6-22。

实际上要注意：

①为了提高激光透射效率：透镜上需要镀膜

②激光功率过高，容易损伤透镜，特别脉冲激光器的瞬时功率很高，可达 $10^1\sim10^3$MW，不小心很易打坏。如 YAG 激光器，$W=500\text{mJ}/5\text{ns}=0.5\text{J}/5\text{ns}=0.1\times10^9\text{W}$

$$功率 =100\text{MW}$$

③对于高瞬时功率的激光束扩束，一般需采用凹柱镜，否则因有光束的聚集点，在该点温度可高到空间电离，产生火花，而使光束无法形成片光，如图 6-22 所示。

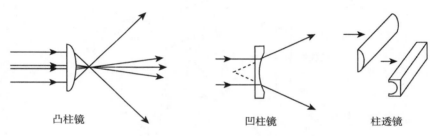

　凸柱镜　　　　　　　　　　凹柱镜　　　　　　　　柱透镜

图 6-22　凸或凹圆柱镜

凸柱镜在高能下不安全，存在实聚焦点，建议用凹柱镜，聚焦于虚点。

④在保证片光一定宽度（面积）外，要控制片光的厚度 δ，一般为光束直径；不同的实验可能要求不同的片光厚度，通常在 0.1mm~10mm。

⑤介绍几种常用的形成片光的透镜组合。

片光扩散角和厚度估算公式：

① 圆柱透镜光路，如图 6-23。

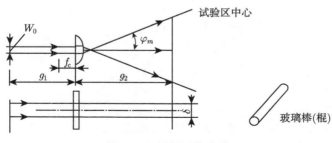

图 6-23　圆柱透镜光路

半扩张角:
$$\varphi_m = \mathrm{tg}^{-1} \frac{W_0 \left(1 + \left(\frac{\lambda q_1}{\pi W_0^2}\right)^2\right)^{1/2}}{fc}$$

片光厚度:
$$\delta = 2W_0 \left\{1 + \left[\frac{\lambda(q_1 + q_2)}{\pi W_0^2}\right]^2\right\}^{1/2}$$

W_0 是激光器光束出口直径,f_c 是圆柱扩束镜焦距,λ 是波长,q_1,q_2 是扩束镜离激光器和试验中心距离。

② 圆柱镜加聚焦镜光路,如图 6-24。

单圆柱镜光路简单,但片光厚度不能控制,加聚焦镜可以控制片光厚度,可以在试验区有比较薄的片光。

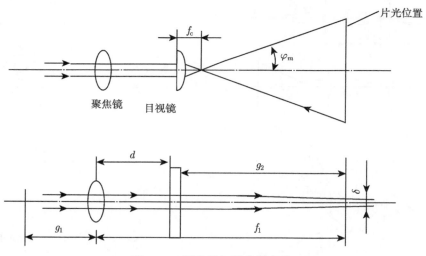

图 6-24 圆柱镜加聚焦镜光路

f_1 是聚焦镜焦距(控制 δ),f_c 是柱面镜焦距,发散角 φ_m 和片光厚度 δ 为

$$\varphi_m = \mathrm{tg}^{-1} \frac{(f_1 - d)W_0 \left[1 + \left(\frac{\lambda q_1}{\pi W_0^2}\right)^2\right]^{1/2}}{\pi f_1 f_c}$$

$$\delta = 2W_0 \left\{1 + \left[\frac{\lambda(q_1 + q_2)}{\pi W_0^2}\right]^2\right\}^{1/2} \cdot \frac{(f_1 - d - q_2)}{f_c}$$

推导从略,公式不仅从几何光学考虑,而且要考虑激光光束的发散角 θ 的影响。一般聚焦镜需采用长焦距 f_1,在实验中心区片光最薄光束厚度则因发散角而变厚,如

图 6-25。如何设计、调整片光厚度在试验区内均匀至今仍不是易事。

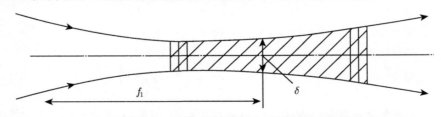

图 6-25　实验区中心为激光光束的腰，经腰后光束厚度的变化

③ 其他组合光路，如图 6-26。

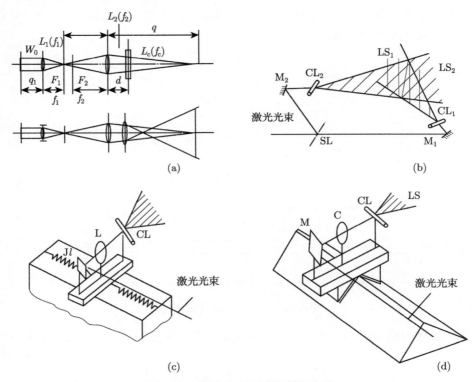

图 6-26　激光片光形成光路组合件

● 望远镜式扩束光路，见图 6-26(a)。加望远镜光路，可一开始就调整光束直径，可更方便改变片光厚度。

● 多切面片光光路，见图 6-26(b)。需加分束镜，形成多个光束和片光，但取决于激光器的功率大小。

● 移动片光光路，见图 6-26(c)。加上位移机构，可在实验过程中方便地取得平行的不同位置的片光（系列切面流态）。

● 浮动式片光光路，见图 6-26(d)。片光光路加上一个电动或气浮浮动的位移机构上，在试验过程中，相机开在 B 门上，记录片光移动过程的整个流态（空间结构流态）。

以上只是一些典型例子，实际片光光路的设计需根据实验的对象和要求而定。如旋转机械（翼转机、压气机）的内部流场的片光光路是比较复杂的问题。

(2) 扫描光束技术

上述激光片光具有切面内照明同时性的特点，对流动速度较高，流态时间冻结性要求严的场合是十分必要的。在流速较低、流态变化较慢的流动，可以采用扫描光束技术，虽然观测和记录的流态非同时性，但由于记录所需的激光器功率可以小很多（均可接近一个量级的减少），费用较低而得到广泛应用。另外附加的优点是可避免直接扩束引起的片光光强和厚度的不均匀，引起记录曝光的不均匀。

扫描光束技术大致有三类。

①振荡反射镜，原理图见图 6-27。

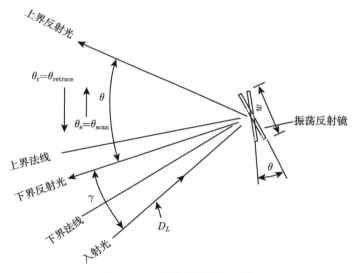

图 6-27 振荡反射镜原理图

入射光 D_L，入射到振荡反射镜上，反射镜往复摆动，形成扇形的输出光束区，θ 为反射镜偏转角度，θ_s 为扫描光束偏转角度，θ_r 为返回光束偏转角度，其有效周期为

$$\eta = 1 - \frac{t_r}{t_s}$$

其中，t_r 是回扫周期，t_s 是扫描周期，有效扫描频率约为 10^2Hz（镜厚 1.5cm，片光厚度约 0.5mm），10^5rad/sec^2 角加速度，有产品售。

② 旋转多面镜，见图 6-28。

振荡镜的缺点是存在回扫问题，旋转镜则无回扫问题，但还存在由于光入射到与镜面交界处引起的分光问题。

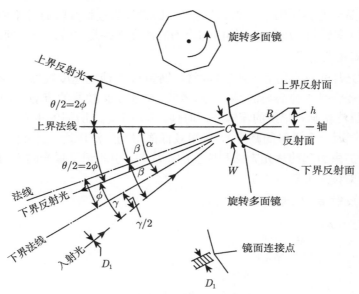

图 6-28　旋转多面镜

对多面镜（八面、十面镜等）的每一个镜面都存在上偏/下偏的光束范围 $\dfrac{\theta}{2} = 2\phi$。若有 n 个镜面则有 $\dfrac{2\pi}{n}$，$\theta = 2\eta\left(\dfrac{2\pi}{n}\right) = 2\pi\eta/n$。其中，反射镜光束有效循环 $\eta = 1 - \dfrac{D_m}{W}$，镜面宽度 $W = \dfrac{D_m}{1 - \eta}$，入射光束宽度 $D_m = \dfrac{D_e t_c}{\cos\alpha}$，$\alpha$ 为垂直与分镜面入射光的最大偏离，t_c 为截断安全因子 $1 \leqslant t_c \leqslant 1.4$。

若旋转多面镜直径 D_p 为 $2R$，其几何关系为

$$\sin\frac{\pi}{n} = \frac{D_m}{D_p(1 - \eta)} = \frac{W/2}{R} = \frac{W}{D_p} \tag{6-20}$$

$$D_p = \frac{D_e t_c}{(1 - \eta)\sin\dfrac{\pi}{n}\cos\alpha}, \quad \alpha = \beta + \phi \tag{6-21}$$

其中，β 是入射光束相对于不偏转正中的方向角，ϕ 是偏转角。

多面镜应用也相当广泛，由于可以高速旋转，又有多面镜，其片光的扫描频率可达 $10^2 \sim 10^4\text{Hz}$。

③ 声光调制偏转器，原理见图 6-29。

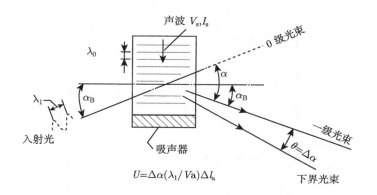

$$U = \Delta\alpha(\lambda_1 / Va)\Delta l_a$$

图 6-29 声光调制偏转器原理

入射光以 α_B 角投射到声光调制器上 (光栅)，偏离零阶的方位角 α，以 1 阶光束输出。经声光调制的时间变化，偏离角覆盖 $\theta = \Delta\alpha$ 区域。

由 Bragg 衍射效应：

$$2d \cdot \sin\alpha_B = n\lambda_e$$

其中，d 是光栅间距，α_B 是入射光至光栅平面的反射角，n 是整数，λ_e 是光束波长，若 $2\alpha_B$ 很小，则有

$$\text{Sin} 2\alpha_B = 4\lambda_e/d, \quad 2\alpha_B = \lambda_e/d$$

其中，d 可视为有效声波长 λ_g

$$2\alpha_B = \lambda_e/\lambda_g$$

若声波频率和波速分别为 f_s 和 U_s，则

$$U_s = \lambda_g f_s$$

因而偏转可由改变 $f_s \sim \Delta f_s$ 取得覆盖范围为 θ 的光束扫描区。

该法的优点是无回扫问题，无机械、转动设备，扫描频率也可较高，但输出的是一阶光束，能量要损失一半左右。

6.6 应用举例

1. 激光空间流动显示及记录

激光空间流动显示及记录原理方框图，见图 6-30。

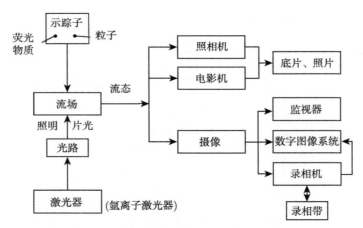

图 6-30　激光空间流动显示及记录原理框图

　　激光器的光束经光学系统形成片光光路，现已有可调节方位和位置的导光臂，使用方便。取得的激光片光照明如图 6-31。

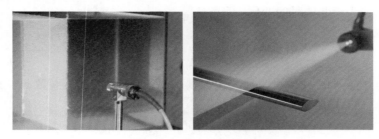

图 6-31　激光片光照明

　　图 6-32 则为由机身轴展向不同位置以烟作为示踪物质的片光取得的前缘分离涡的切面流态。

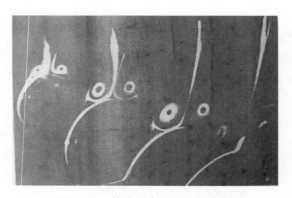

图 6-32　前缘分离涡的切面流态

　可任意弯曲的光纤可用作为激光的传送介质，经光学系统形成激光片光照明心脏内部流动，CCD 拍摄粒子图像传送至计算机，图 6-33 为心脏血液的脉动流态。

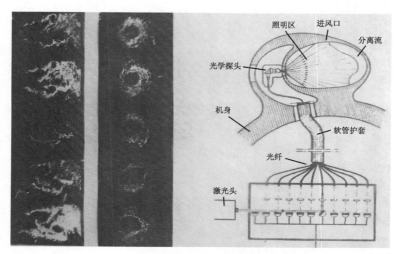

图 6-33　心脏内部流动

2. 粒子示踪/激光空间流动显示

(1) 氢气泡/ 前缘分离涡流态，其光路布置实验现场和分离涡切面流态分别见图 6-34 和图 6-35。

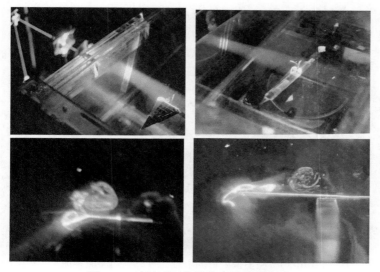

图 6-34　氢气泡/前缘分离涡流态实验

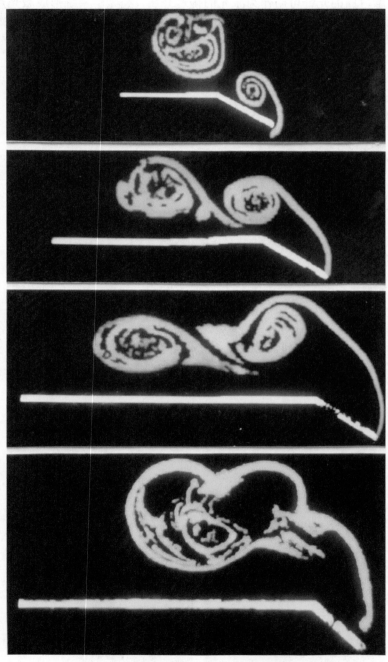

图 6-35 经图像处理的沿轴向分离涡切面流态图

图 6-35 经过图像处理，用伪彩色分别表示两个不同的旋涡，清晰可见沿轴向分离涡切面流态。

(2) 氢气泡/边界层结构相互关系证实流动显示

图 6-36 所示，都是用氢气泡作为示踪子显示边界层中的流动结构，分别用沿流向激光片光和来流成 45 度角的舞台灯同时照明，由此可同时观察到两个切面的流态，氢气泡丝线面和激光片光切面取得的流动显示结果。

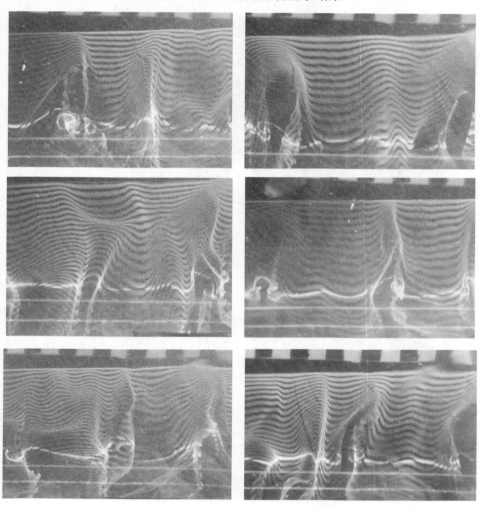

图 6-36　氢气泡作为示踪子实验结果

左一为发卡涡的流向切面流态，其他均为可同时看到常规的快慢斑条带（氢气泡丝线面）和切面涡结构流态（激光片光切面），由此可直接证实，边界层中所谓的两种流动结构形态，其实是一种流动结构形态在不同条件下的显示，有直接的相互关系。此例说明，通过切面和多方位切面的流动显示，可以更清楚地看到真实的流动。

(3) 荧光粒子/ 激光流动显示喷流（Spray），见图 6-37 所示。

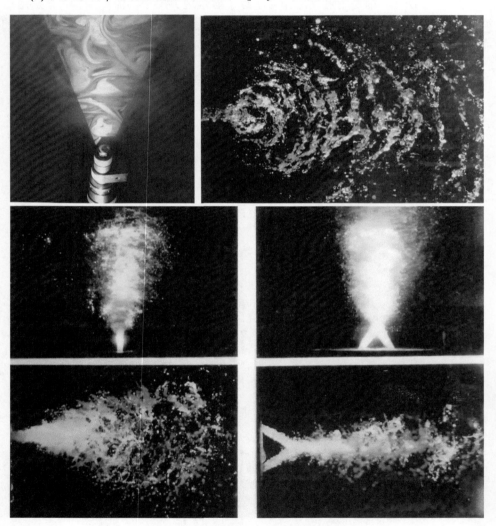

图 6-37　荧光粒子/激光流动显示

3. 激光诱导荧光显示（LIF）

用荧光染料溶液作为注入液，在激光照明下可以取得非常明丽的流动显示效果。如图 6-38，荧光肥皂泡的流动显示是一幅流体艺术欣赏图像。

图 6-38 荧光肥皂泡的流动显示

(1) 喷流的内部流动显示

将溶有荧光物质的喷流流入外界的清流体中，加上激光片光照明，可以非常清楚地显示喷流的内部流动结构流态，轴向或是横向的切面的结构清楚展示，如图 6-39 所示。

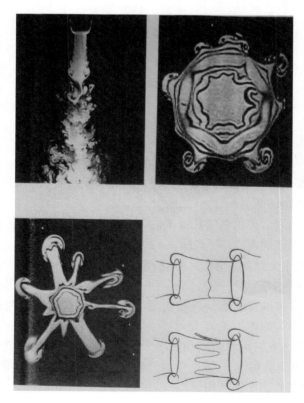

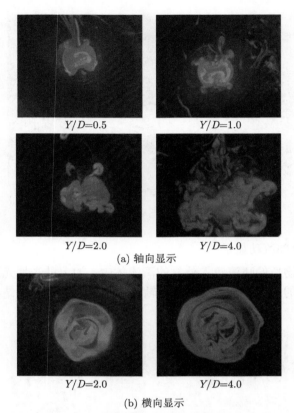

(a) 轴向显示

(b) 横向显示

图 6-39   喷流的内部流动显示

(2) 横向喷流混合流显示

喷流的显示方法也可用在横向喷流上，见图 6-40 所示。

图 6-41 是脉冲横向喷流向下游发展的横切面流态演化。

(3) 前缘分离涡切面显示

将荧光染料溶液通过机翼的孔或缝注入流场中，激光片光通过分离涡的涡轴，则可展示分离涡内部切面流态。如图 6-42 所示。

(4) 分离涡的空间结构，见图 6-43 所示。

① 钝头体的空间涡结构流态显示。采用荧光素纳染料液，用针管注入模型表面上，激光片光打在垂直于横轴线的切面上，如图 6-43 示，绕钝体的两分离涡及其二次涡和脱落涡均清楚可见。

② 绕三角翼和双三角翼的流动显示。分别采用一种和二种荧光染料溶液（分别展示前、后三角翼分离涡），均在前缘开缝进入流场。图 6-44 所示一系列图，均展示了垂直于翼面的切面涡结构流态。

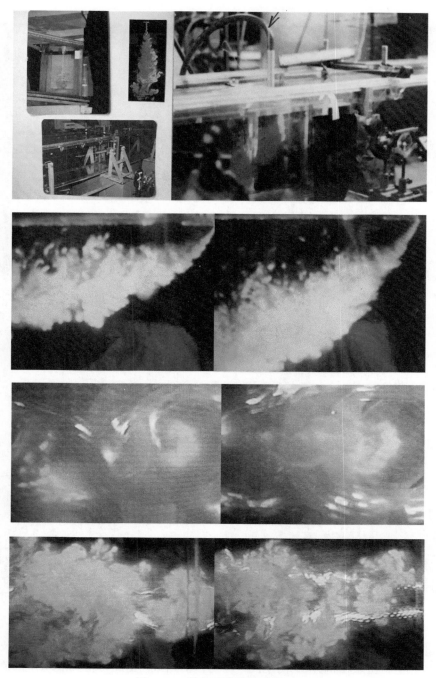

图 6-40 横向喷流混合流显示

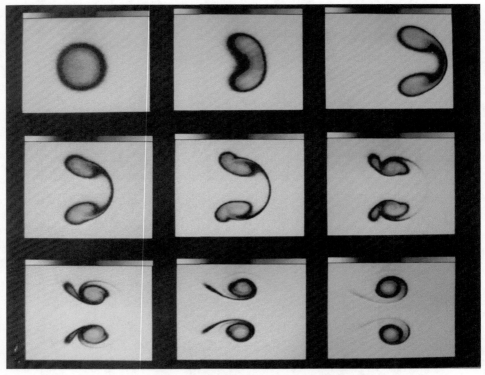

图 6-41　脉冲横向喷流向下游发展的横切面流态演化

图 6-42　前缘分离涡切面显示

③ 空间流动显示。采用上述相同方法，但片光采用了前面介绍的气浮支架移动片光照明，在照相机开 B 门期间，片光移动拍摄。由此可得到展示内部流动结构的空间流动显示结果，如图 6-45 所示。

图 6-43　钝头体的空间涡结构流态显示

图 6-44　绕三角翼和双三角翼的流动显示

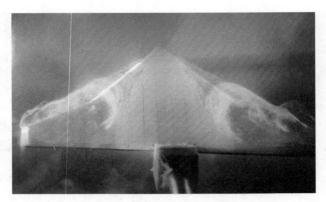

图 6-45　LIF- 双三角翼前缘涡空间结构流态

参 考 文 献

申功炘. 1992. 激光空间流动显示及其应用 [J]. 空气动力学学报, (3): 283-292.

Gross K P, Mckenzie R L. 1985. Measurements of fluctuating temperatures in a supersonic turbulent flow using laser-induced fluorescence[J]. AIAA Journal, 23(12): 1932-1936.

Gross K P, Mckenzie R L, Logan P. 1987. Measurements of temperature, density, pressure, and their fluctuations in supersonic turbulence using laser-induced fluorescence[J]. Experiments in Fluids, 5(6): 372-380.

LeoLevi. 1980. Applied optics: a guide to optical system design. v.2[M]. John Wiley & Sons.

Skoog D, West D. 1980. Principles of instrumental analysis[M]. Holt, Rinehart and Winston.

Shen G X, et al. 1989. Visualization of flow structures in a turbulent boundary layer using a new technique, Acta Mechanics Sinica, 15(4): 376-382.

Shen G X, Jin J. 1992. LIF quantitative concentration field measurements for the mixing flows of free jets. Acta Machancs Sinica, 24(4): 488-493.

第7章 流动图像与图像数字化的基本概念

近代流动显示发展的几个重要里程碑：激光技术（片光）的引入实现了内部流动显示；图像（数字图像）技术的引入实现了几何形状尺寸、色彩、光强等的定量化及巨量信息（彩色）；近代光学技术包括立体摄影、全息、层析……LIF、DGV、PIV……实现了流场测量的非接触式、空间化、向量化、海量信息、瞬时、时间历程。

本章介绍其基本概念和基础，涉及光度学、色度学、视觉效应、数字信号处理、和数字图像处理领域。数字信号处理的内容包括时域、频域、采样定理、混淆效应、泄漏效应、卷积和相关。数字图像处理包括空间域、空间频率域、采样定理、混淆效应、泄漏效应。

7.1 光度、色度学等的基本概念

图像信息的基本概念的引入使流体力学从参数测量到图像测量，获得流动的形态结构（几何尺度）、光度、色度等。

7.1.1 光度学（定量确定可见光）

1. 光源

光源发光实际是幅射能源，由波谱能量分布 $C(\lambda)$ 表示单位波长内发射功率，其总功率 $P(\lambda)$ 为

$$P(\lambda) = \int_0^\infty C(\lambda)\mathrm{d}\lambda \tag{7-1}$$

黑体的波谱能量分布为 Planck（普朗克）定律

$$C(\lambda) = \frac{C_1}{\lambda^5 \left[\exp^{C_2/\lambda T} - 1\right]} \tag{7-2}$$

其中，$C_1 = 3.7418 \times 10^{-16} \mathrm{W \cdot m^2}$，$\lambda$ 是波长，$C_2 = 1.4388 \times 10^{-2} \mathrm{W \cdot K}$，$T$ 是绝对温度，如图 7-1(a)。

可见光波谱区（Wien）如图 7-1(b) 近似表达式为

$$C(\lambda) = \frac{C_1}{\lambda^5 \cdot \exp^{C_2/\lambda T}} \tag{7-3}$$

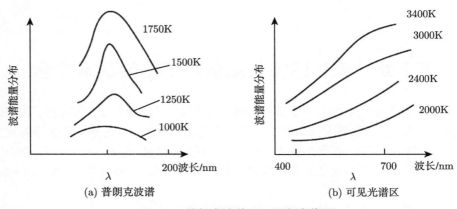

(a) 普朗克波谱　　　　　　　　　　　　(b) 可见光谱区

图 7-1　普朗克波谱和可见光波谱区

2. 光度学: 定量确定可见光的感觉亮度

光度量和辐射源度量之间的关系为明视度函数。若光源为 C(λ),由光源引起的亮度感觉取决于光源的发光通量 F。

$$F = K_m \int_0^\infty C(\lambda)V(\lambda)\mathrm{d}\lambda \tag{7-4}$$

其中,$V(\lambda)$ 是相对光效函数,K_m 是常数,$K_m = 6851\, I_m/\mathrm{W}$,$I_m$ 为流明,如图 7-2。

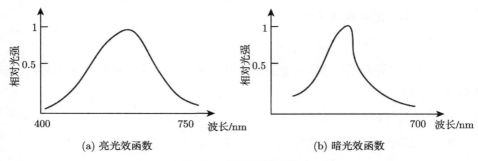

(a) 亮光效函数　　　　　　　　　　　　(b) 暗光效函数

图 7-2　相对光效函数

几何因素影响,即探讨发光源与照射面的相对几何结构的影响。

① 点光源(各项同性)光亮度

如图 7-3,点光源的光亮度 I 为

$$I = \frac{\mathrm{d}F}{\mathrm{d}w}(\text{流明/单位立体弧度}) \tag{7-5}$$

其中,$\mathrm{d}\omega$ 为单位立体角,$\mathrm{d}F$ 为光通量增量。

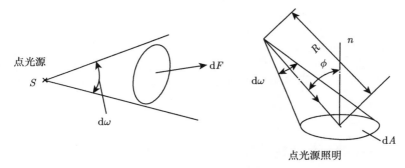

图 7-3 点光源照明

② 面光源的光亮度 B

如图 7-4，面光源的光亮度 B 为

$$B = \frac{\mathrm{d}I(\theta)}{\mathrm{d}a \cos \theta} \qquad (7\text{-}6)$$

其中，$\mathrm{d}a$ 为单位面光源面积增量，$\mathrm{d}I(\theta)$ 为与法线成 θ 角的光强增量。

因为 $\mathrm{d}I(\theta) = \mathrm{d}I_N \cos \theta$（Lambert 定律），$\mathrm{d}I_N$ 为法线方向的光强增量，所以

$$B = \frac{\mathrm{d}I_N}{\mathrm{d}a} \qquad (7\text{-}7)$$

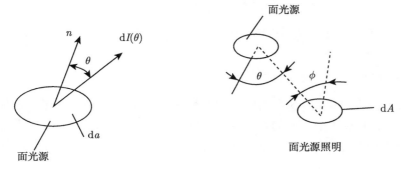

图 7-4 面光源照明

③ 照明 E（观察面上的光通量 —— 照度）

$$E = \frac{\mathrm{d}F}{\mathrm{d}A} \qquad (7\text{-}8)$$

对于点光源，

$$\mathrm{d}F = I(\theta)\mathrm{d}\omega = I(\theta)\left[\frac{\mathrm{d}A \cos \phi}{R^2}\right] \qquad (7\text{-}9)$$

$$E = I(\theta) \cos \frac{\phi}{R^2} \qquad (7\text{-}10)$$

$$E \propto \frac{1}{R^2} \tag{7-11}$$

对于幅射体（包括面光源），

$$\mathrm{d}E = \mathrm{d}I(\theta)\cos\frac{\phi}{R^2} = \frac{B\cos\theta\cos\phi}{R^2}\mathrm{d}a \tag{7-12}$$

$$E = \int_s \mathrm{d}E \tag{7-13}$$

附 7-1：源和像的光照度关系，如图 7-5。

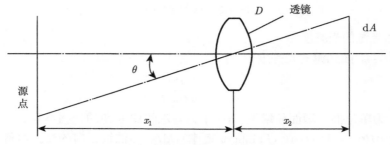

图 7-5　源和像的光照度关系

$$\mathrm{d}E = \frac{B\pi D^2}{4x_2^2}\cos^4\theta \tag{7-14}$$

其中，D 为透镜直径，D 越大　$\mathrm{d}E$ 越大；x_2 为像距，$\mathrm{d}E \propto {}^1/_{x_2^2}$；$\theta$ 为裁取角：$\mathrm{d}E \propto \cos^4\theta$，$\cos^4(30°) \approx 0.56$。

7.1.2　色度学

色度学是将主观颜色感知与客观物理测量值联系起来，建立科学、准确的定量测量方法。自然界中的不同的色彩均是由红色 R、绿色 G、蓝色 B 按适当比例混合而呈现出的颜色。R、G、B 光组成各种色彩的基本成份，即三原色，也称为三基色。

1. 合成色 CIE 制

红 R、绿 G、蓝 B 对应波长分别为：λ_R=700nm，λ_G=546.1nm，λ_B=435.8nm。色合成表达式：

$$C(\lambda)=r\mathrm{R}(\lambda)+g\mathrm{G}(\lambda)+b\mathrm{B}(\lambda) \tag{7-15}$$

其中，r，g，b 表示不同的比例。

CIE（国际发光照明委员会）1931 年建立了一套界定和测量色彩的技术标准，利用 R、G、B 三基色可提供一个足以精确描述经人眼视觉所见色彩的系统。CIE

假设一组不存在自然界的色光 x、y、z 作为 CIE xyz 色彩空间的三原色，即 CIE 1931-xyz 系统，如图 7-6 所示。关系如下：

$$\begin{cases} X = 0.490\text{R} + 0.310\text{G} + 0.200\text{B} \\ Y = 0.177\text{R} + 0.812\text{G} + 0.011\text{B} \\ Z = 0.000\text{R} + 0.010\text{G} + 0.990\text{B} \end{cases} \tag{7-16}$$

色度图中 x、y、z 分别表示 X、Y、Z 的百分比。

$x + y + z = 1$，$x = y = z$ 即白光，xyz 色度坐标公式如下：

$$\begin{aligned} x &= X/(X + Y + Z) \\ y &= Y/(X + Y + Z) \\ z &= 1 - (x + y) \end{aligned} \tag{7-17}$$

CIE—1931 色度图是用标称值表示的 CIE 色度图，其中 x 表示红色分量，y 表示绿色分量。所有单色光均位于舌形曲线上，自然界中各种实际颜色位于这条闭合曲线内。

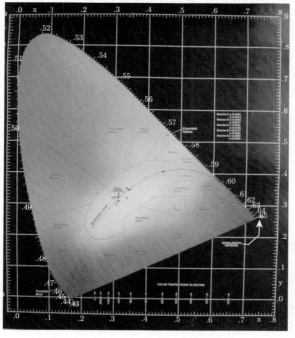

图 7-6　CIE—1931 色度图

2. UCS 制，即 CIE 1976 制

为了使空间中任意两色彩的空间差距更接近人眼的色彩视觉，因此 CIE 于 1976 年提出了一个均匀色尺度图，即 CIE—1976，见图 7-7。

$$\begin{cases} u = 4X/(X + 15Y + 3Z) \\ v = 6Y/(X + 15Y + 3Z) \\ y = Y \end{cases} \tag{7-18}$$

采用非线性体制，使各色在色度图上分布均匀。

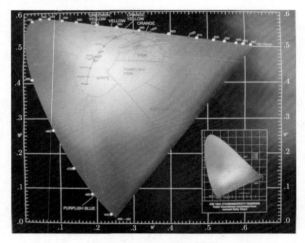

图 7-7　UCS 制色度图

另，CIE 1960 年制也采用了非线性体制，改变各色在色度图上的分布，但不如 1976 制分布均匀，不常用。因而不作详细介绍。

$$\begin{cases} u = 4X/(-2X + 12Y + 3) \\ v = 6Y/(-2X + 12Y + 3) \\ y = Y \end{cases} \tag{7-19}$$

3. HSI 制（真彩色，视觉角度）

彩色空间为 HSI，其中，H 为英文 Hue 缩写，即色彩、色度，不同色调代表不同波长（质）；S 为英文 Saturation 缩写，即饱和度（质）；I 为英文 Intensity 缩写，即光强，代表颜色的亮度（量）。

这是目前最广为采用的色制，因为 HSI 制最能真实反映色彩的观感，也比较科学地反映色彩。

真彩色图和色调图见图 7-8。

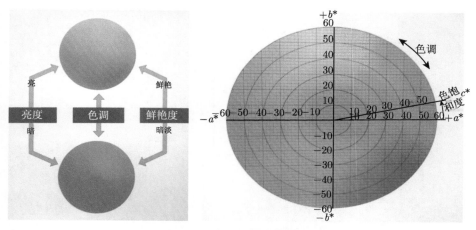

图 7-8 真彩色图和色调图

① $L^*a^*b^*$ 色制。

L^* 表示亮度；a^*，b^* 表示色度，c^* 表示色饱和度，

$$c^* = \sqrt{a^{*2} + b^{*2}} \tag{7-20}$$

a^* 表示红–绿方向，b^* 表示黄–蓝方向。

色调角（$H°$）为

$$H° = \tan^{-1}\left(\frac{b^*}{a^*}\right) \tag{7-21}$$

② 彩色空间图。

见图 7-9，用球体的垂直纵轴代表亮度 I，用球体的中心水平周边代表色调 H，用球体的中轴出发的径线代表色饱和度 S。球体的由 I，H，S 坐标代表的小三元体为色体，称色标，每一色标代表一种色彩。图 7-10 绘出 HIS 制与 CIE1976 制的转换关系。

$$H = \tan^{-1}\left(v^*/u^*\right), \quad 0 < H < 2\pi \tag{7-22}$$

$$S = \left[u^{*2} + v^{*2}\right]^{1/2} \tag{7-23}$$

$$W^* = 25(100y)^{1/3} - 17, \quad 1 < 100y < 100 \tag{7-24}$$

$$u^* = 13W^*(u - u_0) \tag{7-25}$$

$$v^* = 13W^*(v - v_0) \tag{7-26}$$

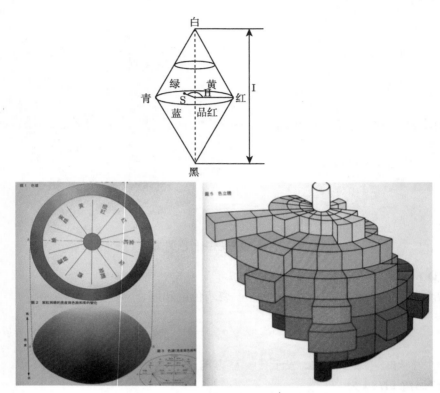

图 7-9   用球体来表示定量的色彩

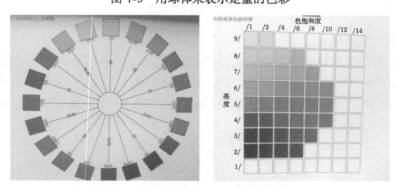

图 7-10   HIS 制与 CIE 1976 制转换关系

③ u_1, u_2, I 制, 见图 7-11。

$$
\begin{bmatrix} u_1 \\ u_2 \\ I \end{bmatrix} = \begin{bmatrix} 2/\sqrt{6} & -1/\sqrt{6} & -1\sqrt{6} \\ 0 & 1/\sqrt{6} & -1/\sqrt{6} \\ 1/3 & 1/3 & 1/3 \end{bmatrix} \tag{7-27}
$$

$$H = \tan^{-1}(u_1/u_2) \tag{7-28}$$

$$S = (u_1^2 + u_2^2)^{1/2} \tag{7-29}$$

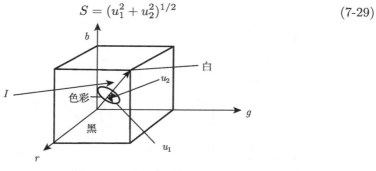

图 7-11 $u_1, u_2,$ I 制

④ 色差 ΔL^*, Δa^*, Δb^*

$$\Delta L = L_1^* - L_2^* \tag{7-30}$$

$$\Delta a^* = a_1^* - a_2^* \tag{7-31}$$

$$\Delta b^* = b_1^* - b_2^* \tag{7-32}$$

1，2 分别为两对比物的色参数（物理参数之差）。

色度学是一门待发展的学科，这里仅作简要介绍，作为图像色的定量基础之一，见图 7-12。

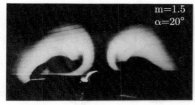

图 7-12 图像色

4. 视觉效应（心理现象）

视觉效应包括眼睛所见的图像的颜色、结构、边界、亮度等综合信息。

(1) 对比灵敏度人眼识别有限，通常有 $\Delta I/I \sim 0.02$ 的相对误差。所见的图像取决于视野目标与周围环境的相对强度，见图 7-13。人眼感知图像的灰度梯度及光强分布具有马赫效应，即在视觉图像的明暗过渡带的两侧看到的亮带更亮，暗带更暗。

（2）图形的同时性对比

见图 7-14，在对图形同时性对比中，图 7-14(a) 中，竖线本来是平行的直线，但视觉效应看起来是曲线。图 7-14(b) 中心圆大小相同，在周围圆的衬托下确感觉两个中心圆大小不同。图 7-14(c) 则有隐形图像藏在其中。

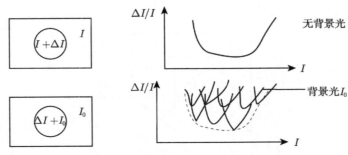

图 7-13　灰度梯度卡及光强分布

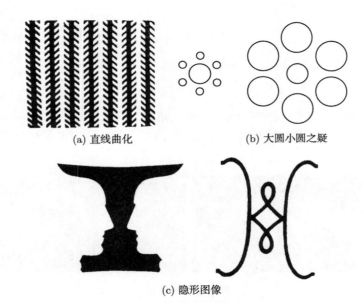

(a) 直线曲化　　　　　　　(b) 大圆小圆之疑

(c) 隐形图像

图 7-14　图形的同时性对比

　　由上可见眼的观察常会导致判断错误，因而正确、精确识别图像，根据图像定量化，才能得出正确精确的答案。

7.2　数字信号的一些基本概念

1. 连续域（连续信号，模拟信号）

(1) 傅里叶 Fourier 积分（变换）（时域 → 频域）

从时域到频域的傅里叶变换公式如下：

$$H(f) = \int_{-\infty}^{\infty} h(t)\mathrm{e}^{-\mathrm{j}2\pi ft}\mathrm{d}t \tag{7-33}$$

$$H(f) = R(f) + \mathrm{j}I(f) = |H(f)|\mathrm{e}^{\mathrm{j}\theta(f)} \tag{7-34}$$

(2) 傅里叶逆变换（频域 → 时域）

应用傅里叶逆变换实现从频域到时域的变换。

$$h(t) = \int_{-\infty}^{\infty} H(f)\mathrm{e}^{\mathrm{j}2\pi ft}\mathrm{d}t \tag{7-35}$$

(3) 卷积

$$y(t) = \int_{-\infty}^{\infty} x(\tau)h(t-\tau)\mathrm{d}\tau = x(\tau) * h(t) \tag{7-36}$$

$$x(t)^* h(t) = h(t)^* x(t) \tag{7-37}$$

(4) 卷积的频域算法 —— 傅里叶变换对应

两个时域函数的卷积和乘积的傅里叶变换对应关系详见图 7-15，变换关系式如下：

$$h(t) * x(t) \xrightarrow{\text{Fourier 变换}} H(f)Z(f) \tag{7-38}$$

$$h(t)x(t) \xrightarrow{\text{Fourier 变换}} H(f) * Z(f) \tag{7-39}$$

反之，

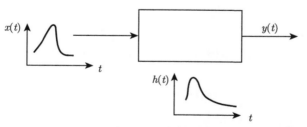

图 7-15　两个时域函数的卷积和乘积的傅里叶变换对应关系

(5) 相关

探讨两个信号之间的关系。用相关函数表示，计算公式如下：

$$z(t) = \int_{-\infty}^{\infty} x(\tau)h(t+\tau)\mathrm{d}\tau \tag{7-40}$$

$$Z(f) = H(f)X^*(f) \tag{7-41}$$

$$Z^*(f) = R(f) - jI(f) \tag{7-42}$$

相关不同于卷积，Z^* 为 Z 的共轭函数。

对于同一个信号源，后一时刻信号和前一时刻信号的关系用自相关函数表示，称为自相关，见图 7-16(a)，计算如下：

$$z(t) = \int_{-\infty}^{\infty} x(\tau)x(t+\tau)\mathrm{d}\tau \tag{7-43}$$

两不同信号源之间的相关，称互相关，见图 7-16(b)，计算如下：

$$z(t) = \int_{-\infty}^{\infty} x_1(\tau)x_2(t+\tau)\mathrm{d}\tau \tag{7-44}$$

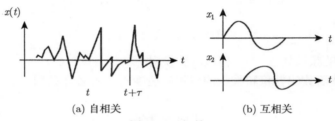

(a) 自相关　　　　　　　　　(b) 互相关

图 7-16　相关

相关计算通常要进行归一化计算，归一化计算可以更准确判读两个信号的相关程度。归一化后，完全相关时，则 $z(t) = 1$；完全不相关时，则 $z(t) = 0$。

① 卷（褶）积，Convolution 图解

卷积计算如下：

$$y(t) = \int_{-\infty}^{\infty} x(\tau)h(t-\tau)\mathrm{d}\tau = \int_{-\infty}^{\infty} h(\tau)x(t-\tau)\mathrm{d}\tau$$

$$x(t)^*h(t) = h(t)^*x(t) \tag{7-45}$$

等效性如图 7-17。

② 相关 Correlation 图解

$$z(t) = \int_{-\infty}^{\infty} x(\tau)h(t+\tau)\mathrm{d}\tau = x(t) * h^*(t) \tag{7-46}$$

$$h^*(t) \Rightarrow h(t) \text{ 的共轭}$$

自相关：

$$z_z(t) = \int_{-\infty}^{\infty} x(\tau)x(t+\tau)\mathrm{d}\tau \tag{7-47}$$

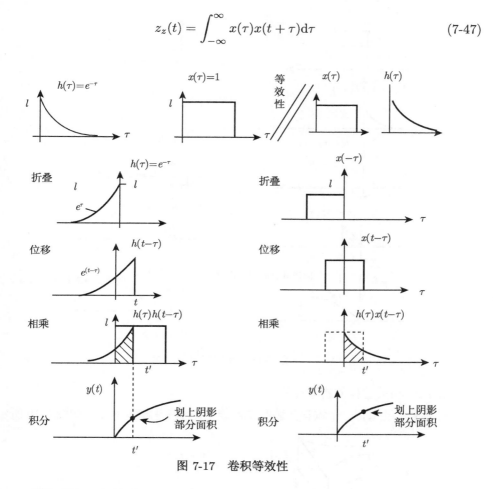

图 7-17 卷积等效性

③ 图解卷积与相关

特例：当 $x(t)$ 为偶函数时，卷积与相关相等，即 $y(t) = z(t)$。

$$物理意义最大相关 z(t) = \int_{-\infty}^{\infty} x(\tau)h(t+\tau)\mathrm{d}\tau \Rightarrow z_{\max} \tag{7-48}$$

$$等效最大卷积 y(t) = \int_{-\infty}^{\infty} x(\tau)h(t-\tau)\mathrm{d}\tau \Rightarrow y_{\max} \tag{7-49}$$

为理解卷积和相关的数学操作和物理意义，可参阅卷积和相关的计算图形示意图，见图 7-18。也可见附：相关卷积的物理理解。

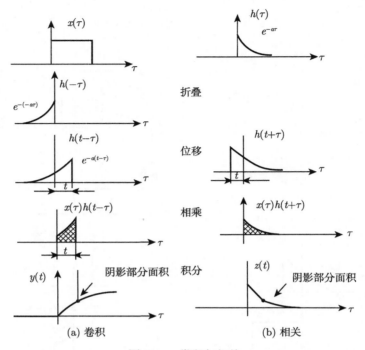

图 7-18　卷积与相关

附 7-2：相关卷积的物理理解

例 7-1　设想有一个饮料的装料生产线,下料漏斗和装料瓶子如图 7-19 所示。

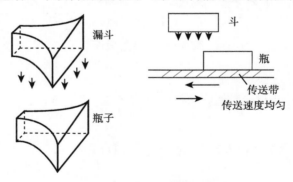

图 7-19　下料漏斗和装料瓶子

瓶子与漏斗形状相同,漏斗单位面积均匀下料,问:这样的漏斗和瓶子,通过漏斗后能装多少饮料?如将瓶子倒过来(头尾对调)能装多少?又问:如果传送带移动方向相反,结果如何?

解:典型的卷积和相关过程如图 7-20。

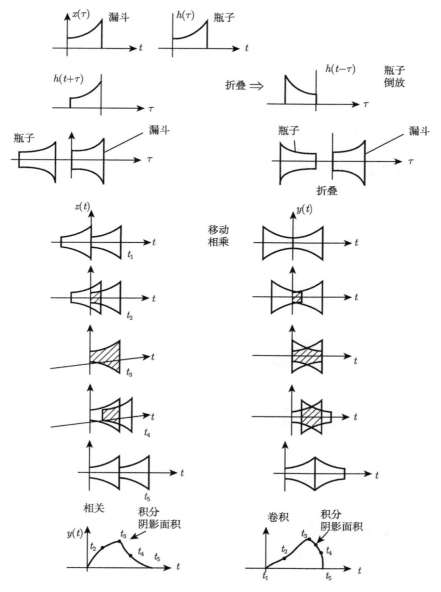

图 7-20　卷积和相关过程

由相关方式装料和卷积方式装料的结果是不同的。传送带移动方向改变不影响总装料（等效性）。

例 7-2　两辆形状不同又类似的汽车，在行进中判断相似的程度。

解：通过相关计算判断两辆形状不同又类似的车辆的相似度，如图 7-21。

相关计算：

$$z(t) = \int_{-\infty}^{\infty} x(\tau)h(t+\tau)\mathrm{d}\tau$$

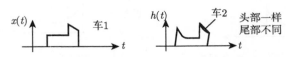

图 7-21　判断两辆形状不同又类似的汽车相似程度

车 2 逐渐追上车 1 和超出车 1 的过程，如图 7-22。

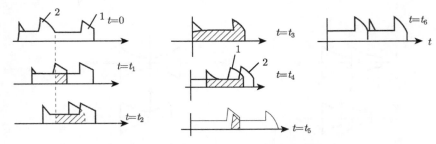

图 7-22　车 2 逐渐追上车 1 和超出车 1 的过程

若车 1 有尾部翘起，相关值较低；两车一样，相关值最大，如图 7-23。

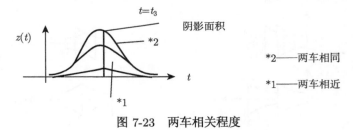

图 7-23　两车相关程度

2. 信号的离散化

连续信号在时间 (或空间) 以某种方式变化着，采样过程是在时间 (或空间) 上，以 T 为单位间隔进行测量，T 称为采样间隔，测量获得数据是离散的，实现了连续信号的离散化。这是对物理过程的数字表达，是计算机应用的基础。

这里先从时域信号的基本概念作一回顾，再讨论空间域信息问题。

时域的信号离散化及频域转换

$$f(t) \Rightarrow F(f)，傅里叶变换$$

$$F(f) \Rightarrow f(t)，逆傅里叶变换$$

$$f(\Delta t) \Rightarrow F(\Delta f), \text{数字傅里叶变换}$$

$$F(\Delta f) \Rightarrow f(\Delta t), \text{数字逆傅里叶变换}$$

(1) 离散化数学表述和物理过程

离散化在数学上即是物理量 $x(nT)$ 与单位脉冲函数 $\delta(t-nT)$ 作卷积，如下式所示：

$$\hat{x}(t) = \sum_{n=-\infty}^{\infty} x(t)^*\delta(t-nT) \tag{7-50}$$

上式为数字卷积，δ 为单位脉冲函数

物理过程如图 7-24 所示：

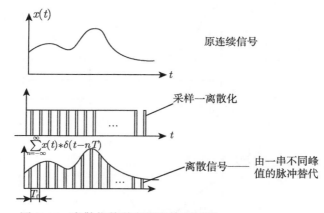

图 7-24　离散化数学表述和物理过程

(2) 香农定理

信号的离散化要满足香农定理，即信号离散化过程中，需要考虑采集多少样本才能不丢失信息，如图 7-25。

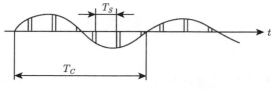

图 7-25　信号离散化样本需求

$$\begin{cases} T_C \text{ —— 信号周期} \\ T_S \text{ —— 采样周期} \end{cases}$$

若在 T_C 内少于两次采样，则会丢失信息，故需 $T_S \leqslant \dfrac{1}{2}T_C$，信号频率 $f_C = $

$1/T_C$, 采样频率 $f_S = 1/T_S$, 因此用频率表示则需要: $f_S \geqslant 2f_C$。

否则会产生混叠效应 (在频域图上), 采样频率不够高, 则会丢失高频信号。

(3) 混叠效应

如果采样频率不满足香农定理, 则会发生所谓混叠效应。在频率域上图可很明显看出。经傅里叶变换, 非周期函数也转换成周期函数, 满足采样定理, 其信号的频谱图如图 7-26, 图 7-26(a) 表示不会发生交叠, 图 7-26(b) 会发生混叠。其中, f_C 为原始信号的最高频率; δf_C 为带宽; f_C 为采样频率。

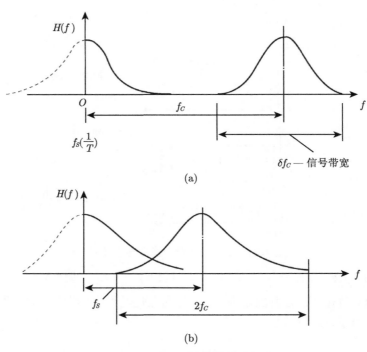

图 7-26　混叠效应示意图

(4) 泄漏效应

若记录信号的时间不足够长, 如 T_p, 则因取得信号的时间过程不完整, $z(t)$ 为信号时间历程, $h(t)$ 为窗函数。窗函数引起信号截断 (测量时间有限), 引起泄漏效应, 如图 7-27。

T_S 为信号过程完整时间; T_P 为窗截断时间。

由此, 没有足够的样本数, 往往容易丢失低频信号。作为信号离散化及复原过程的例子, 见图 7-28。

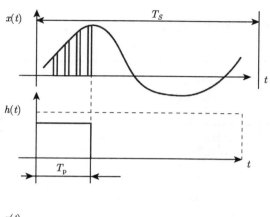

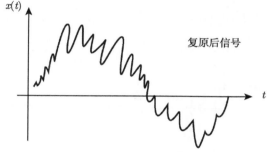

图 7-27 泄漏效应示意图

(5) 离散卷积和相关

时域的卷积和相关的计算方法：采用快速傅里叶变换 (FFT)，提高计算速度。

卷积

$$\sum_{i=0}^{N-1} x(iT)h\left[(k-i)\,T\right] \xrightarrow{\text{FFT}} X\left(\frac{n}{NT}\right) H\left(\frac{n}{NT}\right)$$

$$=\frac{1}{N} \sum_{n=0}^{N-1} X\left(\frac{n}{NT}\right) H\left(\frac{n}{NT}\right) \mathrm{e}^{j\frac{2\pi}{N}kn} \tag{7-51}$$

相关

$$\sum_{i=0}^{N-1} x(iT)h\left[(k+i)\,T\right] \xrightarrow{\text{FFT}} X\left(\frac{n}{NT}\right) H^*\left(\frac{n}{NT}\right) \tag{7-52}$$

其中，T 为采样周期，$i = 0 \sim N$ 时域，$n = 0 \sim N$ 频域。

下面是信号离散化和复元过程例举。

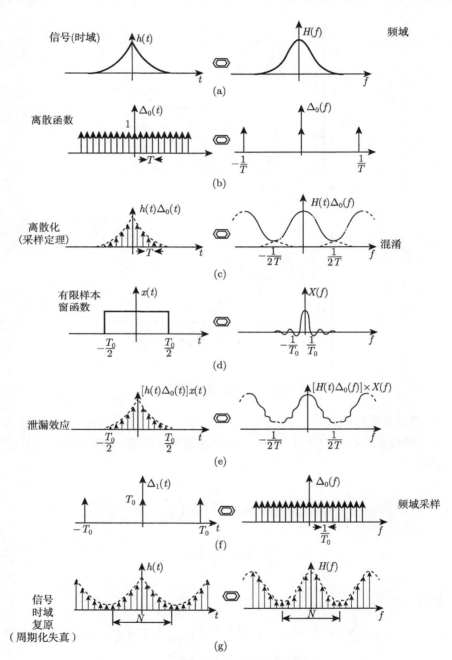

图 7-28   离散傅里叶变换的图解说明

① 卷积计算:

$$y(t) = h(t) * x(t)$$
$$h(t) \xrightarrow{\text{FFT}} H(f)$$
$$x(t) \xrightarrow{\text{FFT}} X(f)$$
$$y(t) \xleftarrow{\text{逆FFT}} H(f)X(f) = y(f)$$

② 相关计算

$$z(t) \Leftrightarrow H(f)X^*(f) = Z(f)$$
$$x(t) \xrightarrow{\text{FFT}} X(f) \rightarrow X^*(f)$$
$$h(t) \xrightarrow{\text{FFT}} H(f)$$
$$z(t) \xleftarrow{\text{逆FFT}} H(f)X^*(f) = Z(f)$$

采用上述算法,通过频域与时域的转换的计算方法快于直接在时域作相关计算。

7.3 数字图像的一些基本概念

数字图像是表达物理现象最直观最丰富信息的方式,也是描述流体力学流动现象和特性最直观最丰富信息和最有潜力的方法。

1. 图像信息的分类与表达

图像信息包括几何图像信息、标量图信息及向量图信息。

几何图像:轮廓、波形、多面体、曲面体等外形信息;

标量图:温度、压力、密度、浓度分布用图像的亮度 (灰度) 表示;

向量图:速度向量、涡量、动量、力、力距等。

(1) 几何图形的表述

● 点函数阵列表述 $P_i(x,y)$

● 键码(Δs,Δy),节省信息量(数据压缩)

例 7-3 (x, y) 0, 7, 7, 4, 3, 3, 2, 0 其图形如图 7-29。

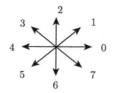

图 7-29 键码

- 多边形（三角形、四边形）近似拼接。

近似表示曲面或曲面体。

(2) 标量图形的表达

- 灰度图，对应于不同的点有不同的灰度（亮度），与位置、时间及波长有关，用函数 $C(x, y, t, \lambda)$ 表示，是能量（灰度）分布函数，λ 表示波长。$0 \leqslant C(x, y, t, \lambda) \leqslant A, A$ 为最大光强（能量）。

L_x 和 L_y 分为 x 和 y 方向的图像大小尺寸，$-L_x \leqslant x \leqslant L_x, -L_y \leqslant y \leqslant L_y$。

- 彩色图，对应于不同点有不同的彩色，不同参数均转化为彩色。

$$C(x, y, t) = rR(x, y, t) + gG(x, y, t) + bB(x, y, t) \tag{7-53}$$

或

$$C(x, y, t) = hH(x, y, t) + iI(x, y, t) + sS(x, y, t) \tag{7-54}$$

- 多光谱摄像图

带 i 光谱图

$$F_i(x, y, t) = \int_0^\infty C(x, y, t) S_i(\lambda) \mathrm{d}\lambda \tag{7-55}$$

S_i—— 对波长灵敏的传感器。

(3) 图像的统计特性

时均亮度（灰度）

$$\langle F(x, y, t) \rangle_T = \lim_{T \to \infty} \left\{ \frac{1}{2T} \int_{-T}^{T} F(x, y, t) L(t) \mathrm{d}t \right\} \tag{7-56}$$

其中，$L(t)$ 为时间的加权函数。

空间平均亮度（灰度）

$$\langle F(x, y, t) \rangle_S = \lim_{\substack{L_x \to \infty \\ L_y \to \infty}} \left\{ \frac{1}{4L_x L_y} \int_{-L_x}^{L_x} \int_{L_y}^{L_y} F(x, y, t) \mathrm{d}x \mathrm{d}y \right\} \tag{7-57}$$

(4) 向量图表述

用 $\vec{C}(x, y, t)$ 表示二维对应某点的向量，用 $\vec{C}(x, y, z, t)$ 表示三维空间对应某点的向量。

向量模 $|C| = \sqrt{C_x^2 + C_y^2}$，方位 $\mathrm{tg}\theta = \dfrac{C_y}{C_x}$，方向用箭头表示。

2. 图像离散化

（1）图像（空间域）的离散化（采样）

时间域 $(t, f) \Rightarrow$ 空间域 (x, y, f_x, f_y)

设 $F_i(x, y)$ 为连续图像（光强）场，$x \in [-\infty, \infty], y \in [-\infty, \infty]$。

$S(x, y)$ 为空间采样函数，$F_p(x, y)$ 为 $F_i(x, y)$ 的离散图像。

$$F_p(x,y) = F_i(x,y)*S(x,y)$$

其中，

$$S(x,y) = \sum_{j_1=-\infty}^{\infty} \sum_{j_2=-\infty}^{\infty} \delta(x - j_1\Delta x, y - j_2\Delta y) \tag{7-58}$$

称狄拉克 δ 函数阵列（相隔 $\Delta x, \Delta y$），如图 7-30 所示。

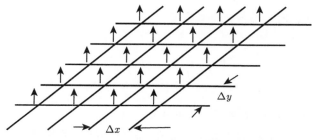

图 7-30 δ 函数阵列 —— 空间采样函数

则有

$$F_p(x,y) = \sum_{-\infty}^{\infty} \sum_{-\infty}^{\infty} F_i(x,y)*\delta(x - j_1\Delta x, y - j_2\Delta y) \quad （二维卷积） \tag{7-59}$$

如图 7-31 和图 7-32 所示，F_i 已在求和式符号内，并且只需要在采样点 F_p（间隔为 $\Delta x, \Delta y$）上取值。

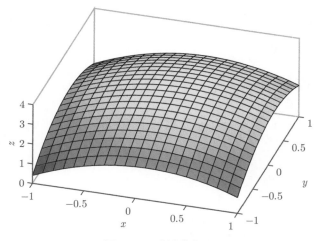

图 7-31 连续曲面图

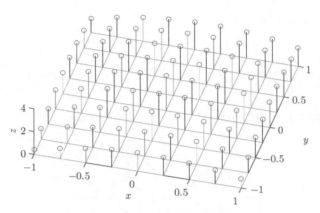

图 7-32　图像离散化示意图

曲面 $F_i(x,y)$ 表示连续曲面, 用灰度分布表示。

离散分布 $F_p(x,y)$ 表示离散灰度分布, 黑色不同高度的箭头, $\Delta x, \Delta y$ 为采样间距。

(2) 频域离散化

从研究对应的频谱（空间频率谱）$F_p(\omega_x, \omega_y)$。

空间域变换到空间频率域, 是用傅里叶变换完成空间域傅里叶变换得到对应的空间频率域, 空间频率的概念是次/单位长度。

$$\Delta x \to \omega_x(f_x),\ \omega = 2\pi f$$
$$\Delta y \to \omega_y(f_y)$$

$$F_p(\omega_x, \omega_y) = \int_{-\infty}^{\infty} \int_{-\infty}^{\infty} F_p(x,y) \exp\{-i(\omega_x x + \omega_y y)\}\, \mathrm{d}x \mathrm{d}y \qquad (7\text{-}60)$$

频域离散化 δ 函数

$$\delta(\omega_x, \omega_y) = \frac{4\pi^2}{\Delta x \Delta y} \sum_{-\infty}^{\infty} \sum_{-\infty}^{\infty} \delta(\omega_x - j_1\omega_{xs}, \omega_y - j_2\omega_{ys}) \qquad (7\text{-}61)$$

其中, $\omega_{xs} = 2\pi/\Delta x$, $\omega_{ys} = 2\pi/\Delta y$ 为频域采样间隔。并设 $|\omega_x| > \omega_{xc}$, $|\omega_y| > \omega_{yc}$ 时, $F_i(\omega_x, \omega_y) = 0$。

$$
\begin{aligned}
F_p(\omega_x, \omega_y) &= \frac{1}{4\pi^2} F_i(\omega_x, \omega_y) * \delta(\omega_x, \omega_y) \\
&= \frac{1}{\Delta x \Delta y} \int_{-\infty}^{\infty} \int_{-\infty}^{\infty} F_i(\omega_x - \alpha, \omega_y - \beta) \\
&\quad \cdot \sum_{j_1=-\infty}^{\infty} \sum_{j_2=-\infty}^{\infty} \delta(\alpha - j_1\omega_{xs}, \beta - j_2\omega_{ys}) \mathrm{d}\alpha \mathrm{d}\beta
\end{aligned} \qquad (7\text{-}62)
$$

改变积分求和的次序，并引用 δ 函数的筛选性质，离散的图像的频谱为

$$F_p(\omega_x, \omega_y) = \frac{1}{\Delta x \Delta y} \sum_{j_1=-\infty}^{\infty} \sum_{j_2=-\infty}^{\infty} F_i(\omega_x - j_1\omega_{xs}, \omega_y - j_2\omega_{ys}) \tag{7-63}$$

则由图 7-33 可见，离散的图像频谱是理想（原）的图像频谱的无限重复，在整个频率平面内的离散度为 $(2\pi/\Delta x, 2\pi/\Delta y)$。

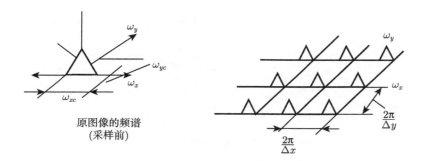

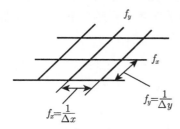

图 7-33　离散图像（成为周期函数）频谱

或用空间频率 f_x, f_y 表示：

$$\begin{cases} f_x = \dfrac{1}{\Delta x} \\ f_y = \dfrac{1}{\Delta y} \end{cases} \tag{7-64}$$

若如图 7-33 所示，当 $\begin{cases} |\omega_x| > \omega_{xc} \\ |\omega_y| > \omega_{yc} \end{cases}$ 时，$F_i(\omega_x, \omega_y)=0$。

ω_{xc}, ω_{yc} 为原图像 $F_i(x,y)$ 的带宽（频带宽）。表明其原图像的频谱虽变成周期性的频谱，但并不发生失真畸变。

(3) 采样定理及混叠效应（空间域香农定理 ——Nyquist 定理）

见图 7-34，若 $|\omega_{xs}|>2\omega_{xc}$，$|\omega_{ys}|>2\omega_{yc}$，则
$$\begin{cases} \Delta x_s < \dfrac{1}{2}\Delta x_c \\[2mm] \Delta y_s < \dfrac{1}{2}\Delta y_c \end{cases}。$$

其中，ω_s 为采样频率 $(\Delta x_s, \Delta y_s)$，ω_c 原图的带宽 $(\Delta x_c, \Delta y_c)$。即采样频率小于 2 倍的原图像空间频率的带宽，则会在频率域图上发生混叠现象，在重建（恢复原图）时会失真，不能反映高频（高于 ω_s）的空间信息。

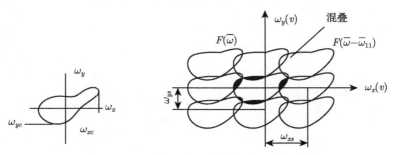

图 7-34　混叠现象

即周期重复在 ω_x，ω_y 平面的原图像的频谱，不再完全分开，而是有重叠；重叠越多，混叠效应越严重，取得的图像失真越严重，故采样要求满足采样定理不发生有混叠现象，则要求：

$$\begin{cases} \omega_{xs} \geqslant 2w_{xc} \\[2mm] \omega_{ys} \geqslant 2w_{yc} \end{cases} \tag{7-65}$$

或

$$\begin{cases} \Delta x \leqslant \dfrac{\pi}{\omega_{xc}} = \dfrac{1}{2f_{xc}} \\[3mm] \Delta y \leqslant \dfrac{\pi}{\omega_{yc}} = \dfrac{1}{2f_{yc}} \end{cases} \tag{7-66}$$

采样定理及混叠现象参见图 7-35 和图 7-36。

图 7-35　采样定理及混叠现象

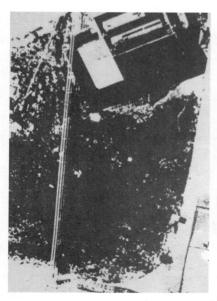

图 7-36 采样定理及混叠现象

（4）图像的窗函数及泄漏效应

对于一幅图像选用不同的观测窗（即窗函数），则会得到不同的图像信息效果。见图 7-37，相距 Δx_0 和 Δy_0 出现黑白条纹，每相隔 $3\Delta x_0$ 出现两个细黑条纹，周期重复，每相隔 $3\Delta x_0$ 出现一个粗黑条纹，周期重复。

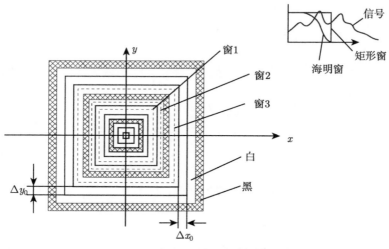

图 7-37 图像和窗函数的原理关系图

若窗尺度的 ΔX_L，ΔY_L，

选择窗 1: $\Delta X_L(\Delta \overline{y}_L) \leqslant 4\Delta x_0(\Delta y_0)$，则不清楚此图像条纹是否有周期重复。

选择窗 2: $\Delta X_L(\Delta \overline{y}_L) \leqslant 5\Delta x_0(\Delta y_0)$，则不清楚此图像粗条纹是否有周期重复。

选择窗 3: $\Delta X_L(\Delta \overline{y}_L) \leqslant 6\Delta x_0(\Delta y_0)$，则此窗基本能确定粗细条纹确实存在周期重复。

对采用窗 1，窗 2 而言，由于丢失图像的信息（不完整，主要是低频信息），称泄漏效应。

为保证不丢失图像的低频信息，不产生泄漏效应，应采用足够大的窗函数。

$$\Delta Y_L \geqslant \Delta \overline{X} c_{\max}（最低频信息）$$

$$\Delta Y_L \geqslant \Delta \overline{Y} c_{\max}（信息周期变化最大空间间距）$$

实际存在各种窗函数（海明窗），以减少截断信息引起的误差失真。

3. 数字图像重建（复原）

若已知采样得到的图像样本 $F_p(x, y)$ 经线性插值，线性空间滤波等重建一个连续的图像场 $F_R(x, y)$。令内插滤波器的脉冲响应函数为 $R(x, y)$，其传递函数（频域）为 $R(\omega_x, \omega_y)$。

$$F_R(x,y) = F_p(x,y) * R(x,y)$$
$$= \int_{-\infty}^{\infty} \int_{-\infty}^{\infty} F_p(\alpha,\beta)R(x-\alpha, y-\beta)\mathrm{d}\alpha\mathrm{d}\beta \tag{7-67}$$

$$F_R(\omega_x, \omega_y) = F_p(\omega_x, \omega_y)R(\omega_x, \omega_y) \tag{7-68}$$

$$F_R(\omega_x, \omega_y) = \frac{1}{\Delta x \Delta y} R(\omega_x, \omega_y) \sum_{-\infty}^{\infty} \sum_{-\infty}^{\infty} F_i(\omega_x - j_1\omega_{xs}, \omega_y - j_2\omega_{ys}) \tag{7-69}$$

其中，ω_{xs} 和 ω_{ys} 为采样频率间隔，Δx 和 Δy 为空间域采样间距，重建条件是不发生混淆的条件。

$$\begin{cases} \Delta x \leqslant \dfrac{\pi}{\omega_{xs}} = \dfrac{1}{2f_{xc}} \\ \Delta y \leqslant \dfrac{\pi}{\omega_{ys}} = \dfrac{1}{2f_{yc}} \end{cases} \tag{7-70}$$

当 $\Delta x > \dfrac{\pi}{\omega_{xs}}$，$\Delta y > \dfrac{\pi}{\omega_{ys}}$ 时，为欠采样；

当 $\Delta x < \dfrac{\pi}{\omega_{xs}}$，$\Delta y < \dfrac{\pi}{\omega_{ys}}$ 时，为过采样。

选用适当的重建滤波器，如矩形重建滤波器和圆形重建滤波器，见图 7-38。需分别描述下列条件

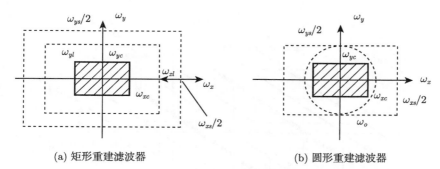

(a) 矩形重建滤波器 (b) 圆形重建滤波器

图 7-38 重建滤波器

矩形：$R_R(\omega_x, \omega_y) = \begin{cases} k, & |\omega_x| \leqslant \omega_{xl}, |\omega_y| \leqslant \omega_{yl} \\ 0, & \text{其他} \end{cases}$ (7-71)

相应脉冲响应函数为

$$R(x, y) = \theta_F^{-1}[R(\omega_x, \omega_y)]$$
$$= k\frac{\omega_{xl}\omega_{yl}}{\pi^2} \cdot \frac{\sin(\omega_{xl} \cdot x)}{\omega_{xl} \cdot x} \cdot \frac{\sin(\omega_{yl} \cdot y)}{\omega_{yl} \cdot y}$$ (7-72)

其中，

$$\omega_{xl} > \omega_{xc}, \ \omega_{yl} > \omega_{yc}$$

圆形：$R_R(\omega_x, \omega_y) = \begin{cases} k, & \sqrt{\omega_x^2 + \omega_y^2} \leqslant \omega_0 \\ 0, & \text{其他} \end{cases}$ (7-73)

相应脉冲响应函数为

$$R(x, y) = 2\pi\omega_0 \frac{J_1\left\{\omega_0\sqrt{x^2 + y^2}\right\}}{\sqrt{x^2 + y^2}}$$ (7-74)

其中，J_1—— 一阶贝赛尔函数。

例 7-4 不同带宽半周期重复的图像，如图 7-39，各种信息表达如下：
粗黑带出现的周期长

$$5 \times 10\text{mm} = 50[\text{mm}] \begin{cases} \Delta x_{c_1} = 50 & \text{或} \quad f_{xc_1} = \dfrac{1}{50} \\ \Delta y_{c_1} = 50 & \text{或} \quad f_{yc_1} = \dfrac{1}{50} \end{cases} \left[\dfrac{1}{\text{mm}}\right]$$

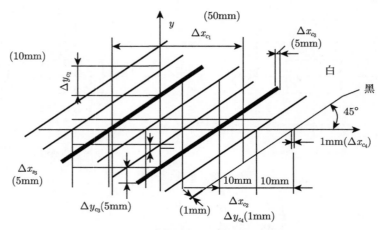

图 7-39　不同带宽半周期重复的图像

细黑带出现的周期长　　10mm $\begin{cases} \Delta x_{c_2} = 10\text{mm} \quad \text{或} \quad f_{xc_2} = \dfrac{1}{10} \\ \Delta y_{c_2} = 10\text{mm} \quad \text{或} \quad f_{yc_2} = \dfrac{1}{10} \end{cases}$ $\left[\dfrac{1}{\text{mm}} \right]$

粗带带宽　　　　　　5mm $\begin{cases} \Delta x_{c_3} = 5\text{mm}, \quad f_{xc_3} = \dfrac{1}{5} \\ \Delta y_{c_3} = 5\text{mm}, \quad f_{yc_3} = \dfrac{1}{5} \end{cases}$ $\left[\dfrac{1}{\text{mm}} \right]$

细带带宽　　　　　　1mm $\begin{cases} \Delta x_{c_4} = 1\text{mm}, \quad f_{xc_4} = 1 \\ \Delta y_{c_4} = 1\text{mm}, \quad f_{yc_4} = 1 \end{cases}$ $\left[\dfrac{1}{\text{mm}} \right]$

转换成空间频率域见图 7-40。

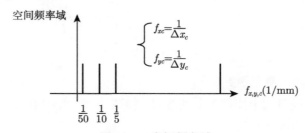

图 7-40　空间频率域

空间频率域

$$\begin{cases} f_{xc} = \dfrac{1}{\Delta x_c} \\ f_{yc} = \dfrac{1}{\Delta y_c} \end{cases} \tag{7-75}$$

若 $fxs \geqslant 2fxc_1\left(\dfrac{1}{5}\right)$ 可观察保留粗黑带的重复现象，其他全失真；$fxs \geqslant 2fxc_2\left(\dfrac{1}{5}\right)$ 可观察细黑带的重复现象；$fxs \geqslant 2fxc_3\left(\dfrac{1}{2.5}\right)$ 可观察保留粗黑带细节（宽度）；$fxs \geqslant 2fxc_4\left(\dfrac{1}{2}\right)$ 可观察保留细黑带细节及全部图像现象。

因而实际上，满足采样定理，亦即采样周期必须等于或小于图像中最小细节周期的一半 $\left(\dfrac{1}{2}\Delta x_{c_4},\ \dfrac{1}{2}\Delta y_{c_4}\right)$。

图 7-39 中，采样条件应为：

$$f_{xs} \geqslant 2f_{xc_4}, \quad f_{ys} \geqslant 2f_{yc_4}=2/\text{mm}$$

$$
\begin{cases}
\Delta x_s \leqslant \dfrac{1}{2}\Delta x_{c_4} = 0.5\text{mm} \\[2mm]
\Delta y_s \leqslant \dfrac{1}{2}\Delta y_{c_4} = 0.5\text{mm}
\end{cases}
\tag{7-76}
$$

否则有关高频（细节图像）信息将丢失。

同理，为不丢失低频率信息，该图需采用的窗函数为 2 倍于信号的周期长，$2\times\Delta y_{c_1} = 2\times50=100\text{mm}$，即取 $100\times100\text{mm}^2$ 为窗函数。

例如，采样频率不满足采样定理产生图像的混淆效应。条纹方向和间距均发生失真参，见图 7-41。

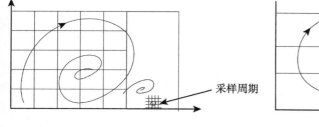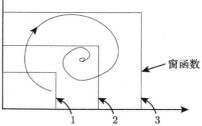

图 7-41 采样周期和窗函数

附 7-3：二维卷积与相关

二维傅里叶变换

$$F(\xi,\eta) = \frac{1}{2\pi}\int_{-\infty}^{\infty}\int_{-\infty}^{\infty} f(x,y)\mathrm{e}^{\mathrm{i}(\xi x+\eta y)}\mathrm{d}x\mathrm{d}y \tag{7-77}$$

逆变换

$$F(x,y) = \frac{1}{2\pi}\int_{-\infty}^{\infty}\int_{-\infty}^{\infty} F(\xi,\eta)\mathrm{e}^{-\mathrm{i}(\xi x+\eta y)}\mathrm{d}\xi\mathrm{d}\eta \tag{7-78}$$

二维卷积

$$C_\gamma(\alpha,\beta) = \int_{-\infty}^{\infty}\int_{-\infty}^{\infty} f(x,y)h(\alpha-x,\beta-y)\mathrm{d}x\mathrm{d}y = f(x,y)^*h(x,y), \quad \alpha,\beta \text{ 空间域}$$

(7-79)

$\downarrow \quad \downarrow \quad \downarrow \quad\quad$ FFT

$$\overline{C}_\gamma(u,v) = F(u,v) \cdot H(u,v) \qquad u,v \text{ 空间频率域}$$ (7-80)

$\downarrow$ 逆 FFT

$C_\gamma(\alpha,\beta)$

二维相关

$$C_\gamma(\alpha,\beta) = \int_{-\infty}^{\infty}\int_{-\infty}^{\infty} f(x,y)h(\alpha+x,\beta+y)\mathrm{d}x\mathrm{d}y$$ (7-81)

$$\overline{C}_\gamma(u,v) = F(u,v) \cdot H^*(u,v)$$ (7-82)

$$\downarrow$$

$$C_\gamma(\alpha,\beta)$$

离散表达式:

卷积:
$$y(m,n) = \sum_{k=-\infty}^{\infty}\sum_{l=-\infty}^{\infty} f(k-m,l-n)g(k,l)$$ (7-83)

相关:
$$R(m,n) = \sum_{k=-\infty}^{\infty}\sum_{l=-\infty}^{\infty} f(k+m,l+n)g(k,l)$$ (7-84)

其中: $m=0,1,\cdots,M$, $n=0,1,\cdots,N$, $k=0,1,\cdots,K$, $l=0,1,\cdots,L$。

又若

$$k>K, \quad f(k,l)=0$$

$$l>L, \quad g(k,l)=0, \quad \text{不存在截断问题}$$

又若

$$k>K, \quad f(k,l)\neq 0$$

$$l>L, \quad g(k,l)\neq 0, \quad \text{则存在泄漏问题}$$

4. 图像标量值的离散化 (量化) —— 样本量化

(1) 图形的离散: 前一节的图像离散化实际上指分割图形场,如不同 CCD 相机具有不同空间分辨力,则将图像分割成不同总数的像素。

将一幅连续图像转化为一个离散的有许多小块 (像元) 拼合起来的图像,如图 7-42 中的多少个柱子、分割、像素等。

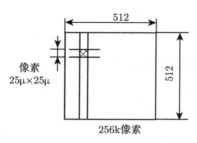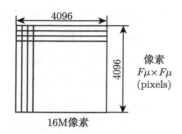

图 7-42　图形的离散

（2）图像的样本量化是指图像的灰度（亮度）分布，彩色分布的灰度值，彩色的量化（离散化），见图 7-43。

灰度值用柱子的高度量化，表示 8bit，12bit，16bit，32bit 等。

量化方法如下：

线性量化：通过线性模数（A/D）转换，进行等间隔均匀量化。

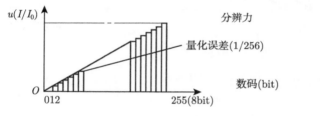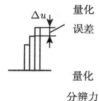

图 7-43　图像的样本量化

非线性量化方式包括指数式、渐增式、双曲式等，参见图 7-44。

图像的数据量由灰度等级、彩色量化以及图形量化决定。

灰度等级　　8bit，256 等级；

　　　　　　12bit, 4096 等级；　　　　　16bit，6.5 万等级。

彩色量化 12bit (4096 种)；　　24bit （1677 万种）

　　　　　　4 bit/R　　　　　　　　8 bit/R

　　　　　　4 bit/G　　　　　　　　8 bit/G

　　　　　　4 bit/B　　　　　　　　8 bit/B

图形量化：

　　　　　　512×512 ～ 0.25M；1024×1024 ～ 1M

通常一幅图形一幅的信息量：(注：B→8 bit)。

512×512　　　8bit　　　0.25MB

1024×1024　　8 bit　　　1 MB

1024×1024　　24 bit（彩色）　　　3 MB

4096×4096　　8 bit　　16MB

4096×4096　　24 bit（彩色）　　48 MB

目前 CCD 相机的数据采集受限于计算机的传输速率。

1024×1024，8 bit，帧率 30f/s → 30 MB/s。

2K×2K，12bit，帧率 40f/s → 240 MB/s。

4096×4096，24bit，帧率 3f/s → 144 MB/s。

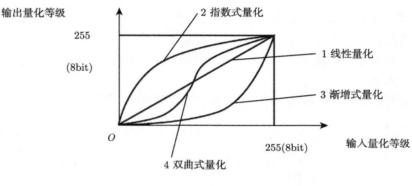

图 7-44　量化方式

5. 图像采集与处理系统的基本组成

图像采集与处理系统的基本组成如图 7-45 所示。主要包括图像光电转换数字化装置（各种类型的数字相机）、缓存及接口、计算机和图像输出装置。此外，还备有专用的图像处理软件（早先为提高图像处理的速度曾有专用的硬件，但随计算机主机功能的完备和速度的不断提升，现一般研究用系统已不采用专用的图像处理硬件）。又因近年来，各种器件的性能指标及价格供应繁多，实际可根据需要和费用许可作合理的选择，组建图像采集与处理系统。

（1）图像数字化输入装置

光电转换：通过机械扫描获得点、线、面及三色的图像信息，再输出电荷信号。

采样保持：同一瞬间采样（各处都是同一瞬间的光强），保持此电荷（电压），直到量化（数字化）。

模数转换：将电压的模拟量转化为不同等级的数字 [BYT/sec]。

传输及缓存：进入计算机的总线输入（受限于传输率），一幅一幅（一数组，一数组）传送（BYTS/sec 波特）。

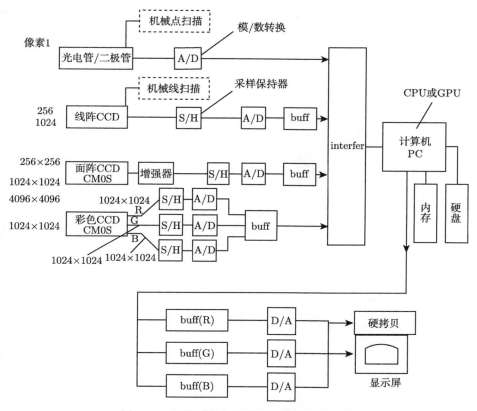

图 7-45 图像采集与处理系统的基本组成图

计算机接口：串行、中断、数据通道传送等。

处理器：完成数据处理。

内存、外存容量要求：

256K/帧，1M/帧，16M/帧，3×16M/帧，4×64M/帧，30 帧/sec，2000 帧/sec

一分钟，3×16×30×60=86400M=86G。对应 4×64×2000×60=23040000M=23GG，
总量为 23GG。

输出装置：数/模转换，保持器。

显示屏至少需有相同的空间分辨力及量化等级。

附 7-4：输出显示特性 [数字离散信息 → 模拟量（彩色，灰度 ……）]

- 显示尺寸：屏幕尺寸，足够的行数，每行足够的像元数。
- 光度分辨力：灰度等级，层次，N/S 比 (信噪比)。
- 灰度比例尺的线性度
- 低频响应

决定显示设备重现大面积恒定灰度的能力。设光点的亮度分布为高斯分布，见图 7-46。

$$P(x,y) = e^{\frac{-(x^2+y^2)}{a^2}} = e^{-r^2}$$

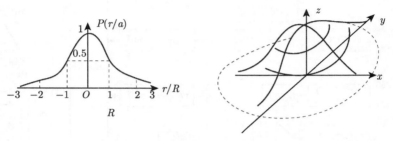

图 7-46   光点亮度的高斯分布

光点分布如图 7-47 所示。

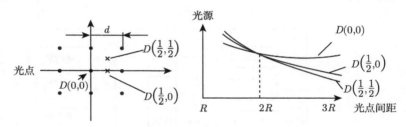

显示点光强——光点间距关系

图 7-47   光点分布

在屏上不同位置的亮度为

$$D(0,0) = 1 + 4P(d) + 4P(\sqrt{2}d) \tag{7-85}$$

$$D\left(\frac{1}{2},0\right) = 2P(d/2) + 4P(\sqrt{5}d/2) \tag{7-86}$$

$$D\left(\frac{1}{2},\frac{1}{2}\right) = 4P\left(\sqrt{2}d/2\right) + 8P(\sqrt{10}d/2) \tag{7-87}$$

要使整场光强均匀要求

$$D(0,0) \approx D\left(\frac{1}{2},0\right) \approx D\left(\frac{1}{2},\frac{1}{2}\right)$$

由点显示光强 —— 光点间距关系曲线可见，间距有一定要求

$$1.55R \leqslant d \leqslant 1.65R$$

以保证显示的光场均匀。

（2）高频响应

图 7-48 显示灰度变化细节的能力。

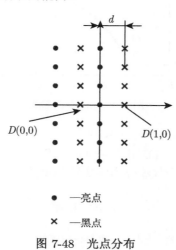

图 7-48 光点分布

黑白交替的线状图形（亮，暗）

$$D(0,0) = 1 + 2P(d) + 4P(2d) \tag{7-88}$$

$$D(1,0) = 2P(d) + 4P(\sqrt{2}d) \tag{7-89}$$

反差

$$D(0,0) - D(1,0) = 1 + 4P(2d) - 4P(\sqrt{2}d) \tag{7-90}$$

调制系数

$$M = \frac{D(0,0) - D(1,0)}{D(0,0)}$$

见图 7-49，间隔 d 越大，可以反差越大，黑白可以容易分明。$d < 2R$ 时，m 下降很快黑白不分明。高低频对 d 的要求正好相反。

（3）噪声

系统软件目前尚还不标准化，不同厂家不同操作指令。

特点：非接触式，多视角，空间化（激光技术结合）。

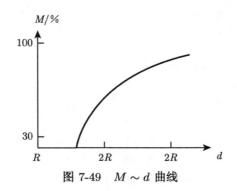

图 7-49　$M \sim d$ 曲线

海信息量 1MB ～ 50MB/幅 →GGB。

高速数据转换（A/D）>30MB/S~1.44GB/S。

数字图像技术成为下一代流体力学实验观测的主要手段。

参 考 文 献

布赖姆. 1979. 快速傅里叶变换. 上海：上海科技出版社.

第8章 数字图像处理的基本方法

8.1 引 言

为提取得到流体力学实验图像中的信息，需要了解和运用数字图像处理的基本方法。主要内容包括图像增强及复原。

图像增强主要目的是增强对比度（灰度调整）、减模糊度、光滑化、除噪声。处理方法是增大扩展对比度、变换处理、直方图、平滑、锐化、勾边、假（伪）彩色、多光谱图像处理。

图像复原背景是图像的退化（确定性和非确定性）、绕射、非线性、象差、湍流效应、相对运动引起的模糊。处理方法是已知原因的一般复原方法（运动模糊）及非确定性因素的复元。

8.2 图像的增强

图像增强是图像改善视觉形象的一种技术。由于对于不同用途有不同的质量要求，没有统一的标准，可以是各种技术的汇集。

8.2.1 对比度增强——对比度扩展技术

电子图像普遍的弱点是对比度差，利用灰度变换解决这一问题。

1. 灰度变换函数 $S = T(r)$

通过灰度变换一般关系式，改变亮度范围（线性），规定最大、最小亮度值。通常采用如下几种方式，如图 8-1。

第一图公式：使 $r < m$ 处更暗些；$r > m$ 处更亮些。

第二图公式：$r < m$ 时，$S=0$；$r > m$ 时，$S=1$。成为二值图。

第三图公式：
$$S = \begin{cases} \dfrac{S_2 - S_1}{r_2 - r_1}(r - r_1) + S_1, & r_1 < r < r_2 \\ S_1, & r < r_1 \\ S_2, & r > r_2 \end{cases} \tag{8-1}$$

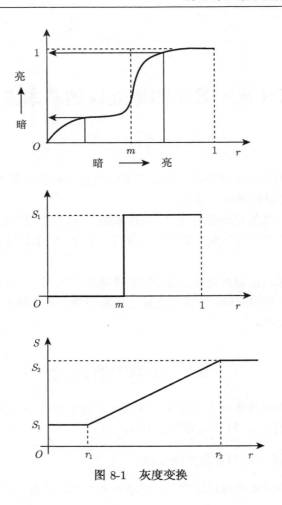

图 8-1   灰度变换

2. 反比例尺，锯齿形比例尺和分层切取

反比例尺：使图像亮的地方变换成暗的，暗的地方变换成亮的，见图 8-2。

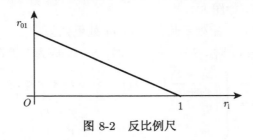

图 8-2   反比例尺

锯齿形比例尺：对图像的灰度进行分段，再对各段进行灰度拉伸，见图 8-3(a)。

分层切取：突出某一窄带灰度的信息，消除窄带外的背景（抑制背景），见图 8-3(b)。

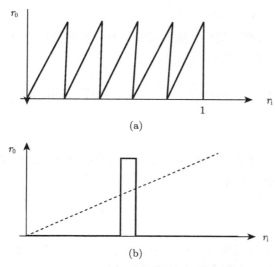

(a)

(b)

图 8-3 锯齿形比例尺度和分层切取

3. 比特面层次切取

把十进制的灰度值转化为二进制，获得不同比特面的图像信息。如灰度值为 255 的 8 比特图像可分为 8 个比特面。比特面层次切取是只突出某几个比特面的灰度值信息，抑制其他灰度值信息。

8.2.2 直方图改善的图像增强

图像灰度分布的直方图是一种离散化的灰度分布的概率密度函数，反映各种灰度等级在图像内所占的比例大小，能概括地反映图像的状态。

通过对图像灰度直方图的变换，可以起到图像对比度增强的作用，可以使隐没（藏）在图像中原先显现不出的信息显示出来。例如拍照时光线太暗或是曝光过强造成看不清要拍的对象均可通过直方图变换改善图像。

设原图灰度范围为 $0 \leqslant r \leqslant 1$，其灰度变换关系函数为 $S = T(r)$，原图的灰度分布概率密度函数为 $P_r(r)$，新的变换后图像的灰度分布概率密度函数为 $P_S(S)$。

设变换 $S = T(r)$

$$\begin{cases} T(r)单值, \ 0 \leqslant r \leqslant 1内 \\ 0 \leqslant T(r) \leqslant 1, 灰度范围与原图相同 \end{cases}$$

反变换

$$r = T^{-1}(S), \ 0 \leqslant S \leqslant 1$$

$$\begin{cases} T^{-1}(S)\text{单值}, & 0 \leqslant S \leqslant 1 \\ 0 \leqslant T^{-1}(S) \leqslant 1, & \text{灰度范围相同} \end{cases}$$

若灰度在 $[0,1]$ 范围内是一种随机变量，灰度分布的概率密度函数在增强前后分别为 $P_r(r)$ 和 $P_S(S)$，则有

$$P_S(S) = \left[P_r(r) \frac{\mathrm{d}r}{\mathrm{d}S} \right]_{r = T^{-1}(S)} = P_r(T^{-1}(S)) \frac{\mathrm{d}T^{-1}(S)}{\mathrm{d}S} \tag{8-2}$$

1. 直方图均衡化

将一幅灰度等级过分集中的图处理为各灰度等级比较均匀的图像。

若有下列灰度变换关系：

$$S = T(r) = \int_0^r P_r(\omega)\mathrm{d}\omega \tag{8-3}$$

$P_r(\omega)$ 为原图灰度密度概率 $P_r(r)$，即采用原图灰度分布的积分函数作为变换关系式。则变换后的灰度分布密度函数如图 8-4。

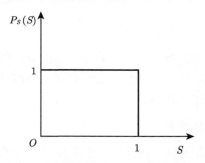

图 8-4　变换后的灰度分布密度函数

$$P_S(S) = \left[P_r(r) \frac{\mathrm{d}r}{\mathrm{d}S} \right]_{r = T^{-1}(S)} \tag{8-4}$$

$$\text{因为}\quad \frac{\mathrm{d}r}{\mathrm{d}S} = \frac{1}{\dfrac{\mathrm{d}S}{\mathrm{d}r}} = \frac{1}{P_r(r)} \tag{8-5}$$

$$\text{所以}\quad \frac{\mathrm{d}r}{\mathrm{d}S} = \frac{1}{P_r(r)} \tag{8-6}$$

则得：

$$P_S(S) = P_r(r) \cdot \frac{\mathrm{d}r}{\mathrm{d}S} = P_r(r) \cdot \frac{1}{P_r(r)} = 1, \quad 0 \leqslant S \leqslant 1 \tag{8-7}$$

即只要 S 与 r 的变换关系是 r 的积分分布函数，则变换后图像的灰度密度是均匀分布的即 $P_S(S)=1$，这意味着各像元灰度的动态范围扩大了。

例 8-1 已知

$$P_r(r) = \begin{cases} -2r + 2, & 0 \leqslant r \leqslant 1 \\ 0, & \text{其他} \end{cases} \tag{8-8}$$

则变换为

$$S = T(r) = \int_0^r (-2\omega + 2)\mathrm{d}\omega = -r^2 + 2r \tag{8-9}$$

反变换为

$$r = T^{-1}(S) = 1 \pm \sqrt{1 - S}, \quad (r^2 - 2r + S = 0) \tag{8-10}$$

不允许 $r > 1$，则 $r = 1 - \sqrt{1 - S}$。 $\tag{8-11}$

故

$$\begin{aligned} P_S(S) &= \left[P_r(r)\frac{\mathrm{d}r}{\mathrm{d}S} \right] r = T^{-1}(S) \\ &= \left[(-2r + 2)\frac{\mathrm{d}r}{\mathrm{d}S} \right] r = 1 - \sqrt{1 - S} \\ &= 2\sqrt{1 - S}\frac{\mathrm{d}}{\mathrm{d}S}(-\sqrt{1 - S}) = 1 \ (0 \leqslant S \leqslant 1) \end{aligned} \tag{8-12}$$

变换后的灰度密度分布是均匀的 $[P_S(S) = 1]$，如图 8-5。

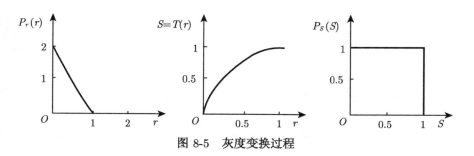

图 8-5 灰度变换过程

2. 离散图像直方图的均衡化

设第 k 个灰度等级为 $r_k, k = 0, 1, 2, \cdots L - 1$，为 L 级，则概率密度为：

$$P_r(r_k) = n_k/n \tag{8-13}$$

其中，n 为像元数，n_k 为灰度为 r_k 的像元总数。

变换 $$S_K = T(r_k) = \sum_{j=0}^{k} \frac{n_i}{n} = \sum_{j=0}^{k} P_r(r_j) \tag{8-14}$$

其中，$0 \leqslant r_k \leqslant 1, k = 0, 1, 2, L - 1$。 $\tag{8-15}$

反变换为 $r_k = T^{-1}(S_k)$，$0 \leqslant S_k \leqslant 1$。

举例 $64\times64=4096$ 像元，灰度等级 3bit(8 级)。

若原图 $r_k, r_0 = 0, r_1 = \dfrac{1}{7}, r_2 = \dfrac{2}{7}, r_3 = \dfrac{3}{7}, r_4 = \dfrac{4}{7}, r_5 = \dfrac{5}{7}, r_6 = \dfrac{6}{7}, r_7 = 1$，见图 8-6。

n_k	790	1023	850	686	329	245	122	81
$P_r(r_k)$	0.19	0.25	0.21	0.16	0.08	0.06	0.03	0.02

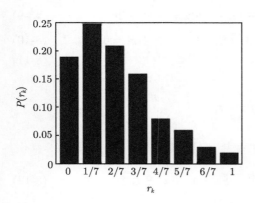 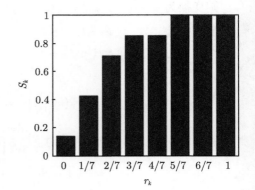

图 8-6   离散图像

$$S_0 = T(r_0) = \sum_{j=0}^{0} P_r(r_j) = P_r(r_0) = 0.19 \sim \frac{1}{7} \tag{8-16}$$

$$S_1 = T(r_1) = \sum_{j=0}^{1} P_r(r_j) = P_r(r_0) + P_r(r_1) = 0.19 + 0.25 = 0.44 \sim \frac{3}{7} \tag{8-17}$$

$$S_2 = T(r_2) = 6.65 \approx 5/7 \tag{8-18}$$

$$\left. \begin{aligned} S_3 = T(r_3) = 0.81 \; \frac{6}{7} \\ S_4 = T(r_4) = 0.89 \; \frac{6}{7} \end{aligned} \right\} \to S_3 \tag{8-19}$$

$$\left. \begin{aligned} S_5 = 0.95 \; 1 \\ S_6 = 0.95 \; 1 \\ S_7 = 1 \; 1 \end{aligned} \right\} \to S_4 \tag{8-20}$$

$$S_k = \frac{1}{7}, S_1 = \frac{3}{7}, S_2 = \frac{5}{7}, S_3 = \frac{6}{7}, S_4 = 1 。 \tag{8-21}$$

均衡稀化后的概率密度直方图见表 8-1 和图 8-7。

表 8-1　均衡化后的概率密度对应数据

S_k	$S_0 = \dfrac{1}{7}$	$S_1 = \dfrac{3}{7}$	$S_2 = \dfrac{5}{7}$	$S_3 = \dfrac{6}{7}$	$S_4 = 1$
对 r_k	r_0	r_1	r_2	r_3, r_4	r_5, r_6, r_7
n_i	790	1023	850	686+329	245+122+81
$\dfrac{n_i}{n}$	$\dfrac{790}{4096}$	$\dfrac{1023}{4096}$	$\dfrac{850}{4096}$	$\dfrac{1015}{4096}$	$\dfrac{448}{4096}$
$P_S(S_k)$	0.19	0.25	0.21	0.24	0.11

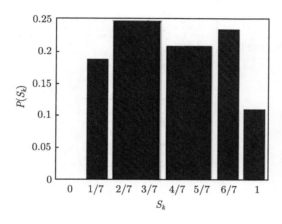

图 8-7　离散图像直方图的均衡化

8.2.3　图像的平滑

主要用于抑制噪声及干扰,抑制高频的信息,可在空间域和频率域内进行。
噪声来源:光电传感器、相片颗粒噪声、信道误差等。

1. 邻区平均

邻区平均是直接空间域方法,如图 8-8。

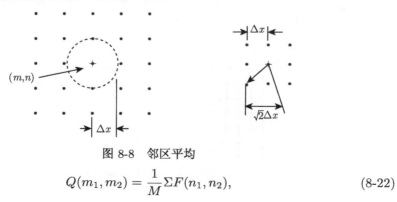

图 8-8　邻区平均

$$Q(m_1, m_2) = \frac{1}{M}\Sigma F(n_1, n_2), \tag{8-22}$$

$n_1, n_2 \in S, m_1, m_2 = 0, 1 \ldots N - 1, S$ 是 $F(n_1, n_2)$ 阵列中 (m_1, m_2) 点附近的像元集合, M 是这个集内的像元数。

邻区集越大, 模糊效应越大 (平均化)。

门限法: 邻域大小不变, 改变门限值 T, 可以调整模糊度。

$$Q(m_1, m_2) = \begin{cases} \dfrac{1}{M} \Sigma F(n_1, n_2), & \left| F(m_1, m_2) - \dfrac{1}{M} F(n_1, n_2) \right| > T, (n_1, n_2) \in S \\ F(m_1, m_2), & \text{其他} \end{cases}$$

(8-23)

例 8-2　　$F(m_1, m_2) = \begin{cases} \dfrac{1}{8} \displaystyle\sum_{i=1}^{8} O_i, & \left| F - \dfrac{1}{8} \displaystyle\sum_{i=1}^{8} O_i \right| > T \\ F(m_1, m_2), & \text{其他} \end{cases}$, 如图 8-9。

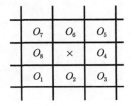

图 8-9　　门限法

2. 空间域低通滤波

空间域低通滤波是对于空间域高频噪音清除, 如图 8-10。

$$Q(m_1, m_2) = \sum_{n_1} \sum_{n_2} F(n_1, n_2) * H(m_1 - n_1, m_2 - n_2)$$

(8-24)

Q 为 $m_1 \times m_2$ 阵列, F 为 $n_1 \times n_2$ 阵列, H 为 $L \times L$ 阵列, H 为低通滤波算子

$$H_1 = \frac{1}{9} \begin{bmatrix} 1 & 1 & 1 \\ 1 & 1 & 1 \\ 1 & 1 & 1 \end{bmatrix}, \quad H_2 = \frac{1}{10} \begin{bmatrix} 1 & 1 & 1 \\ 1 & 2 & 1 \\ 1 & 1 & 1 \end{bmatrix}, \quad H_4 = \frac{1}{16} \begin{bmatrix} 1 & 2 & 1 \\ 2 & 4 & 2 \\ 1 & 2 & 1 \end{bmatrix}$$

(8-25)

再进行归一化计算。

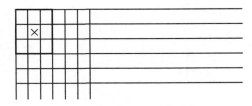

图 8-10　　空间域低通滤波

3. 频率域低通滤波

频率域低通滤波利用卷积的傅里叶变换关系：

$$Q(u,v) = F(u,v)H(u,v) \tag{8-26}$$

m, n 为空间域；u, v 为空间频率域，$Q(u,v)$、$F(u,v)$ 和 $H(u,v)$ 分别是 $Q(m_1, m_2)$、$F(m_1, m_2)$ 和 $H(m_1, m_2)$ 的傅里叶变换。$Q(m_1, m_2)$ 为 $F(u,v)$ 和 $H(u,v)$ 的逆傅里叶变换，$H(u,v)$ 为频域低通滤波器（函数）。

$$F(m_1, m_2) \Rightarrow F(u,v) \tag{8-27}$$

$$F(u,v) \cdot H(u,v) = \overline{Q}(u,v) \tag{8-28}$$

由
$$\overline{Q}(u,v) \overset{\text{逆}}{\Rightarrow} FFT(m_1, m_2) \tag{8-29}$$

得到经低通滤波的图像 Q，不必对原图像 F 做卷积。

几种典型的频域低通滤波函数，如图 8-11。

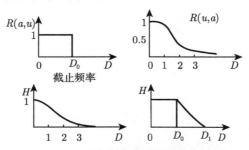

图 8-11 几种典型的频域低通滤波函数

(1) 理想低通滤波

$$H(u,v) = \begin{cases} 1, & D(u,v) \leqslant D_0 \\ 0, & \text{其他} \end{cases} \tag{8-30}$$

其中，$D(u,v) = \sqrt{u^2 + v^2}$（下同）。

(2) Butterworth，n 为滤波器的阶数

$$H(u,v) = \cfrac{1}{1 + \left[\cfrac{D(u,v)}{D_0}\right]^{2n}} \tag{8-31}$$

(3) 指数型

$$H(u,v) = e^{-\left[\frac{D(u,v)}{D_0}\right]^n} \tag{8-32}$$

(4) 梯形

$$H(u,v) = \begin{cases} 1, & D < D_0 \\ \cfrac{D(u,v) - D_1}{D_0 - D_1}, & D_0 \leqslant D \leqslant D_1 \\ 0, & D > D_1 \end{cases} \tag{8-33}$$

4. 中值滤波器

(1) 一维中值滤波器 $\text{med}\{f(j)\}$，由一个滑动的窗口构成，如图 8-12。

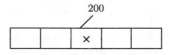

图 8-12　中值滤波滑动的窗口

如窗口 5 个单元的灰度值为 80，90，200，110，120。

中值为 110，原 200 变换为 110，则灰度值为 80，90，110，110，120。

中值滤波器属于非线性滤波器，用于抑制噪声。

$$\text{med}\{f(j) + g(j)\} \neq \text{med}\{f(j)\} + \text{med}\{g(j)\} \tag{8-34}$$

(2) 二维中值滤波器，如图 8-13。

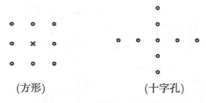

(方形)　　　　　　　　(十字孔)

图 8-13　二维中值滤波器

原图如图 8-14(a)，滤波器分别为方形和十字孔，二维中传滤波后分别为图 8-14(b) 和图 8-14(c)。

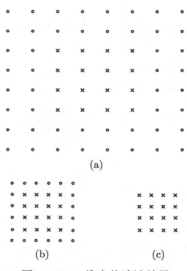

图 8-14　二维中值滤波结果

8.2.4 图像的锐化

图像锐化是使原图像边缘突出、勾边、凸出高频信息。

1. 微分算子 (空间域)

上一节介绍的图像平滑是采用积分算法。本节介绍的图像锐化采用微分算法。

$$\begin{cases} x = x'\cos\theta - y'\sin\theta \\ y = x'\sin\theta - y'\cos\theta \end{cases} \tag{8-35}$$

$F(x, y)$ 在 (x', y') 图中偏导数为

$$\frac{\partial F}{\partial x'} = \frac{\partial F}{\partial x}\frac{\partial x}{\partial x'} + \frac{\partial F}{\partial y}\frac{\partial y}{\partial x'} = \frac{\partial F}{\partial x}\cos\theta + \frac{\partial F}{\partial y}\sin\theta \tag{8-36}$$

$$\frac{\partial F}{\partial y'} = \frac{\partial F}{\partial x}\frac{\partial x}{\partial y'} + \frac{\partial F}{\partial y}\frac{\partial y}{\partial y'} = \frac{\partial F}{\partial x}\sin\theta + \frac{\partial F}{\partial y}\cos\theta \tag{8-37}$$

$\dfrac{\partial F}{\partial x'}$, $\dfrac{\partial F}{\partial y'}$ 各向异性，为了各向同性，将平方和作为基本算子。

$$\left(\frac{\partial F}{\partial x'}\right)^2 + \left(\frac{\partial F}{\partial y'}\right)^2 = \left(\frac{\partial F}{\partial x}\right)^2 + \left(\frac{\partial F}{\partial y}\right)^2 \tag{8-38}$$

梯度法：
$$\nabla\left[F(x,y)\right] = \begin{bmatrix} \dfrac{\partial F}{\partial x} \\ \dfrac{\partial F}{\partial y} \end{bmatrix} \tag{8-39}$$

梯度矢量幅度为

$$|\nabla F| = \left[\left(\frac{\partial F}{\partial x}\right)^2 + \left(\frac{\partial F}{\partial y}\right)^2\right]^{1/2} \tag{8-40}$$

变化率最大方向

$$\theta = \mathrm{tg}^{-1}\left[\frac{\partial F/\partial y}{\partial F/\partial x}\right] \tag{8-41}$$

$$\cos\theta = \frac{\partial F/\partial x}{|\nabla F|} = \frac{\partial F/\partial x}{\left[\left(\dfrac{\partial F}{\partial x}\right)^2 + \left(\dfrac{\partial F}{\partial y}\right)^2\right]^{1/2}} \tag{8-42}$$

$$\sin\theta = \frac{\partial F/\partial y}{|\nabla F|} = \frac{\partial F/\partial y}{\left[\left(\dfrac{\partial F}{\partial x}\right)^2 + \left(\dfrac{\partial F}{\partial y}\right)^2\right]^{1/2}} \tag{8-43}$$

2. 差分方法 (空间域), 如图 8-15

$$|\nabla F(j,k)| \approx \left\{[F(j,k) - F(j+1,k)]^2 + [F(j,k) - F(j,k+1)]^2\right\}^{1/2}$$
$$\approx |F(j,k) - F(j+1,k)| + |F(j,k) - F(j,k+1)| \tag{8-44}$$

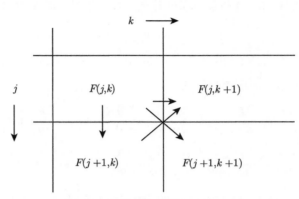

图 8-15   差分方法 (空间域)

Robert 梯度

$$|\nabla F(j,k)| = |F(j,k) - F(j+1,k+1)| + |F(j+1,k) - F(j,k+1)| \tag{8-45}$$

3. 梯度图像 (空间域)

(1) 灰度梯度图像

灰度变化大处, 梯度值大; 灰度无变化处, 梯度为零。

(2) 改进图像视觉效果, 采用下列改进方法:

① 直接法: $Q(j,k) = |\nabla F(j,k)|$ $\tag{8-46}$

② $Q(j,k) = \begin{cases} |\nabla F(j,k)|, & \text{当} |\nabla F(j,k)| \geqslant T \text{时} \\ F(j,k), & \text{其他} \end{cases}$ $\tag{8-47}$

即保留平坦的背景, 又突出边缘:

③ $Q(j,k) = \begin{cases} L_G, & \text{当} |\nabla F(j,k)| \geqslant T \text{时} \\ F(j,k), & \text{其他} \end{cases}$ $\tag{8-48}$

即边缘用加深的灰度表示出来, 保留平坦背景:

④ $Q(j,k) = \begin{cases} |\nabla F(j,k)|, & \text{当} |\nabla F(j,k)| \geqslant T \text{时} \\ L_B, & \text{其他} \end{cases}$ $\tag{8-49}$

即采用划一的灰度背景:

⑤ $Q(j,k) = \begin{cases} L_G, & \text{当}|\nabla F(j,k)| \geqslant T\text{时} \\ L_B, & \text{其他} \end{cases}$　　　　　　　　　　(8-50)

4. 高通滤波

高通滤波是增强高频的信号分量，抑制低频分量。特别对于电子扫描的图像，可用高通滤波，钝掩模技术或称勾边技术。

心理物理实验表明，边缘加重的相片或视觉信号常比精确光度复制的图像看起来更令人惬意。

(1) 钝掩模技术：掩模图 $F_M(j,k)$ 的定义为：

$$F_M(j,k) = cF(j,k) - (1-c)F_L(j,k)$$　　　　　　(8-51)

由正常分辨力的图像 $F(j,k)$ 和由较低分辨力的图像 $F_L(j,k)$ 合成，其中 c 为比例系数

$$c = 3/5 \sim 5/6$$　　　　　　　　　　(8-52)

即正常分辨力分量与低频分辨力分量之比范围为 1.5:1~5:1。

感觉钝掩模图像的视觉尖锐度有所改善，如图 8-16。

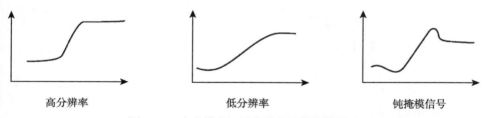

高分辨率　　　　　　　低分辨率　　　　　　　钝掩模信号

图 8-16　高分辨率、低分辨率及钝掩模信号

(2) 空间域高通滤波

高通滤波阵列 H 函数（掩模）——卷积

$$H_1 = \begin{bmatrix} 0 & -1 & 0 \\ -1 & 5 & -1 \\ 0 & -1 & 0 \end{bmatrix}, \quad H_2 = \begin{bmatrix} -1 & -1 & -1 \\ -1 & 9 & -1 \\ -1 & -1 & -1 \end{bmatrix}, \quad H_3 = \begin{bmatrix} 1 & -2 & 1 \\ -2 & 5 & -2 \\ 1 & -2 & 1 \end{bmatrix}$$
(8-53)

和均为 1。

(3) 频域高通滤波

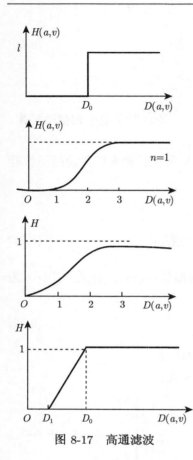

图 8-17　高通滤波

频域高通滤波，对应如图 8-17，类似低通频域滤波，先将原图像做傅里叶变换，转换至频域再作乘法 $F(u, v) \cdot H(u, v)$，再做逆变换，返回空间域。

① 理想高通

$$H(u, v) = \begin{cases} 0, & D(u,v) \leqslant D_0 \\ 1, & \text{其他} \end{cases} \qquad (8\text{-}54)$$

② Butterworth 高通

$$H(u, v) = \cfrac{1}{1 + \left[\cfrac{D_0}{D(u,v)}\right]^{2n}} \qquad (8\text{-}55)$$

③ 指数高通

$$H(u, v) = \mathrm{e}^{-\left[\frac{D_0}{D(u,v)}\right]^n} \qquad (8\text{-}56)$$

④ 梯形高通

$$H(u, v) = \begin{cases} 0, & D < D_1 \\ \cfrac{D(u,v) - D_1}{D_0 - D_1}, & D_1 \leqslant D \leqslant D_0 \\ 1, & D > D_0 \end{cases} \qquad (8\text{-}57)$$

5. 拉式变换

Laplacian 算子：

$$\nabla^2 f = \frac{\partial^2 f}{\partial x^2} + \frac{\partial^2 f}{\partial y^2} \qquad (8\text{-}58)$$

若方程

$$\frac{\partial g}{\partial t} = k \nabla^2 g \qquad (8\text{-}59)$$

其中 g 为 x, y, t 的含数 $g(x, y, t)$。

解 Taylor 数，利用函数的 Taylor 展开得，

$$g(x, y, 0) = g(x, y, \tau) - \tau \frac{\partial g}{\partial \tau}(x, y, \tau) + \frac{\tau^2}{2} \frac{\partial^2 g}{\partial \tau^2}(x, y, \tau) \qquad (8\text{-}60)$$

略去高阶项

$$f = g - k\tau \nabla^2 g, \quad f = g(x, y, 0) \qquad (8\text{-}61)$$

一阶近似

$$\nabla^2 f(i,j) = \nabla x^2 f(i,j) + \nabla y^2 f(i,j)$$
$$= [f(i+1,j) + f(i-1,j) + f(i,j+1) + f(i,j-1) - 4f(i,j)] \quad (8\text{-}62)$$

或 $\nabla^2 f = f(i,j) - \dfrac{1}{5}[f(i+1,j) + f(i-1,j) + f(i,j) + f(i,j+1) + f(i,j-1)]$ (8-63)

拉式算子可用于加强边缘, 见图 8-18。

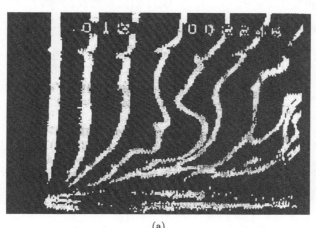

(a)

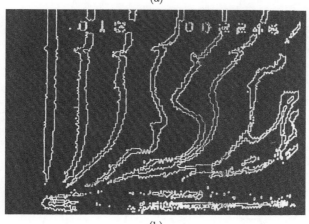

(b)

图 8-18 拉式算子加强边缘

8.2.5 假 (伪) 彩色增强处理

1. 假彩色

假彩色 (False color) 是将一幅由原三基色描绘的彩色图像或一套描绘同样景

物的多光谱像图，逐点映射到由显示三原色值所确定的色空间，使显示（处理过的）图像中，各种目标物具有与原设想不同的色彩——假彩色。

如景物，蓝天转换成红色天空，绿草带转换成蓝色带。引入假彩色的目的在于：

(1) 将目标置于奇特的彩色环境中，使观察者对它更加注意（心理学环境）。

(2) 正常景物与人眼色视觉灵敏度相匹配。如视网膜对绿区有峰值，认为绿强，因而如将红目标改为假彩色——绿，可使目标更易检测出来。

2. 伪彩色增强处理

对于每个不同强度（灰度）的像元，规定用不同的彩色来表示（即彩色映射），从而实现图像的增强目的。方法如下：

(1) 红、绿、蓝变换

红色变换：$R(j,k) = Q_R\{F(j,k)\}$　　　　　　　　　　　　　　　　(8-64)

绿色变换：$G(j,k) = Q_G\{F(j,k)\}$　　　　　　　　　　　　　　　　(8-65)

蓝色变换：$B(j,k) = Q_B\{F(j,k)\}$　　　　　　　　　　　　　　　　(8-66)

(2) 彩色与灰度的变换第 i 种彩色对应第 i 种灰度等级，即 $C_i \leftrightarrow I_i$，见图 8-19，典型变换函数及变换结果见图 8-20。

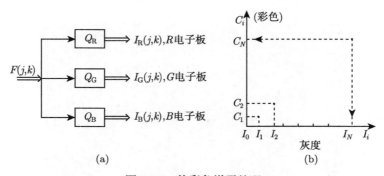

图 8-19　伪彩色增强处理

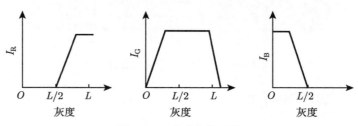

图 8-20　典型变换函数

例 8-3 狗的心脏和甲状腺, 如图 8-21。

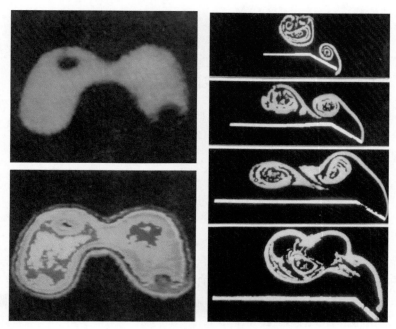

图 8-21 狗的心脏和甲状腺

由于人眼对灰度的分辨能力大大不如对彩色, 因而伪彩色增强处理可以增强对灰度和光强定量的分辨力。

3. 频域伪彩色处理

频域伪彩色处理将不同频段对应不同彩色, 如图 8-22。

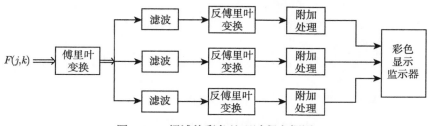

图 8-22 频域伪彩色处理过程方框图

8.2.6 多光谱图像增强

对同一景物, 用不同光谱波段取得一组图像, 称多光谱图像。如四波段图像: 绿, 红, 红外 1, 红外 2, 这些光谱图像的处理, 如: 加、减、乘、除等, 可取得不同的分析效果。

● 相减处理

$$D_{\min}(j, k) = F_m(j, k) - F_n(j, k) \qquad (8\text{-}67)$$

F_m, F_n 分别为不同波段的图像，相减处理 D_{min} 可加重多光谱图像之间的反射差异，可以去除任何未知，但共有亮度的偏置分量。

● 比值处理

$$R_{\min}(j, k) = \frac{F_m(j, k)}{F_n(j, k)}, F_n(j, k) \neq 0 \qquad (8\text{-}68)$$

能自动规一化和自动补偿照明因素。

8.3　图像的退化与复原

8.3.1　引言

鉴于现今流场的观察和测量，已离不开摄像和图像，从事实验和研究人员，对其基础的概念和技术应有所了解。由于种种原因，图像与实际景物有差异，即所谓图像的退化现象 (Degradation)，消除和减轻这种退化的影响，可能使图像恢复本来面貌，即图像的复原技术 (Restoration)。

因退化原因很多，无统一的复原方法。图像的退化因素包括：光学系统（如镜头、光路布局等）的绕射、像差、畸变；感光胶卷或 CCD、CMOS 芯片的非线性；照明的不均匀；大气的湍流效应；电视扫描的非线性引起的几何失真；时间流逝引起的照片模糊；由相对运动引起的图像模糊等。

上述原因可分为：确定性，非确定性，随机性，如图 8-23 示。

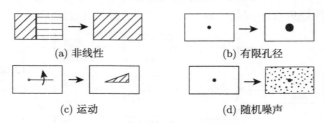

(a) 非线性　　　　　　　　　　(b) 有限孔径

(c) 运动　　　　　　　　　　(d) 随机噪声

图 8-23　退化原因示意图

(a), (b), (c) 确定性因素; (d) 非确定性因素

图像质量取决于目的，涉及主观标准。

客观准则：

均方差 $\Delta = \iint (f - g)^2 \mathrm{d}x\mathrm{d}y$（不能反映局部的大偏差）　　(8-69)

最大绝对值差 $\Delta_{\max} = |f - g|_{\max}$ 　　(8-70)

平均绝对值差 $\Delta_{CP} = \iint |f - g| \mathrm{d}x\mathrm{d}y$
$\hfill (8\text{-}71)$

若原图为 $f(x, y)$，退化后的图为

$$g(x, y) = \iint h(x - x', y - y') f(x', y') \mathrm{d}x'\mathrm{d}y' = h * f \qquad (8\text{-}72)$$

其中 h 为退化函数，计及噪声退化图像

$$g = h * f + v \qquad (8\text{-}73)$$

其中 v 为噪声随机量。

8.3.2 一般的图像复原模型

一般的图像复原模型如图 8-24 所示。

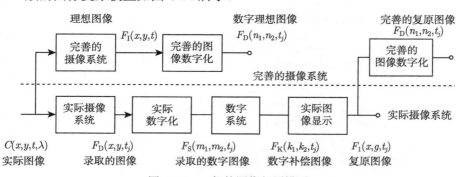

图 8-24 一般的图像复原模型

录取：$F_D(x, y, t) = O_D \{c, x, y, t, \lambda, C(x, y, t, \lambda)\}$
$\hfill (8\text{-}74)$
其中，O_D 为一般算子，C 为光强分布幅度。

量化：$F_S(m_1, m_2, t) = O_S \{F_0, x, y; F_0(x, y, t)\}$
$\hfill (8\text{-}75)$
其中，O_S 为数字化模型算子。

补偿：$F_K(k_1, k_2, t) = O_K \{F_s(m_1, m_2, t)\}$
$\hfill (8\text{-}76)$
其中，O_K 为复原算子。

内插重建：$\hat{F}_I(x, y, t) = O_I \{F_k, x, y; F_K(m_1, m_2, t)\}$
$\hfill (8\text{-}77)$
其中，O_I 为内插算子。

$\hat{F}_I$ 与原图 F_I 有差异，有误差，所谓复原问题在给定摄取条件下的光强度分布 $C(x, y, t, \lambda)$ 表达为数字图像 $F_S(m_1, m_2, t)$ 的条件下，要找出和确定一个传递函数或算子 $O_K\{\ \}$——复原传递函数或算子，使得在某些约束条件下，$F_D(n_1, n_2, t)$ 及 $\hat{F}_D(n_1, n_2, t)$ 之间的均方误差（或其他指定的误差）为最小。

$$\varepsilon = E\left\{ [F_I(x, y, t) - \hat{F}_I(x, y, t)]^2 \right\} \rightarrow \min \qquad (8\text{-}78)$$

或

$$\varepsilon = E\left\{ \left[F_D(n_1, n_2, t) - \hat{F}_D(n_1, n_2, t) \right]^2 \right\} \to \min \tag{8-79}$$

8.3.3　图像的几何校正

在不同视角下，或经过非均匀介质，一个物体的图像会出现歪斜，发生枕形或桶形等几何失真，如图 8-25 所示。常要求经处理，恢复成原图像，这就是几何校正的目的。

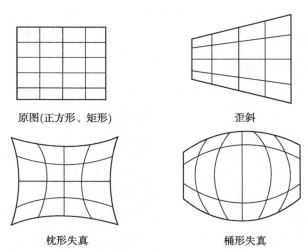

图 8-25　几何失真

几何校正有多种方法，这里只介绍一种多项式扭歪校正法。此法概念清楚，又可用矩阵运算，比较方便实用。

若已知原图和扭歪后图像如图 8-26 所示。

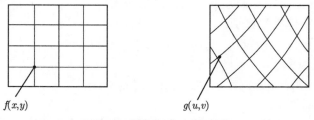

图 8-26　原图和扭歪后图像

分别由其各坐标点 $f(x, y)$ 和对应的 $g(u, v)$ 表示

设

$$\begin{cases} x = h_1(u, v) \\ y = h_2(u, v) \end{cases} \tag{8-80}$$

$$
\text{或} \quad
\begin{cases}
x = \displaystyle\sum_{i=0}^{N}\sum_{j=0}^{N} a_{ij}u^i v^j \\[2mm]
y = \displaystyle\sum_{i=0}^{N}\sum_{j=0}^{N} b_{ij}u^i v^j
\end{cases}
\tag{8-81}
$$

即原坐标 (x,y) 可歪斜图坐标 (u,v) 的多项式来表示 $(x,y)(u,v)$, 其中 a_{ij}, b_{ij} 为多项式的系数 (常数), i,j 表示多项式 $u^i v^i$ 的阶数, N 表示多项式的次数。

当 $N=1$ 时, 即一阶多项式

$$
\begin{cases}
x = a_{00} + a_{01}v + a_{10}u + a_{11}uv \\
y = b_{00} + b_{01}v + b_{10}u + b_{11}uv
\end{cases}
\tag{8-82}
$$

若已知 M 为一集, 为两幅图对应点 (称控制点对)

$$
\{x_i, y_i;\ u_i, v_i\};\quad i = 1,2,\cdots,M
\tag{8-83}
$$

此时, 对于 $N=1$, 若有 M 个求解 a_{ij} 系数的联立方程式, 以及 M 个求解 b_{ij} 系数的联立方程式

$$
\begin{bmatrix} x_1 \\ x_2 \\ \vdots \\ x_m \end{bmatrix}
=
\begin{bmatrix}
1 & v_1 & u_1 & u_1v_1 \\
1 & v_2 & u_2 & u_2v_2 \\
\vdots & \vdots & \vdots & \vdots \\
1 & v_m & u_m & u_mv_m
\end{bmatrix}
\begin{bmatrix} a_{00} \\ a_{01} \\ a_{10} \\ a_{11} \end{bmatrix}
;\quad \overline{x} = V\overline{a}
\tag{8-84}
$$

$$
\text{及} \quad
\begin{bmatrix} y_1 \\ y_2 \\ \vdots \\ y_m \end{bmatrix}
=
\begin{bmatrix}
1 & v_1 & u_1 & u_1v_1 \\
1 & v_2 & u_2 & u_2v_2 \\
\vdots & \vdots & \vdots & \vdots \\
1 & v_m & u_m & u_mv_m
\end{bmatrix}
\begin{bmatrix} b_{00} \\ b_{01} \\ b_{10} \\ b_{11} \end{bmatrix}
;\quad \overline{y} = V\overline{b}
\tag{8-85}
$$

若已知两幅图对应点 (控制点) 集 $M\{x_i,y_i;u_i,v_i\}$, 只要有足够的对应点, 上述方程可求出 $\overline{a}, \overline{b}$.

由于 a_{ij}, b_{ij} 未知系数分别有 $(N+1)^2$ 个, 保证上述线性方程得到唯一解, 必须保证控制点数 $M \geqslant (N+1)^2$, 并要求 V 矩阵的秩为 $(N+1)^2$。

当 $M > (N+1)^2$ 时, 可用广义逆矩阵求系数矢量 $\overline{a}, \overline{b}$ 的最小二乘估计。

$$
U =
\begin{bmatrix}
1 & v_1 & u_1 & u_1v_1 \\
1 & v_2 & u_2 & u_2v_2 \\
\vdots & \vdots & \vdots & \vdots \\
1 & v_m & u_m & u_mv_m
\end{bmatrix}
\tag{8-86}
$$

U' 为转置矩阵，U^{-1} 为逆矩阵。

$$\begin{cases} \overline{a} = [U'U]^{-1}U'\overline{x} \\ \overline{b} = [U'U]^{-1}U'\overline{y} \end{cases} \tag{8-87}$$

这种校正方法要求提供两幅图像的 M 个控制"点对"，而不必了解拍摄相机的几何姿态或经非均匀介质的状态。实际上常用校正板——已知形状、尺寸作为原图，拍摄的结果则为需校正的图，找出校正矩阵，再用来修正未知的新图。

若 $N \neq 1$ 时，则 $\overline{x}, \overline{y}$ 和 $\overline{a}, \overline{b}$ 矢量由下式表达

$$\begin{bmatrix} \overline{x_1} \\ \overline{x_2} \\ \vdots \\ \overline{x_m} \end{bmatrix} = \begin{bmatrix} v_1' & u_1 v_1' & u_1^2 v_1' & \cdots & u_1^N v_1' \\ v_2' & u_2 v_2' & u_2^2 v_2' & \cdots & u_2^N v_2' \\ \vdots & \vdots & \vdots & \vdots & \vdots \\ v_m' & u_m v_m' & u_m^2 v_m' & \cdots & u_m^N v_m' \end{bmatrix} \begin{bmatrix} \overline{a_0} \\ \overline{a_1} \\ \vdots \\ \overline{a_N} \end{bmatrix} \tag{8-88}$$

$$\overline{x} = TA \tag{8-89}$$

$$\overline{x} = [x_1, x_2, \cdots, x_m]' \tag{8-90}$$

$$v_i' = [1, v_i^2, \cdots, v_i^N] \tag{8-91}$$

$$\overline{a}_i = [a_{i0}, a_{i1}, \cdots, a_{iN}]^{\mathrm{T}} \tag{8-92}$$

$$A = \begin{bmatrix} \overline{a_0} \\ \overline{a_1} \\ \vdots \\ \overline{a_m} \end{bmatrix} \tag{8-93}$$

相应，

$$\overline{y} = TB \tag{8-94}$$

$$\overline{y} = [y_1, y_2, \cdots, y_m]' \tag{8-95}$$

$$\overline{b}_i = [b_{i0}, b_{i1}, \cdots, b_{im}] \tag{8-96}$$

$$B = \begin{bmatrix} \overline{b_0} \\ \overline{b_1} \\ \vdots \\ \overline{b_N} \end{bmatrix} \tag{8-97}$$

图 8-27 所示为实例。

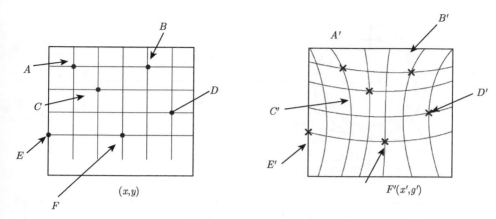

图 8-27　图像校正控制点

控制点

$$\left.\begin{array}{c} A \to A' \\ B \to A' \\ \cdots\cdots \\ F \to F' \end{array}\right\} M 个控制点,\ M \geqslant (N+1)^2$$

由此确定多项式系数的个数和解超定方程组。

$N = 1$，为一次线性方程组（一阶多项式）。$(N+1)^2 = (1+1)^2 = 4$，若 $M > 4$ 为超定方程组。

$$x = (a_1, a_2, a_3, a_4, x', y', x'y')$$

$$y = (b_1, b_2, b_3, b_4, y', y', x'y')$$

$N = 2$，为二次多项式，二次方程组。$(N+1)^2 = (2+1)^2 = 9$，若 $M > 9$ 为超定方程组

$$x = (a_1, \cdots a_9, y', y'^2, x', x'y', x'y'^2, x'^2, x'^2y', x'^2y'^2)$$

$$y = (b_1, \cdots b_9, y', y'^2, x', x'y', x'y'^2, y'^2, x'^2y', x'^2y'^2)$$

① 实际超定方程用最小二乘解为减小复原误差，实际选用的控制点数都超过必须的控制点数。

② 可以采用非多项式的复原关系方程（如 $\sin$, $\cos$ 等）

附（8-1）：实例，拍摄圆管内流的切面流动，如图 8-28。

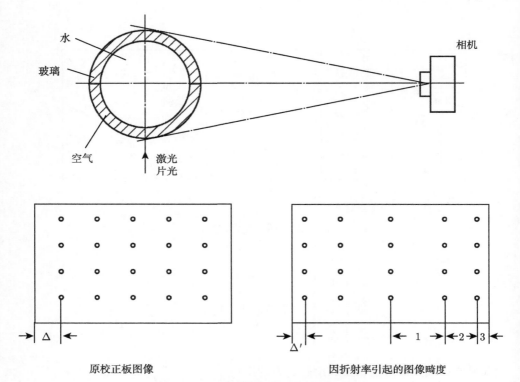

原校正板图像   因折射率引起的图像畸度

图 8-28   拍摄圆管内流的切面流动

(1) 采用光学复原

按折射率公式复原。

(2) 采用多项式校正复原

由于涉及原图形的失真，造成测量图像几何尺寸的误差，比例 (M) 尺度的不均匀误差等，仍是一个待解决的课题。

● 采用多项式的方式简易，但误差比较大，可达 1~2 像元。

● 采用特定函数（复原函数），如果已知，提高校正的精度有效，但不易找到特定函数（非线性）。

● 采用二维样条函数，精度可达 0.1~0.2 像元。

8.3.4   逆滤波法 (空间频率域)

理论上确定的退化因素，其退化传递函数应该可以找到，则可用逆滤波法（或称逆退化传递函数）实现复原。

1. 若设复原滤波器的传递函数为退化传递函数的倒数，如图 8-29

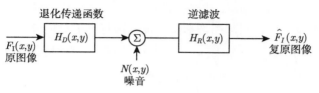

图 8-29　逆滤波法

$H_R(u, v)$ 为频域逆滤波函数，$H_D(u, v)$ 为频域退化函数，若 $H_D(u, v) \neq 0$，则：

$$H_R(u, v) = \frac{1}{H_D(u, v)} \tag{8-98}$$

$$\hat{F}_I(x, y) = F_I(x, y) + \frac{1}{4\pi^2} \int_{-\infty}^{\infty} \int_{-\infty}^{\infty} \frac{N(\omega_x, \omega_y)}{H_D(\omega_x, \omega_y)} \exp[\mathrm{i}(\omega_x x + \omega_y y)] \mathrm{d}\omega_x \mathrm{d}\omega_y \tag{8-99}$$

但困难在于实际常不知退化传递函数 $H_D(x,y)$，有时 $H_D(u, v)$ 有另值点——奇点，不能用上式表示，需用维纳滤波器替代。

$$\hat{F}_I(\omega_x, \omega_y) = F_I(\omega_x, \omega_y) + \frac{N(\omega_x, \omega_y)}{H_D(\omega_x, \omega_y)} \tag{8-100}$$

为减少噪音引起不稳定等，引入补偿传递函数 H_K：

$$H_R(\omega_x, \omega_y) = H_K(\omega_x, \omega_y) / H_D(\omega_x, \omega_y) \tag{8-101}$$

$$H_K(\omega_x, \omega_y) = \begin{cases} 1 \sim 0, \text{S/N高处取1} \\ \text{其他为0} \end{cases}$$

$$\hat{F}_I(\omega_x, \omega_y) = F_I(\omega_x, \omega_y) H_K(\omega_x, \omega_y) + \frac{H_K(\omega_x, \omega_y) N(\omega_x, \omega_y)}{H_D(\omega_x, \omega_y)} \tag{8-102}$$

若 $N \neq 0$，已知噪音的功率谱密度谱 $W_N(\omega_x, \omega_y)$，则可取 $H_R(\omega_x, \omega_y) = \frac{H_D^*(\omega_x, \omega_y)}{|H_D(\omega_x, \omega_y)|^2 + W_N(\omega_x, \omega_y)}$，当 $W_N = 0$ 时同逆滤波器。

2. 若已知样本图像的功率密度谱为 $W_{F_I}(\omega_x, \omega_y)$

则可取

$$H_R(\omega_x, \omega_y) = \frac{H_D^*(\omega_x, \omega_y) W_{F_I}(\omega_x, \omega_y)}{|H_D(\omega_x, \omega_y)|^2 + W_{F_I}(\omega_x, \omega_y) + W_N(\omega_x, \omega_y)} \tag{8-103}$$

8.3.5　均匀直线运动模糊的消除

摄像设备在作平面运动时，或者摄像设备不动，拍摄对象作平面运动时摄得的图像由于存在移动，可以引起图像模糊。设快门打开的时间 T，当 T 没有足够短时，设 $G(x, y) = \int_0^T F[x - x_0(t), y - y_0(t)]\mathrm{d}t$ 其中，G 为引起模糊的图像，F 为原图。$x_0(t)$，$y_0(t)$ 为在 x，y 方向运动的时变分量。作傅里叶变换

$$
\begin{aligned}
G(\omega_x, \omega_y) &= \int_{-\infty}^{\infty} \int_{-\infty}^{\infty} G(x, y) \exp[-\mathrm{i}(\omega_x x + \omega_y y)]\mathrm{d}x\mathrm{d}y \\
&= \int_{-\infty}^{\infty} \int_{-\infty}^{\infty} \int_0^T F[x - x_0(t), y - y_0(t)]\mathrm{d}t \exp[-\mathrm{i}(\omega_x x + \omega_y y)]\mathrm{d}x\mathrm{d}y \\
&= \int_0^T \int_{-\infty}^{\infty} \int_{-\infty}^{\infty} F[x - x_0(t), y - y_0(t)] \exp[-\mathrm{i}(\omega_x x + \omega_y y)]\mathrm{d}x\mathrm{d}y\mathrm{d}t
\end{aligned}
$$

$$(8\text{-}104)$$

频域中傅里叶变换作平移

$$
G(\omega_x, \omega_y) = \int_0^T F(\omega_x, \omega_y) \exp[-\mathrm{i}(\omega_x x_0(t) + \omega_y y_0(t)]\mathrm{d}t
$$

$$
[3mm] = F(\omega_x, \omega_y) \int_0^T \exp[-\mathrm{i}\{\omega_x x_0(t) + \omega_y y_0(t)\}]\mathrm{d}t \tag{8-105}
$$

定义 $\qquad\qquad H(\omega_x, \omega_y) = \int_0^T \exp[-\mathrm{i}\{\omega_x x_0(t) + \omega_y y_0(t)\}]\mathrm{d}t$ $\qquad$ (8-106)

得 $\qquad\qquad\qquad G(\omega_x, \omega_y) = F(\omega_x, \omega_y)H(\omega_x, \omega_y)$ $\qquad\qquad$ (8-107)

若已知 $x_0(t), y_0(t)$，则：

$$
x_0(t), y_0(t) \rightarrow H(\omega_x, \omega_y) \rightarrow G(\omega_x, \omega_y) \rightarrow F(\omega_x, \omega_y) \overset{逆变换}{\longrightarrow} F(x, y) \tag{8-108}
$$

例 8-4 $\qquad\qquad\qquad \begin{cases} x_0(t) = at/T \\ y_0(t) = 0 \end{cases}$ $\qquad\qquad$ (8-109)

$$
\begin{aligned}
H(\omega_x, \omega_y) &= \int_0^T \exp[-\mathrm{i}\omega_x x_0(t)]\mathrm{d}t \\
&= \int_0^T \exp\left[-\mathrm{i}\omega_x \frac{at}{T}\right]\mathrm{d}t = \mathrm{i}T\frac{\mathrm{e}^{-\mathrm{i}\omega_x a} - 1}{\omega_x a}
\end{aligned} \tag{8-110}
$$

$H(\omega_x, \omega_y)$ 在 $\omega_x = n\dfrac{2\pi}{a}$ 有零点。

直接逆滤波法 $\qquad\qquad F(\omega_x, \omega_y) = G(\omega_x, \omega_y)/H(\omega_x, \omega_y)$ $\qquad\qquad$ (8-111)

零点：Sondhi 法。

设 $F(x,y) = \begin{cases} F(x,y), & 0 \leqslant x \leqslant L \\ 0, & \text{其他} \end{cases}$ \qquad (8-112)

简化 $y=0$,

$$G(x) = \int_0^T F[x - x_0(t)]\mathrm{d}t = \int_0^T F\left(x - \frac{at}{T}\right)\mathrm{d}t, 0 \leqslant x \leqslant L \qquad (8\text{-}113)$$

令 $\tau = x - \dfrac{at}{T}$, 省略比例因素后,

$$G(x) = \int_{x-a}^x F(\tau)\mathrm{d}\tau, 0 \leqslant x \leqslant L \qquad (8\text{-}114)$$

对 $G(x)$ 微分

$$G'(x) = F(x) - F(x - a), 0 \leqslant x \leqslant L \qquad (8\text{-}115)$$

或 $\qquad\qquad F(x) = G'(x) + F(x - a), 0 \leqslant x \leqslant L \qquad (8\text{-}116)$

令 $L=Ka$, K—整数,则:

$$x = z + ma \qquad (8\text{-}117)$$

z 非整数 ma 整数部分

$$F(z + ma) = G'(z + ma) + F[z + (m - 1)a] \qquad (8\text{-}118)$$

又令曝光时,移入 $0 \leqslant z \leqslant a$ 的范围内的部分景物为 $\phi(z)$ 即
$\phi(z) = F(z - a), 0 \leqslant z \leqslant a$,则:

$$m = 0, F(z) = G'(z) + F(z - a) = G'(z) + \phi(z) \qquad (8\text{-}119)$$

$$m = 1, F(z + a) = G'(z + a) + F(z) = G'(z + a) + G'(z) + \phi(z) \qquad (8\text{-}120)$$

$$\cdots\cdots$$

$$F(z + ma) = \sum_{k=0}^m G'(z + ka) + \phi(z) \qquad (8\text{-}121)$$

又设 $x = z + ma$,

$$F(x) = \sum_{k=0}^m G'(x + ka - ma) + \phi(x - ma) \qquad (8\text{-}122)$$

$$F(x) = A - mG'(x - ma) + \sum_{k=0}^m G'(x - ka) \qquad (8\text{-}123)$$

$$G' = \mathrm{d}G/\mathrm{d}x, \quad 0 \leqslant x \leqslant L \qquad (8\text{-}124)$$

引入 y 方向

$$F(x,y) = A - mG'(x - ma, y) + \sum_{k=0}^{m} G'(x - ka, y), 0 \leqslant x, y \leqslant L \qquad (8\text{-}125)$$

即将原模糊图作一阶导数和递推公式，求得复原图像。

第 9 章　三维图像的摄取和处理

流体力学的观察对象几乎都是立体空间（三维）的，但至今多数情况下摄取和取得的是二维图像。如何确定二维图像和三维空间的关系和再现是必须回答的问题。

9.1　三　维　成　像

实际拍摄的景物图像常是二维平面的，而物体是立体三维空间的，根据二维图像（多幅）确立物体立体三维形状、位置、结构、深度等关系；或反之。

9.1.1　透视变换模型

实际相机、摄像机工作如图 9-1，透镜可近似看作一针孔，焦距为 f，其透视关系为

$$\text{物点 } V_0 = \begin{bmatrix} x_0 \\ y_0 \\ z_0 \end{bmatrix}, \text{针孔投影中心 } V_c = \begin{bmatrix} 0 \\ f \\ 0 \end{bmatrix}, \text{像点 } V_i = \begin{bmatrix} x_i \\ 0 \\ z_i \end{bmatrix}$$

物点通过针孔到像点称为透视变换；三维物体投影到二维像平面上称为透视映射。

矢量表达式如下：

$$V_i - V_c = \begin{bmatrix} x_i \\ -f \\ z_i \end{bmatrix} \tag{9-1}$$

$$V_0 = V_c + \alpha_0(V_i - V_c) \tag{9-2}$$

即

$$\begin{bmatrix} x_0 \\ y_0 \\ z_0 \end{bmatrix} = \begin{bmatrix} 0 \\ f \\ 0 \end{bmatrix} + \alpha_0 \begin{bmatrix} x_i \\ -f \\ z_i \end{bmatrix} \tag{9-3}$$

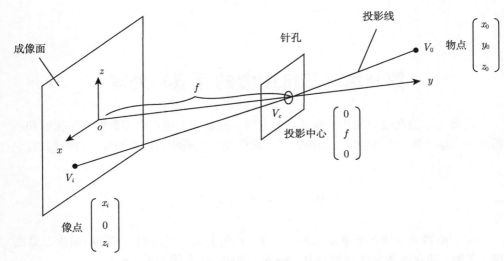

图 9-1　透视变换

α_0 为比例系数。像点变换至物点的关系为

$$\begin{cases} x_0 = \alpha_0 x_i \\ y_0 = f - \alpha_0 f \\ z_0 = \alpha_0 z_i \end{cases}$$ (9-4)

已知物距 y_0，及 f，则比例系数 α_0 为

$$\alpha_0 = \frac{f - y_0}{f} < 0$$ (9-5)

反之，物点变换至像点的关系为

$$\begin{cases} x_i = \dfrac{f}{f - y_0} x_0 \\[2mm] y_i = 0 \\[2mm] z_i = \dfrac{f}{f - y_0} z_0 \end{cases}$$ (9-6)

注意上述关系，像对应于物点是倒立的，为避免倒立，采用图 9-2 的投影方式
针孔投影中心：$V_c = [0, -f, 0]^{\mathrm{T}}$
坐标系取在像平面上，仍有下列公式：

$$V_0 = V_c + \alpha_0(V_i - V_c)$$ (9-7)

则比例系数 α_0 为

$$\alpha_0 = \frac{y_0 + f}{f} > 0$$ (9-8)

物点变换至像点的关系为

$$
\begin{cases}
x_i = \dfrac{f}{f + y_0} x_0 \\[2mm]
y_i = 0 \\[2mm]
z_i = \dfrac{f}{f + y_0} z_0
\end{cases}
\tag{9-9}
$$

上述透视变换,可将物点变换成像点的坐标,但这种变换是非线性的(各向异性)。

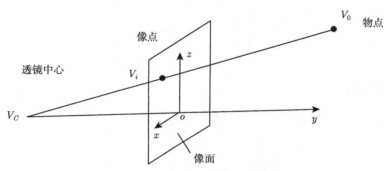

图 9-2 像对应于物是正立时的投影方式

9.1.2 广义坐标系

利用广义坐标系,使非线性透视变换为线性变换。设空间一点 $V = [x, y, z]^{\mathrm{T}}$ 的广义坐标系为

$$
\hat{V} = [\omega x, \omega y, \omega z, \omega]^{\mathrm{T}}
\tag{9-10}
$$

其中 ω 为任意常数。

设物点的广义坐标为 $\hat{V}_0$,

$$
\hat{V}_0 = [\omega x_0, \omega y_0, \omega z_0, \omega]^{\mathrm{T}} = [x_0, y_0, z_0, 1]^{\mathrm{T}}
\tag{9-11}
$$

定义下列线性变换

$$
\hat{V}_i = P\hat{V}_0
\tag{9-12}
$$

p 为变换矩阵。

$$
\begin{bmatrix}
\hat{x}_i \\
\hat{y}_i \\
\hat{z}_i \\
\omega
\end{bmatrix}
=
\begin{bmatrix}
f & 0 & 0 & 0 \\
0 & f & 0 & 0 \\
0 & 0 & f & 0 \\
0 & 1 & 0 & f
\end{bmatrix}
\begin{bmatrix}
x_0 \\
y_0 \\
z_0 \\
1
\end{bmatrix}
\tag{9-13}
$$

$$\hat{V}_i = \begin{bmatrix} f\,x_0 \\ f\,y_0 \\ f\,z_0 \\ y_0 + f \end{bmatrix} \quad (各向同性) \tag{9-14}$$

各项用 $w = y_0 + f$ 除, 得

$$V_i = \begin{bmatrix} x_i \\ y_i \\ z_i \end{bmatrix} = \begin{bmatrix} \dfrac{f}{y_0 + f} x_0 \\[2mm] \dfrac{f}{y_0 + f} y_0 \\[2mm] \dfrac{f}{y_0 + f} z_0 \end{bmatrix} \tag{9-15}$$

逆变换距阵 p^{-1}:

$$\hat{V}_o = p^{-1}\hat{V}_i, \quad \begin{bmatrix} \omega\,x_0 \\ \omega\,y_0 \\ \omega\,z_0 \\ \omega \end{bmatrix} = p^{-1} \begin{bmatrix} x_i \\ y_i \\ z_i \\ 1 \end{bmatrix} \tag{9-16}$$

$$p^{-1} = \frac{1}{f} \begin{bmatrix} f & 0 & 0 & 0 \\ 0 & f & 0 & 0 \\ 0 & 0 & f & 0 \\ 0 & -1 & 0 & f \end{bmatrix} \tag{9-17}$$

则有

$$\hat{V}_0 = \begin{bmatrix} x_i \\ y_i \\ z_i \\ \dfrac{f - y_i}{f} \end{bmatrix} \quad (各向同性) \tag{9-18}$$

$$V_0 = \begin{bmatrix} x_0 \\ y_0 \\ z_0 \end{bmatrix} = \begin{bmatrix} \dfrac{f}{f - y_i} x_i \\[2mm] \dfrac{f}{f - y_i} y_i \\[2mm] \dfrac{f}{f - y_i} z_i \end{bmatrix} \tag{9-19}$$

$$\frac{x_0}{x_i} = \frac{y_0}{y_i} = \frac{z_0}{z_i} = \frac{f}{f - y_i} (各项同性) \tag{9-20}$$

又

$$y_i = \frac{x_i}{x_0} y_0, \qquad (9\text{-}21)$$

$$\frac{x_0}{x_i} = \frac{f}{f - \frac{x_i}{x_0} y_0} \qquad (9\text{-}22)$$

则

$$x_0 = x_i \left(\frac{y_0 + f}{f} \right) = x_i \left(\frac{z_0}{z_i} \right) \qquad (9\text{-}23)$$

上述线性变换还可以包括透视中的位移、旋转及比例尺变换。

① 位移

若将坐标系移动 $[x_0, y_0, z_0, 1]^{\mathrm{T}}$

$$\hat{V}^* = T\hat{V} = [x - x_0, y - y_0, z - z_0, 1]^{\mathrm{T}} \qquad (9\text{-}24)$$

$$T = \begin{bmatrix} 1 & 0 & 0 & -x_0 \\ 0 & 1 & 0 & -y_0 \\ 0 & 0 & 1 & -z_0 \\ 0 & 0 & 0 & 1 \end{bmatrix} \qquad (9\text{-}25)$$

若 $\hat{V}$ 位移了 $[-h, -i, -j, 1]^{\mathrm{T}}$，则

$$\hat{V}^* = T\hat{V} = [x + h, y + i, z + j, 1]^{\mathrm{T}} \qquad (9\text{-}26)$$

$$T = \begin{bmatrix} 1 & 0 & 0 & h \\ 0 & 1 & 0 & i \\ 0 & 0 & 1 & j \\ 0 & 0 & 0 & 1 \end{bmatrix} \qquad (9\text{-}27)$$

② 比例尺变换

$$\hat{V}^* = S\hat{V} = [s_1 x, s_2 y, s_3 z, 1]^{\mathrm{T}} \qquad (9\text{-}28)$$

$$S = \begin{bmatrix} s_1 & 0 & 0 & 0 \\ 0 & s_2 & 0 & 0 \\ 0 & 0 & s_3 & 0 \\ 0 & 0 & 0 & 1 \end{bmatrix} \qquad (9\text{-}29)$$

若比例尺各向相同 (三坐标相同比例尺)，

$$S = \begin{bmatrix} 1 & 0 & 0 & 0 \\ 0 & 1 & 0 & 0 \\ 0 & 0 & 1 & 0 \\ 0 & 0 & 0 & s \end{bmatrix} \qquad (9\text{-}30)$$

$$\hat{V}^* = S\hat{V} = [x \ y \ z \ s]^{\mathrm{T}} \tag{9-31}$$

③ 旋转变换

见图 9-3，有三种基本的旋转方式，图 9-3(a) 是绕 x 轴旋转 α 角，图 9-3(b) 是绕 y 轴旋转 β 角，图 9-3(c) 是绕 z 轴旋转 γ 角，则旋转变换矩阵如下：

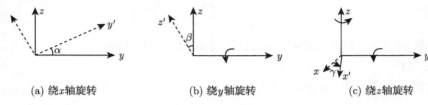

(a) 绕 x 轴旋转   (b) 绕 y 轴旋转   (c) 绕 z 轴旋转

图 9-3   旋转变换

$$R_1(\alpha) = \begin{bmatrix} 1 & 0 & 0 \\ 0 & \cos\alpha & \sin\alpha \\ 0 & -\sin\alpha & \cos\alpha \end{bmatrix} \tag{9-32}$$

$$R_2(\beta) = \begin{bmatrix} \cos\beta & 0 & -\sin\beta \\ 0 & 1 & 0 \\ \sin\beta & 0 & \cos\beta \end{bmatrix} \tag{9-33}$$

$$R_3(\gamma) = \begin{bmatrix} \cos\gamma & \sin\gamma & 0 \\ -\sin\gamma & \cos\gamma & 0 \\ 0 & 0 & 1 \end{bmatrix} \tag{9-34}$$

$$R_i(-\alpha) = R_i^{\mathrm{T}}(\alpha) \tag{9-35}$$

广义坐标系，通式 $\hat{R}_i = \begin{bmatrix} R_i & 0 \\ 0 & 1 \end{bmatrix}, \quad i = 1, 2, 3。$ \tag{9-36}

多次旋转的旋转变换矩阵

$$R = R_3(\gamma)R_2(\beta)R_1(\alpha) \tag{9-37}$$

多种变换——矩阵相乘

$$H = SPLRT \tag{9-38}$$

其中，S——比例，P——透视，L——平移，R——旋转，T——位移。

9.2 立体摄像及显示

9.2.1 立体摄像

一个相机摄取三维物体,将丧失某些信息,引起距离模糊。采用立体摄像——双相像系统是对物体取得三维信息的一个途径。图 9-4 表示立体摄像相机光路图。

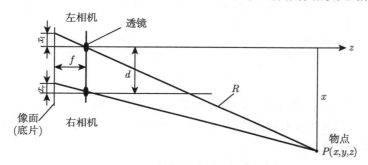

图 9-4 立体摄像相机光路图

物点 $P(x, y, z)$,对应在左右相机相(像)面上的位置是不同的,分别为 (x_l, y_l) 和 (x_r, y_r)

左相机: $\dfrac{x}{z} = \dfrac{x_l}{f}$; $\quad x = \dfrac{zx_l}{f}$ (9-39)

右相机: $\dfrac{x-d}{z} = \dfrac{x_r}{f}$; $\quad x-d = \dfrac{zx_r}{f}$ (9-40)

消去 x: $\dfrac{zx_l}{f} = \dfrac{zx_r}{f} + d = \dfrac{zx_r + fd}{f}$; $\quad z = \dfrac{fd}{x_l - x_r}$ (9-41)

即可根据左右两相机的像点离中心位置的大小的差,确定物点的纵向距离(位置)z。

实际距离 R 也可以求得

$$R/z = \sqrt{x_l^2 + y_l^2 + f^2}/f \tag{9-42}$$

$$R = d\sqrt{f^2 + x_l^2 + y_l^2}/(x_l - x_r) \tag{9-43}$$

由此可得 $p(x, y, z)$

$$\begin{cases} x = fdx_l/f(x_l - x_r) \\ y = fdy_l/f(x_l - x_r) \\ z = fd/(x_l - x_r) \end{cases} \tag{9-44}$$

注意:物点在两相机之间区域,x_l 和 x_r 为一正一负,实际相加不等于 0。但同一物点在左右图像中位置差 $(x_l - x_r)$ 的提取并不是一件容易的事情,首先要用配准

（或称配对）方法把左右图像中对应像点配准起来，见图 9-5，从而求出它们之间的位置差值；此外由于 $(x_l - x_r)$ 常常是两个大值之差，其计算得到的差值的误差往往比较大，需要很小心，否则引起物点法向距离 (z) 的误差很大。

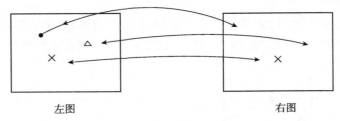

左图　　　　　　　　　　　　　　　右图

图 9-5　对应点配准 (对)

附 9-1：角扫描立体成像 (Viking 火星着落飞船)，如图 9-6 所示。

像点的位置反映了对应物点的方位角和俯仰角，左右方位角或俯仰角的差异，可以导出法向距离 z。

$$\begin{cases} x/z = \mathrm{tg}\theta_l \\ \dfrac{x-d}{z} = \mathrm{tg}\theta_r \end{cases} \tag{9-45}$$

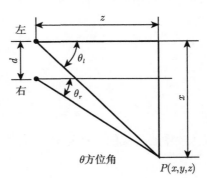

图 9-6　角扫描立体成像

消去 x,

$$z + \mathrm{tg}\theta_l = z\mathrm{tg}\theta_r + d \tag{9-46}$$

$$z = d/(\mathrm{tg}\theta_l - \mathrm{tg}\theta_r) \tag{9-47}$$

同理，
$$\begin{cases} x = z + y\theta_l, & \theta\text{——方位角} \\ y = z + y\phi_l, & \phi\text{——俯仰角} \end{cases} \tag{9-48}$$

9.2.2　立体图像显示

立体图像显示的原理如图 9-7。左图、右图分别为立体摄像时记录的左、右图像，分别放置在左、右眼前可显示三维物体的原物立体形象。

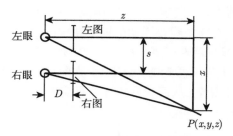

图 9-7　立体图像显示原理图

$$z = \frac{DS}{x_l - x_r} \qquad (9\text{-}49)$$

$$x_r = x_l - DS/z \qquad (9\text{-}50)$$

立体摄像，再现时像面产生的正片，需要绕 z 轴转 $180°$ 后才能复原（否则像是倒立的），同时只有满足

$$DS = fd \qquad (9\text{-}51)$$

DS 为显示时的图眼距离和眼距乘积；fd 为摄像时的焦距和相机距离乘积其显示物像和原物完全复原（相同）。

体视映射系统，可参看康琦博士论文（《体现 3D-PIV 技术及其初步应用》，1995年发表于北京航空航天大学）。

9.3　由投影图重建三维图像

9.3.1　引言

利用一集（组）物体的横截面投影，重建物体的三维立体图像 (CT)，这是一种有用的处理过程。

例 9-1　流动显示的激光片光流动显示集（组），获取整个三维流动结构图像，如图 9-8。

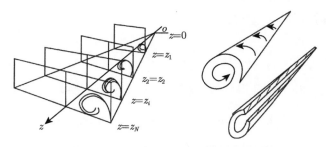

图 9-8　激光片光流动显示集 (组) 重构三维流动图像

　　已取得各切面的流态,如能建立三维的流态,更能清楚显示流动结构,同时也有条件再作任意切面和转向观察该流动的详细结构。

　　例如,见图 9-9,埋在箱内有两个数字 1, 2,但只能从横切方向从边上对它们观察,要能观察出(从上向下看到的)数字 2,亦即从一系列(一组,一集)横向切面的投影图像重建三维图像,从而观察物体的真实形状。

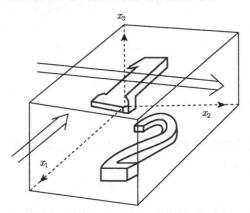

图 9-9　三维流态显示流动结构

　　三维重建方法不少,如采用不同能源,不同信号收集方法,将有不同的重建模式,主要有傅里叶变换重建、卷积法重建、代数法优化重建、直接内描法重建(直观)。在这里只介绍一种重建方法。

9.3.2　傅里叶变换重建

　　这是一种频域重建方法,用一维投影图像来重建二维图像(或用二维投影图像来重建三维图像)——如用于密度场重建。

　　原理绍介如下:

　　设一个二维图像 $F(x_1, x_2)$ 的傅里叶变换为 $q(\omega_1, \omega_2)$

$$q(\omega_1, \omega_2) = \int_{-\infty}^{\infty} \int_{-\infty}^{\infty} F(x_1, x_2) \exp\left[-\mathrm{i}(\omega_1 x_1 + \omega_2 x_2)\right] \mathrm{d}x_1 \mathrm{d}x_2 \tag{9-52}$$

　　若沿 x_2 轴投影到 x_1 轴上,如图 9-10。

$$p_{x_2}(x_1) = \int_{-\infty}^{-\infty} F(x_1, x_2) \mathrm{d}x_2 \tag{9-53}$$

　　它是由在 x_2 轴上积分得到的(累加),其傅里叶变换为

$$q\left[p_{x_2}(x_1)\right] = \int_{-\infty}^{\infty} p_{x_2}(x_1) \exp\left[-\mathrm{i}\omega_1 x_1\right] \mathrm{d}x_1 \tag{9-54}$$

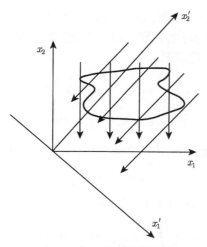

图 9-10 沿 x_2 轴投影到 x_1 轴

式 (9-53) 代入式 (9-54)，得到：

$$\begin{aligned}
q\left[p_{x_2}(x_1)\right] &= \int_{-\infty}^{\infty}\int_{-\infty}^{\infty} F(x_1,x_2)\exp\left[-\mathrm{i}\omega_1 x_1\right]\mathrm{d}x_1\mathrm{d}x_2 \\
&= q(\omega_1,\omega_2)\left.\right|_{\omega_2=0} \\
&= q(\omega_1,0)
\end{aligned} \tag{9-55}$$

即若有一组对应的投影傅里叶变换 $q(\omega_1,0)$，则可得图像的频谱 $q(\omega_1,\omega_2)$，再由逆变换，重建二维图像 $F(x_1,x_2)$，见图 9-11。

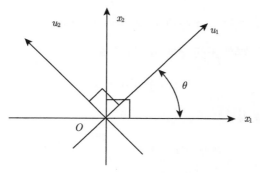

图 9-11 重建二维图像

可有一组

$$F\left[p_{x_2'}(x_1')\right] = \int_{-\infty}^{\infty}\int_{\infty}^{\infty} F(x_1',x_2')\exp\left[-\mathrm{i}\omega_1' x_1'\right]\mathrm{d}x_1'\mathrm{d}x_2' = F(\omega_1',\omega_2')|_{\omega_2'=0} = F(\omega_1',0) \tag{9-56}$$

　　即可视为一系列在同一切面内从不同侧（横切方向）方向投影结果 (n 个 x'），有并有 m 个不同切面，则可以得到在箱内的完整的三维信息。

　　n 维傅里叶变换（矢量表示）为

$$F(x_1, x_2, x_3, \cdots, x_N) = F(\vec{x}) \tag{9-57}$$

$$q(\omega_1, \omega_2, \omega_3, \cdots, \omega_N) = q(\vec{w}) \tag{9-58}$$

$$q(\vec{\omega}) = \int_{-\infty}^{\infty} F(\vec{x}A) \exp\left[-\mathrm{i}\vec{x}\vec{\omega}^{\mathrm{T}}\right] \mathrm{d}\vec{x} \tag{9-59}$$

正交要求
$$A^{-1} = A^{\mathrm{T}}, \ |A| = 1 \tag{9-60}$$

令
$$\vec{u} = \vec{x}A = [u_1 u_2 u_3 \cdots u_N] \tag{9-61}$$

$$q(\vec{\omega}) = \int_{-\infty}^{\infty} F(\vec{u}) \exp\left[-\mathrm{i}\vec{u}A^{\mathrm{T}}\vec{\omega}^{\mathrm{T}}\right] \mathrm{d}\vec{u} \tag{9-62}$$

令雅可比 $|J| = 1$，

$$\vec{\Omega} = \vec{\omega}A \tag{9-63}$$

$$q(\vec{\Omega}) = \int_{-\infty}^{\infty} F(\vec{u}) \exp\left[-\mathrm{i}\vec{u}\vec{\Omega}^{\mathrm{T}}\right] \mathrm{d}\vec{u} \tag{9-64}$$

则有 $F(u) \Leftrightarrow q(\Omega)$，$F(\vec{x}A) \Leftrightarrow q(\vec{\omega}A)$。

　　例 9-2　$A = \begin{bmatrix} \cos\theta & -\sin\theta \\ \sin\theta & \cos\theta \end{bmatrix}$（正交系）。

图像 F 作一次旋转 θ 角的正交变换 A，

$$\vec{u} = \vec{x}A = [x_1\cos\theta + x_2\sin\theta, -x_1\sin\theta + x_2\cos\theta]$$

则频域 $\vec{\omega}$ 也作相应同样的正交变换 A（转角 θ）

$$\omega \to \vec{\omega}A = \vec{\Omega}$$

N 维投影（类似一维例子）

$$p_u(u_1 u_2 \cdots u_N) = \int_{-\infty}^{\infty} F(\vec{u}) \mathrm{d}u$$

投影切面定理
$$\begin{aligned} P_{x_1}(\omega_2 \omega_3 \cdots \omega_N) &= q\left[p_{u_1}(u_2 u_3 \cdots u_N)\right] \\ &= q(\omega_1 \omega_2 \cdots \omega_N)|_{\omega_1 = 0} \end{aligned}$$

得一般式
$$P_{xi}(\omega_1 \omega_2 \cdots \omega_N) = q(\omega_1 \omega_2 \cdots \omega_N)|_{\omega_i = 0}$$

设 A 为正交变换

$$q(\vec{\omega}A) \Leftrightarrow F(\vec{x}A)$$

则投影在 u_i 轴上的投影函数 $P_{ui}(u_1, u_2, \cdots, u_N)$ 的 $(N-1)$ 维傅里叶变换 P_{ui} 为

$$P_{ui} = q\left(\vec{\Omega}\right)\Big|_{\Omega_i = 0}$$

有很多个（集）投影，每个为 $(N-1)$ 维，则可建立 N 维的傅里叶频谱，再由逆傅里叶变换，则可重建原 N 维图像。

例如 $N=3$，若有一个二维的傅里叶频谱集，由逆变换可重建其原有的三维图像。

例 9-3 如图 9-12。已知：准定常流 $x = x_0, x_1, \cdots, x_N$ 处的截面流态。试重建该流动的三维流态。即已知 $F\left(x_i, y, z\right)|_{x=x_i}$，$i = 0, \cdots, N$。

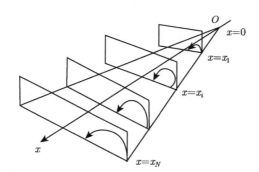

图 9-12 准定常流 $x = x_0, x_1, \cdots x_N$ 处的截面流态

① 直接内插法（直观），如图 9-13。

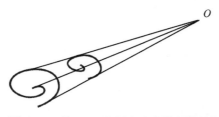

图 9-13 从 $x=0$ 处原点出发的投射线

从 $x=0$ 处原点出发的投射线将相应各切面的相应点相连在 $x = x_j$ 处，取

$$F(x_i, y, z) = \frac{F(x_{i-1}, y, z) + F(x_{i+1}, y, z)}{2}$$

② 傅里叶频域法：

$$q\left[F(x,y,z)\right]|_{x=x_i} = q(\omega_1,\omega_2,\omega_3)|_{\omega_1=\omega_{1i}}$$

$$\sum_{\omega_{1i}=0}^{\omega_{1N}} q(\omega_1,\omega_2,\omega_3)|_{\omega_1=\omega_{1i}} = F(\omega_1,\omega_2,\omega_3)$$

则流态三维图像为逆变换

$$F(\omega_1,\omega_2,\omega_3) \Rightarrow F(x,y,z)$$

第10章 流动显示定量化的基本概念

10.1 引 言

流动显示的再度被重视是基于面临复杂流动（需要完整的流动结构）和非正常流动（需要完整瞬时的流动结构时间历程）。

计算机技术、激光技术等高新技术引入到古老的流体力学领域，实现对流动切面、空间化的观测，近代光学技术和数字图像技术使定量化流动测量成为可能。

10.2 流动显示的定量化

(1) 几何尺度的定量化（早已开始）

图 10-1 所示，涡的尺度和涡的空间位置的度量，用于粗略估计涡的大小和对翼面的影响。几何尺度的定量示意图如图 10-1。

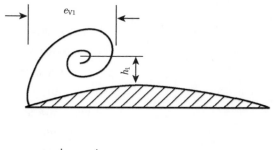

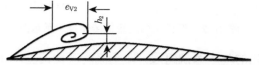

图 10-1 几何尺度的定量示意图

(2) 气动力参数场的定量化

密度场：传统光学方法，如常用的干涉法，是激光沿程的积分。

压力场：测量表面压力，如压敏化和温敏化，是标量场。

温度场：测量流体截面或空间的温度分布，如激光诱导荧光 (LIF)，其原理是分子能级跃迁。

速度场：测量流体截面或空间的速度分布是向量场，存在方向，例如 PIV、DGV 等。

场不是单点，包括瞬时的 2D（切面）场和瞬时的 3D（空间）场，既给出一个总体（整体）的气动力参数的瞬态空间定性的分布形态，又给出空间每一个点（区域）的定量数据。因而可以给出最丰富的气动力的流动结构和定量的数据。其特点是信息量大，直观，包括瞬时和时均两类技术：瞬时技术如 PIV、LIF、DGV、干涉仪等，时均技术如传统点扫描等。

10.3　流动显示定量化的基本系统组成——全流场观测的基本系统

全流场观测基本系统（Flow full field observation & Measurement，FFFOM）的概念在 20 世纪末由本书作者提出，是基于多年来流动显示定量化，全流场测量概念的分析综合，也更能反映流体力学观测方法和技术的发展趋势。其中，Full field——全场，充满的全流场；O——观察，定性的流动显示；M——测量，定量。

定量化流动显示方法：技术—转化—基础，如图 10-2。

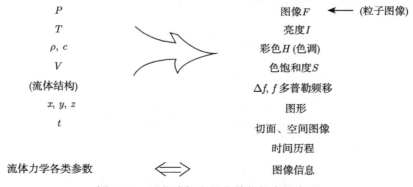

P　　　　　　　　　　　　　　　　　　　　图像F　◀——（粒子图像）
T　　　　　　　　　　　　　　　　　　　　亮度I
ρ, c　　　　　　　　　　　　　　　　　　彩色H (色调)
V　　　　　　　　　　　　　　　　　　　　色饱和度S
（流体结构）　　　　　　　　　　　　　　$\Delta f, f$ 多普勒频移
x, y, z　　　　　　　　　　　　　　　　　图形
t　　　　　　　　　　　　　　　　　　　　切面、空间图像
　　　　　　　　　　　　　　　　　　　　　时间历程
流体力学各类参数　　　⟸⟹　　　图像信息

图 10-2　近代流场定量化转化技术示意图

流动显示定量化的基本系统组成，即全流场观测的基本系统如图 10-3 所示，系统实质是由两大系统组成，一是流动定量化转换技术系统，将流动观测所需的各种流动的特性参数转化成各种图像的参数，如图 10-2 左侧部分，从观测研究的流场到图像系统的输入口，在此区域，是和数字图像系统连结并成为不可分割的一部分；二是广义或是通用的数字图像系统，可选用不同厂家和型号的数字图像系统，但只要能满足实验观测要求的基本功能，可以根据实验条件许可作很多选择，组成所需的流场观测系统。

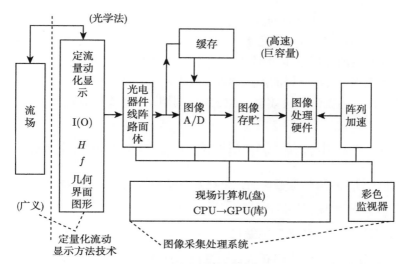

图 10-3 全流场观测的基本系统

数字图像系统可作下列各种选配：

• 场光电转换器件：

实现切面观测需要：$1 \sim 2$ 台相机；

实现空间场观测需要：$3 \sim 4$ 台相机。

• 数据转换器件 (A/D)：具备高数据传输率 1.44GB/s(200MB/s)

• 图像存储

通常图像存储信息量巨大，如 $1K \times 1K$ 黑白图像，拍摄帧频 30F/s，100s 的拍摄数据量为 $1K \times 1K \times 30 \times 100 = 3GB$；

$4K \times 4K$ 的彩色图像，拍摄帧频 30F/s，100s 的拍摄数据量为：$4K \times 4K \times 3 \times 30 \times 100 = 14.4GB$；4 台 $4K \times 4K$ 的彩色相机，帧频 1000F/s，100s 的拍摄数据量为：$4K \times 4K \times 3 \times 4 \times 1000 \times 100 = 1920GB$。

• 高速数据处理软件和硬件：实时取得实验结果。

• 计算机：CPU 发展至 GPU，串行发展至并行。

• 高速处理器：P3(450~1GHz)，P4(1.6GHz)，处理速度要求至少不亚于 CFD 的要求。

• 彩色监视器：多媒体显示动画。

数字式风洞，虚拟风洞（虚拟现实，临境技术）

• FFFOM 的基本特征：

① 非接触式的光学方法；

② 空间和时间的完整性，获得整个流动的空间结构和时间历程；

③ 高空间分辨力和高时间分辨力；

④ 流动结构形态的定性展示；

⑤ 流动数据的高精度定量测量；

⑥ 可用性强，具备友好的人机界面，操作使用方便；

⑦ 经济性——提高实验效率，缩短研究周期，本身价格适宜。

10.4　几种流场定量化的方法和技术实例介绍

这里先介绍几种流体标量场的定量化的方法和技术，在后面专门介绍有关 PSP、TSP、PIV、DGV 等目前已商品化的方法和技术。

10.4.1　氢气泡网格流动显示定量化

氢气泡网格流动显示定量化应该说是最早期初步的流动定量化技术在 20 世纪 70 年代和 80 年代初，限于当时的器件条件，虽然有些粗糙，但这是具有突破性的尝试，因为在之前流动显示一直是也只能是定性的流动显示。

基本原理：采用前面介绍的氢气泡的网格化技术，记录氢气泡网格的时间序列，由相应网格结点的位移，除以时间序列的时间间隔，则可求得速度场定量信息。

氢气泡网格图像如图 10-4。

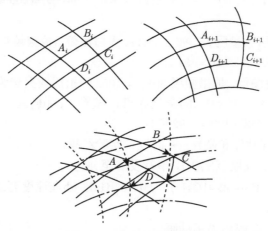

图 10-4　氢气泡网格图像

$$\Delta t_i = t_{i+1} - t_i \tag{10-1}$$

相应网格点的位移为 $\overline{A_{i+1}A_i}$、$\overline{B_{i+1}B_i}$、$\overline{C_{i+1}C_i}$、$\overline{D_{i+1}D_i}$，则各类相应的速度为

$$
\left.
\begin{aligned}
V_{A_i} &\cong \frac{\overline{A_{i+1}A_i}}{\Delta t_i} \\
V_{B_i} &\cong \frac{\overline{B_{i+1}B_i}}{\Delta t_i} \\
V_{C_i} &\cong \frac{\overline{C_{i+1}C_i}}{\Delta t_i} \\
V_{D_i} &\cong \frac{\overline{D_{i+1}D_i}}{\Delta t_i}
\end{aligned}
\right\} \Rightarrow \text{速度分布场图}
\tag{10-2}
$$

　　绕后向台阶流动如图 10-5 所示，由氢气泡流动显示得到定量速度场的测量结果。当然测速精度不高，但显然这是定量化流动显示的起始。

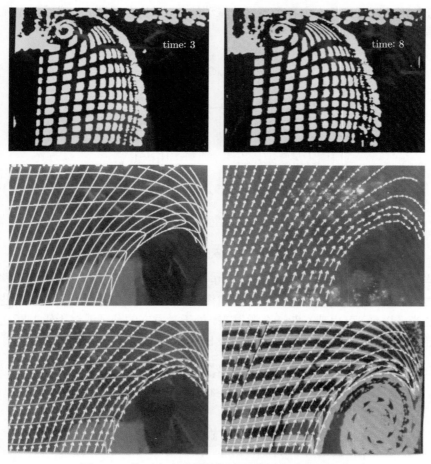

图 10-5　绕后向台阶的氢气泡网格图像速度场测量

10.4.2　激光诱导荧光技术

1. 荧光、荧光物质、能级跃迁

当紫外光或波长较短的可见光照射到某些物质时,这些物质会发射出各种颜色和不同强度的可见光,而当光源停止照射时,这种光线随之消失。这种在激发光诱导下产生的光称为荧光,能发出荧光的物质称为荧光物质。

如图 10-6,产生荧光的机制是分子能级和能级跃迁。在每个能级上都存在振动能级和转动能级,当物质分子吸收某些特征频率的光子以后,可由基态跃迁至第一或第二激发态中各个不同振动能级和各个不同转动能级。处于激发态的分子通过无辐射跃迁降落至第一激发态的最低振动能级。然后再由这个最低振动能级以辐射跃迁的形式跃迁到基态中各个不同的振动能级,发出分子荧光。然后再无辐射跃迁至基态中最低振动能级。

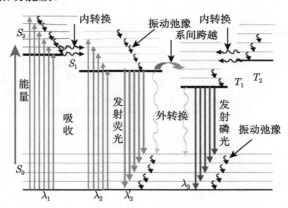

图 10-6　跃迁能级图

当紫外光或波长较短的可见光 (图 10-7 中虚线) 照射到某些物质时,这些物质会发射出各种颜色和不同强度的可见光 (图 10-7 中实线)。物质分子吸收某些特征频率的光子以后,可由基态跃迁至激发态。处于激发态的分子通过无辐射跃迁和辐射跃迁的形式跃迁到基态,辐射跃迁时发出分子荧光。

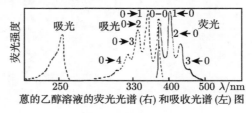

蒽的乙醇溶液的荧光光谱 (右) 和吸收光谱 (左) 图

图 10-7　荧光光谱

2. 激光诱导荧光

激光诱导荧光法 (Laser induced fluorescence，LIF) 是一种高灵敏度的检测浓度和温度的方法。激光诱导获得荧光，荧光的强度是激光能量及示踪剂浓度/温度的函数，可以由该函数计算得到定量浓度/温度信息。在利用 LIF 方法作定量分析时，为了得到浓度或温度的绝对值，必须对荧光信号进行校正，也就是考虑荧光体积、荧光收集立体角、光学系统的荧光传递效率以及荧光的吸收、俘获、极化和碰撞加宽因素对荧光信号的影响。

激光诱导荧光测量技术的特点是高灵敏度、高的空间和时间分辨率、实时测量技术、实现浓度场或温度场的二维分布显示。

3. LIF-浓度场观测 (标量场)

在 $I_F = KC$ 式中，I_F 是荧光光强，K 是常数。

在入射激光光强 I_0 一定的条件下，流体中 I_F 与采用的激光入射功率和流体中荧光染料的浓度 C 有关，在浓度 $\leqslant (0.5\sim1)$g/1250L(水) 下，激光流经激光染料溶液一定距离内基本上不发生衰减，如图 10-8 所示，则荧光光强与流体中的荧光染料浓度成正比。

选择最大荧光染料溶液浓度，使激光流经荧光染料溶液一定距离内基本上不发生衰减是关键，浓度太高很易将激光能量吸收，通不过照射所需的区域；如果太低，又会使诱发荧光太弱。图 10-9 中曲线，为不同浓度测试结果。上述浓度选用则是测试结果，适用于浓度场的测量。

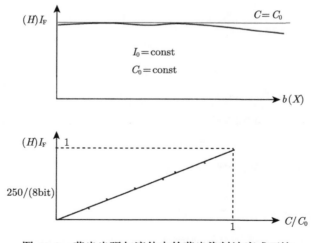

图 10-8　荧光光强与流体中的荧光染料浓度成正比

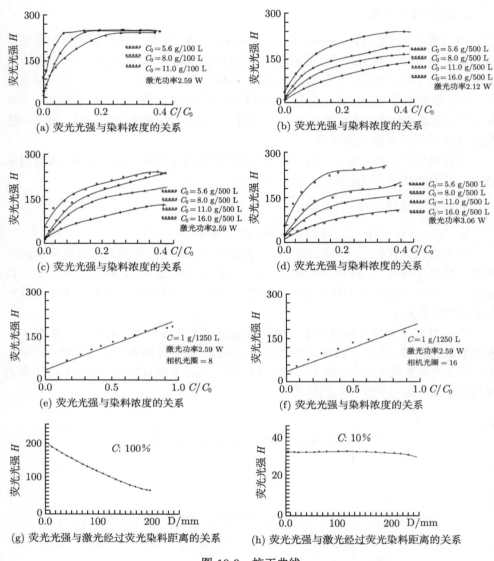

图 10-9　校正曲线

(a)～(f) 荧光光强与荧光染料浓度的关系; (g)～(h) 荧光染料对应的吸收率与传播距离的关系

4. 喷流混合浓度的 LIF 定量观测

实验布置图见图 10-10, 这里选用荧光素纳作为荧光染料, 均匀溶于水中。实验结果见图 10-11～ 图 10-15。

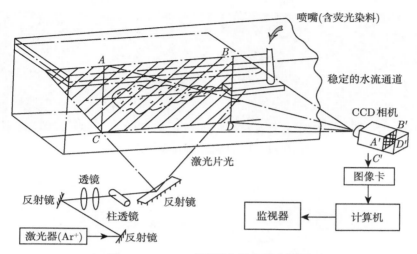

图 10-10   LIF 喷流混合流实验布置图

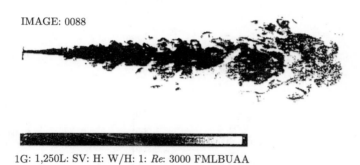

IMAGE: 0088

1G: 1,250L: SV: H: W/H: 1: *Re*: 3000 FMLBUAA

图 10-11   典型 LIF 喷流混合流图像 (灰度图)

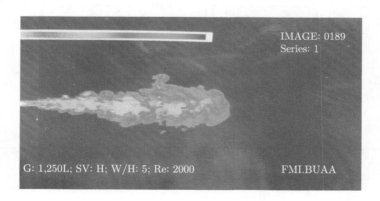

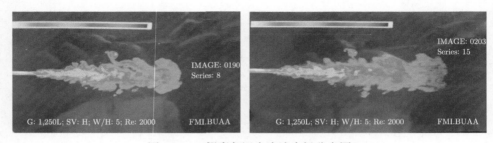

图 10-12　假彩色混合流浓度场分布图

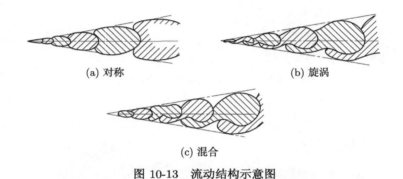

(a) 对称　　　　　　　　　　　　　　(b) 旋涡

(c) 混合

图 10-13　流动结构示意图

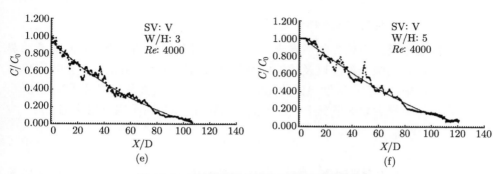

图 10-14　沿喷流轴线纵向平均浓度分布图

图 (a)～(c) 射流沿 x 轴的瞬间平均浓度 (观察截面：垂直截面，xz)；图 (d)～(f) 射流沿 x 轴
的瞬时平均浓度 (观察截面：水平截面，xy)

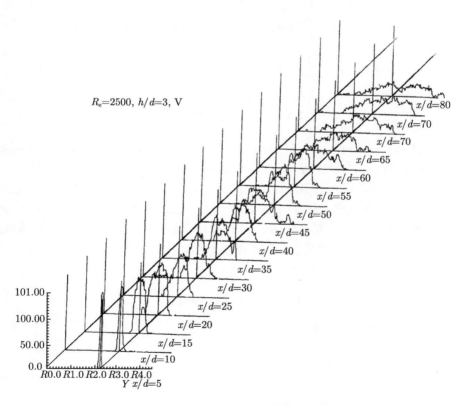

图 10-15　沿喷流下游的瞬时浓度型分布图

5. LIF-T 温度场的观测 (标量场)

荧光的发生是由于荧光物质在吸光之后发出波长较长的荧光，因此溶液的荧光强度和该溶液的吸光程度以及溶液中荧光物质的荧光效率有关。荧光效率也称为荧光量子产率，它表示所发出的荧光的量子数和所吸收激发光的量子数的比值。在不考虑荧光沿程衰减的情况下，荧光强度 $I(\mathrm{Wm^{-3}})$ 是由下式来定义的：

$$I = I_0\phi(T)\varepsilon \tag{10-3}$$

$I_0(\mathrm{Wm^{-2}})$ 为激发光强度，$C(\mathrm{kgm^{-3}})$ 为荧光染料的浓度，$\varepsilon(\mathrm{m^2/kg^{-1}})$ 为吸收系数，T 为温度，$\phi(T)$ 为量子产率，对大多数染料而言，量子产率是依赖于温度的，也就是说温度有变化，量子产率也会有变化，则得到的荧光强度是温度的函数。如果保持激发光强度和浓度不变的话，则测量温度有了可能。

另外，此式也是测量浓度场的一个数学描述，这时 $I_0\phi(T)\varepsilon$ 是一个常数，荧光强度只和溶液的浓度有关。这样就可以利用荧光强度和溶液的关系来测量溶液的浓度场。

$\phi_{(T)} = \phi_{(T=20℃)} \cdot \dfrac{I(T)}{I_{(T=20℃)}}$ 为归一化公式，以消除背景光等影响，由此，

$$T = \phi^{-1}\left\{\frac{I_{\mathrm{mes}} - I_b}{I_{\mathrm{ref}} - I_b}\phi(T_{\mathrm{ref}})\right\} \tag{10-4}$$

罗丹明 B(Rhodamine B) 是一种对温度比较敏感的染料，化学稳定性也很好，当用激光照射时，则发射出荧光，在大气压力下，荧光寿命约为 10ns 的量级。并且它的吸收光谱覆盖很大的范围 (470~600nm)，这样就使得 $\mathrm{Ar^+}$ 激光器以及 Nd-YAG 激光器都能激发它。罗丹明 B 在 pH 值 4~10 的范围内荧光强度都不会受到 pH 值的影响，但是它对温度的影响却很大，温度每变化 1℃，荧光强度就有 2%~3% 的变化，这种变化是由量子产率引起的。我们利用这一点就可以测温度，表 10-1 总结了罗丹明 B 的属性。

表 10-1　罗丹明B的属性

染料	峰值 (吸收波/荧光)	pH 值	吸收波光强的温度依赖性	荧光光强的温度依赖性
罗丹明 B	560/585	<6	是	−1.54% /℃ ex = 514

6. 标定曲线实验

利用 LIF 测量温度场基本需要两个步骤，首先要做出温度标定曲线，即温度和荧光光强的关系，标定曲线的意义是反映不同温度下的光强变化情况，其次，在

得到标定曲线后，要得到全场温度分布图，通过所拍摄的荧光图像灰度图和标定曲线按照一一对应的方式就可以得到每一点的温度。温度和荧光强度的关系是在上述的装置中进行测定的。温度标定实验见图 10-16。

由于实验条件的不同，如在不同的实验中调整了光圈或者移动了 CCD 相机，浓度的变化、激光功率的变化、一些空间上的变化也会对图像的灰度值造成影响。所以必须对标定曲线进行归一化，方法如下：

$$\phi(T) = \phi_{(T=20\text{℃})} \cdot \frac{I(T)}{I_{(T=20\text{℃})}} \tag{10-5}$$

归一化的基准温度在 15~70℃范围内可任意选取，在这里则以 20℃为基准进行归一化，见图 10-17~ 图 10-20。

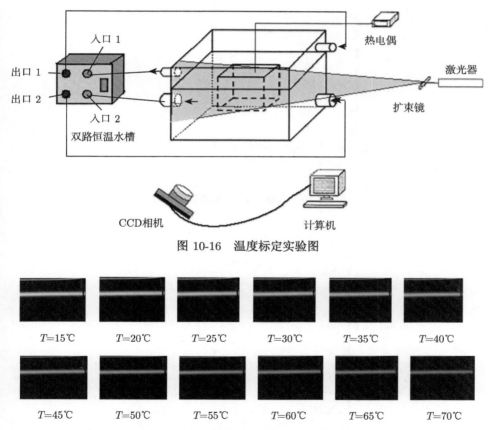

图 10-16 温度标定实验图

$T=15$℃ $T=20$℃ $T=25$℃ $T=30$℃ $T=35$℃ $T=40$℃

$T=45$℃ $T=50$℃ $T=55$℃ $T=60$℃ $T=65$℃ $T=70$℃

图 10-17 在不同温度下的荧光灰度图，浓度 0.5mg/L(实验 1)

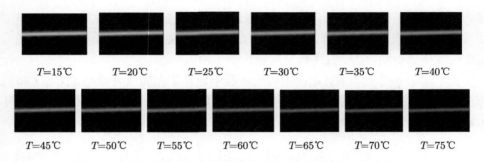

图 10-18　在不同温度下的荧光灰度图，浓度 0.5mg/L(实验 2)

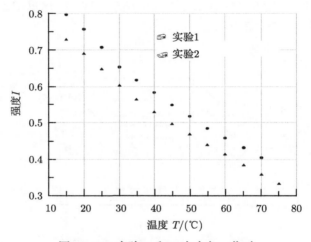

图 10-19　实验 1 和 2 在未归一化时

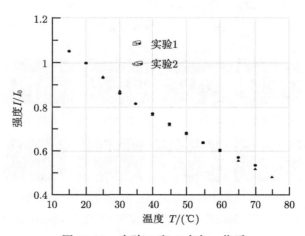

图 10-20　实验 1 和 2 在归一化后

7. 影响因素分析

在温度测量中的误差主要来源于标定曲线的精度，计算温度时引入的标定曲线直接把图像的灰度值转化为温度值。漂白、激光功率的稳定性、pH 值、自吸收的作用都会对温度测量造成影响。

① 漂白作用

漂白用来描述荧光物质在发射光的照射下随时间的退化情况，漂白是由于光化分解或者碰撞淬灭等原因造成的，荧光溶液在激光的连续照射下容易造成漂白效应，这种退化现象导致荧光强度在激发过程中随时间不断的减小，如图 10-21 所示。

当溶液浓度较冷时，激光强度 I 越高，则增加了更多的热量吸收导致温度升高，这可造成流体密度的不均匀，这种不均匀相应地导致折射率梯度 (Refractive index gradient) 变化，这就是所谓的热晕 (Thermal blooming)。

② 背景光

通常意义上背景光包括外界光线和激发光，对激发光的影响可以通过在 CCD 相机前放置一个截止滤光片的方法加以解决。对于外界光线的影响，由于背景光通常是不同频率光的混合光，则背景光对测量也会造成影响，所以必须注意减小背景光的影响，如果激发光强 I_0 和浓度 C 在时间上保持恒定，但在空间上变化，由相机拍摄的点的光强 $I_{\text{mes}} = I + I_b$ 由这个点上的一个参考光强归一化。$I_{\text{ref}} = I(T_{\text{ref}}) + I_b$ 参考温度 T_{ref} 由式（10-4）和式（10-5）决定。

$$\frac{I_{\text{mes}} - I_b}{I_{\text{ref}} - I_b} = \frac{I(T)}{I(T_{\text{ref}})} = \frac{\phi(T)}{\phi(T_{\text{ref}})} \tag{10-6}$$

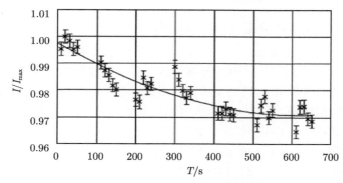

图 10-21　荧光强度和激发时间的关系

其中，I_b 代表了除去激光光强外的背景光强，要测的温度可以表示为

$$T = \phi^{-1}\left(\frac{I_{\text{mes}} - I_b}{I_{\text{ref}} - I_b}\phi T_{\text{ref}}\right) \tag{10-7}$$

实际上，I_{ref}、T_{ref} 和 I_b 需要在实际测量之前在保持流场温度恒定时测得。最大的测量不确定性来源于相机的灵敏度，在这里实验中使用的是敏通相机 (8bit)，灰度值在 $0 \sim 256$，我们只使用相机对灰度值线性变化的范围，所有有效的范围约为 $50 \sim 200$。这些限制可以通过使用高灵敏度的 CCD 相机解决，如使用 10bit 或 12bit 可以得以解决。

8. LIF 应用于分层温度场的测量与校验

使用分层温度场测试装置测量了分层温度场的温度分布情况，以此测量的温度与使用高精度热电偶测量的温度进行了比较，结果表明该技术可以在无接触温度测量方面有很高的精度，如图 10-22 和图 10-23。

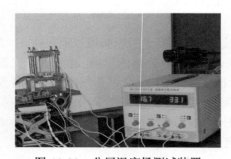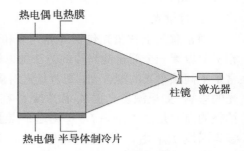

　　图 10-22　分层温度场测试装置　　　　　图 10-23　分层温度场测试原理图

实际测得液池中一个截面上的温度场分布图如图 10-24 所示。利用 LIF 技术测得的温度值与热电偶测得的温度分布曲线吻合得非常好。

9. LIF-T 技术应用于热射流温度场的测量

上板盖开一个直径为 5mm 的小口，实验液池中装入浓度为 0.1mg/L 的溶液并处在室温下，与其浓度相同的高温液体从小口中用直径为 2.5mm 的针管注入，装置如图 10-25 所示在浓度场的实验观测中，可以看清楚边界以及浓度的分布情况。在温度场的测量中，高温射流的浓度和低温液池内的浓度相同，但是罗丹明 B 溶液在高温和低温时 CCD 相机采集到的荧光图像的灰度值并不相同，通过这一点可以分辨出射流的边界。液池的高度和宽度分别为 60mm 和 40mm，在一次的采集过程中得到 4 幅温度图像，采集频率为 25 帧/秒。在采集到的图像中，图像不可避免的存在着噪声，其中最为显著的是图像中的条纹以及光斑噪声，对条纹的处理采取平均的办法，光斑的处理办法是采用中值滤波。

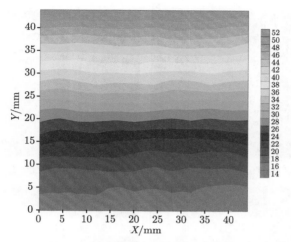

图 10-24　实际测得的一个截面上的温度分布图

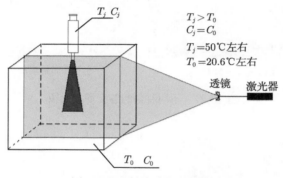

图 10-25　射流装置示意图

实验结果如图 10-26～ 图 10-29 所示。

图 10-26　基准图像 $T_0 = 20.6$℃

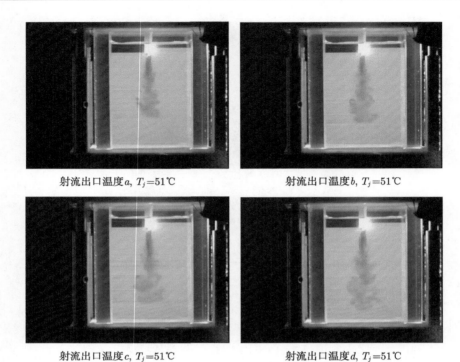

射流出口温度a, T_j=51℃　　　　　　　　　　　射流出口温度b, T_j=51℃

射流出口温度c, T_j=51℃　　　　　　　　　　　射流出口温度d, T_j=51℃

图 10-27　不同时刻的温度场灰度图

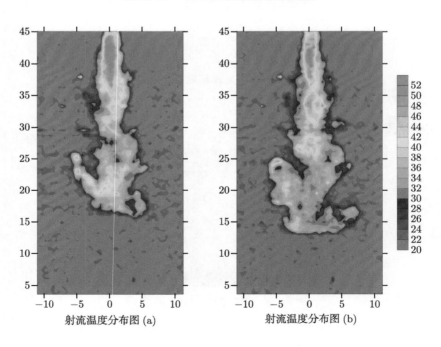

射流温度分布图 (a)　　　　　　　　　　　　　射流温度分布图 (b)

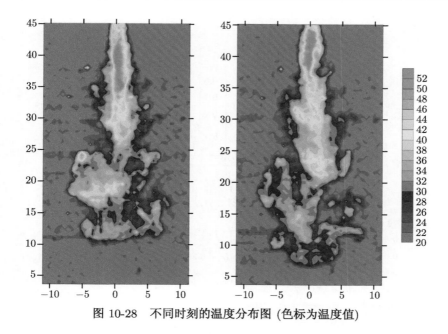

图 10-28   不同时刻的温度分布图 (色标为温度值)

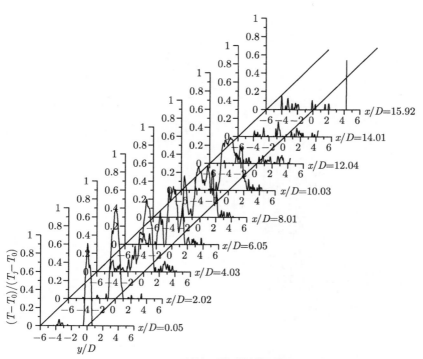

(a) 无量纲后的不同截面的温度分布

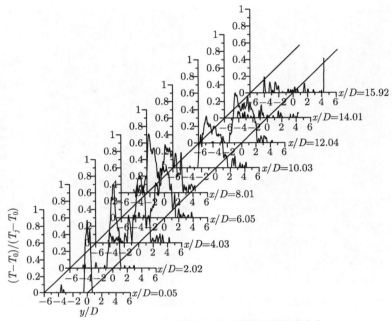

(b) 无量纲后的不同截面的温度分布

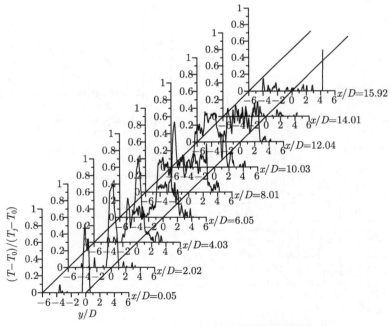

(c) 无量纲后的不同截面的温度分布

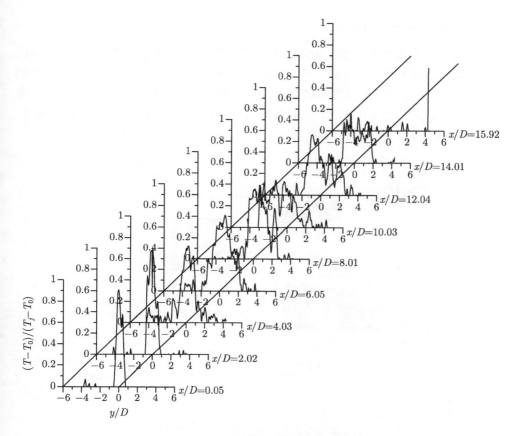

(d) 无量纲后的不同截面的温度分布

图 10-29　不同时刻的轴线温度分布型

从上述实验结果可以得到以下结论：

(1) 温度场的图像展示了大尺度结构的存在，该实验取得的瞬时温度场，不同于时间平均的结果，边缘呈现凸凹不平，周围流体直接被大尺度涡卷入射流内部，在射流轴线远处，射流边界变得不是很分明。

(2) 在射流主体段开始区域，射流切线方向（即射流轴向的垂直方向）的温度分布基本上是正态分布，只是在距离主体段的远处，温度分布曲线显得有点不规则（大致仍是正态分布），这主要是由于射流对周围低温流体的卷入造成的。

(3) 从温度灰度图像可以看出，在沿激光照射方向射流的后侧和前侧有着很大的不同之处，在后侧有很多明显的黑白相间的条纹，这主要是由图像的阴影效应造成的。而阴影效应和温度沿激光方向的梯度变化有关。前侧不存在条纹是因为前侧的温度趋于均匀。

10. LIF 在气体中的应用

气体 LIF 需要使用丙酮、碘蒸气或一些有机染色剂作为示踪剂。丙酮拥有比较宽的激发波段 (225~320nm)，通常采用 4 倍频 (226nm) 激光来激发丙酮，并捕捉荧光信号。因荧光信号强度的峰值在 380nm(UV 波段) 附近，因此需要使用图像增强器将 UV 光转变为可见光，从而被图像采集装置接收。图 10-30 是 Dantec 公司 LIF 应用于气体中的系统示意图。

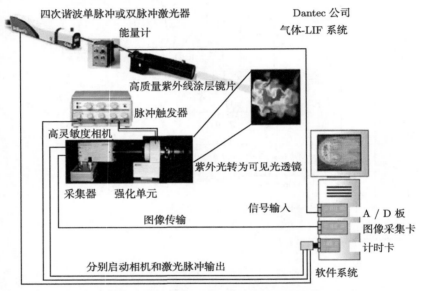

图 10-30　Dantec 公司 LIF 应用于气体中的系统示意图

11. 在燃烧科学中的应用

燃烧 LIF 与 Tracer-LIF 不同，它属于 Species-LIF。该系统所测量的并不是添加入流场的示踪剂，而是燃烧自身产生的自由基所发出的荧光信号。常见的待测物质包括 OH、HCHO、CH、CO、CO_2、NO、NO_2 等。

在整套系统中，荧光信号的强弱与很多因素有关，如激光能量、片光能量分布 (Lightsheet profile)、所测量物质、温度以及自由基受激辐射时的能量转移过程等。当其他所有因素不变的情况下，荧光信号的强度只与待测物质的浓度有关。只要获得某种物质所发射的荧光强度或光谱就可以获得该物质的含量。例：用激光诱导荧光法测量燃烧产物组成 (参考陈锐等文章，见图 10-31)，燃烧过程中分子自由基激发荧光的波长见表 10-2，实验检测到的结果见图 10-32，由此可知燃烧过程中产生物质的含量。

表 10-2　　燃烧过程中分子自由基激发荧光的波长

	分子或自由基	激发波长/nm
1	OH	284，311
2	CN	388
3	NCO	399
4	NH_2	430～900
5	CH_2O	320～345
6	NO	226
7	NO_2	450～470

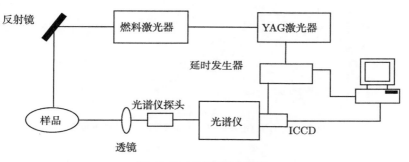

图 10-31　　实验测量系统

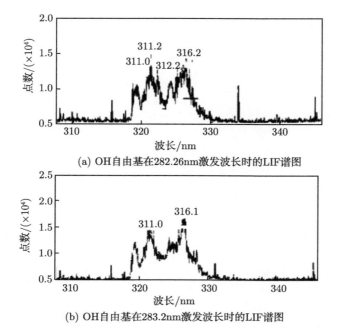

(a) OH自由基在282.26nm激发波长时的LIF谱图

(b) OH自由基在283.2nm激发波长时的LIF谱图

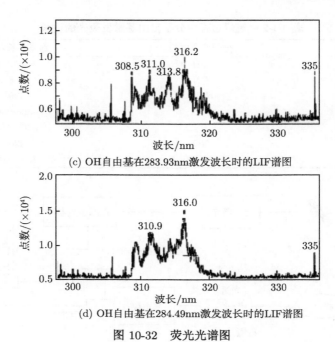

(c) OH自由基在283.93nm激发波长时的LIF谱图

(d) OH自由基在284.49nm激发波长时的LIF谱图

图 10-32 荧光光谱图

第11章　表面压力、温度定量化流动显示

11.1　引　　言

流体的流动在物面的压力、温度分布及其量值是气动力设计的重要依据（机身、机翼的气动力分布载荷、热载荷分布）。因而在风洞试验中常需要测压力、温度的物面分布，如果是非定常流，还需测量动态的压力、温度分布。

常规传统的方法是在模型表面上用打孔、引管道，再接压力传感器或埋热电偶，见图 11-1。先进一点的方法用菹式或微型压力传感器直接贴在物面上或在测压孔附近，免去测压导管。

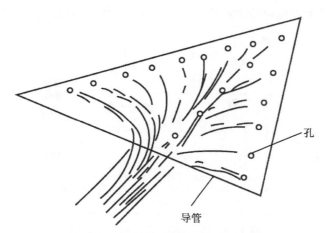

图 11-1　传统的测量压力分布的方法

显然，不管用什么方法，测量的点数有限，动态压力测量存在动态误差问题，而且无法直观的给出在模型表面的压力（温度）分布的测量结果。

近代光学技术和图像技术的引入，使 FFFOM 的一种用于压力和温度的观测成为可能。本章将重点介绍已可在风洞试验中应用的压敏漆和温敏漆技术，也代表当今的最新测试技术领域之一。此外也简要介绍一些物面的压力、温度分布其他方法测试原理，包括红外热像仪技术及应用。

11.2　压敏漆技术

11.2.1　基本测压原理

压敏漆技术 (Pressure sensitive paint, PSP)，由彼德逊 1980 年首先发明提出。

压敏漆是一种聚合物，内含光致发光物质作为压力的探测剂，光致发光物质经照明光（可以激光或其他光源）照射，吸收能量处于激发态，受激分子很快发出光子（荧光或磷光）回到基态。与照明光相比，激发光（诱导光）存在红移现象（波长加长）。

由于光致发光效应（荧光为主）受氧分子影响很大，存在氧猝灭现象（即存在氧分子的环境下，受激分子放出的能量回到基态而发不出光子），因而光致发光物质的发光强度（效率）直接受氧分子影响，周围气体（模型表面）的氧分压越大（氧分压正比于当地的空气压力——静态），其发光（荧光）强度减小。

压敏化的典型涂料层结构及其与周围氧分子及作用的原理示意图如图 11-2 所示。

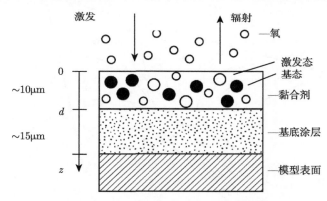

图 11-2　典型 PSP 涂层结构示意图

压敏化的受激发光的能级图如图 11-3 所示。

根据亨利定律，流体中气体氧的浓度正比于该流体表面上该气体的当地压力。

同时由于压敏漆是一种聚合物，不是一种理想的流体，故含氧气的浓度 C 和压力 P（表面上的气体）的关系不是线性关系，应加上一压力平方项，严格讲应为

$$C \propto AP + BP^2 \tag{11-1}$$

A，B 为常数，而其简化后的发光强度与压力关系为斯滕—伏尔默 (Stern-Volmer) 公式

$$P = \frac{I^*}{I} \frac{Q}{Q^*} \frac{I_e}{I_e^*} \frac{(1 + K^* P^*)}{K} - \frac{1}{K} \tag{11-2}$$

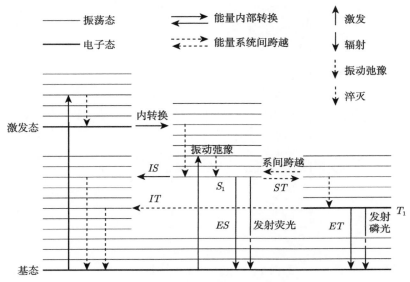

图 11-3 PSP 受激发光能态图

其中，I 是压敏漆发光光强 (cd)，I_e 是入射光激励光强 (cd)，K 是斯滕—伏尔默常数，Q 是漆的效率 = 发射光子数/吸收光子数，* 是参数量，在大气压力下取得的量。

一般讲，如果介质均匀，则 $\dfrac{Q}{Q^*} = C$。

$\text{P} \propto I_e/I_e^*$ 照明光增强，$\Delta P/\Delta I$ 的灵敏度增高，但也随 I_e 增加，Q 降低。

简化为

$$P = f\left(\frac{1}{I}\right) \tag{11-3}$$

又由 I_e 照明光可能不均匀，为消除不均匀的影响，采用 Stern Volmer 公式：

$$P(i,j) = \frac{P_0}{B}\left[\frac{I_0(i,j)}{I_P(i,j)} - A\right] \tag{11-4}$$

其中，I_0 是 P_0 压力下的光强分布，I_P 是 P 压力下的光强分布，P_0 是参考压力，A、B 是校正常数。

$$\frac{I_0(i,j)}{I_P(i,j)} \sim \frac{\text{不吹风时图像光强分布}}{\text{吹风时图像光强分布}} \tag{11-5}$$

压敏化的压力和其发生光强的原始关系曲线如图 11-4 所示，压力上升，发光光强下降，呈非线性关系。需改组参数公式，光强的相对量和压力的相对量才呈线性关系，如下列的压力条件下，光强校正曲线呈线性关系。

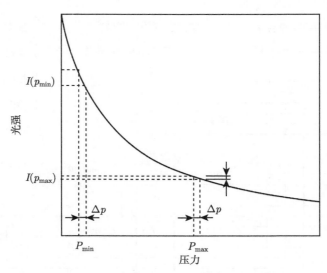

图 11-4   压力与光强关系图

11.2.2   压敏化技术简介

1. 主要设备

光源用紫外光激光, 英文简称 CWUV, 用喷涂枪将压敏漆涂于物体物面, 采用 CCD 相机记录光强分布。

压敏漆配方如:(例)树脂 + 荧光染料。涂层结构见图 11-5 所示, 图 11-5(a) 为常规涂层结构, 图 11-5(b) 为改进的涂层结构。

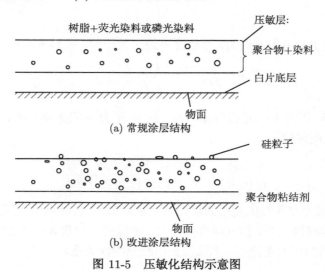

图 11-5   压敏化结构示意图

2. 配方 (例)

采用 100ppm 八乙基卟啉铂溶于 GP197, 与聚二甲基硅氧烷及三氯乙烷按 1:1:1 混合。

其他配方, 对压力具有不同的范围或时间响应。如 Ap−1, Ap−2, P_tTFPP(五氟苯基卟啉铂), P_tOEP(八乙基卟啉铂), 采用不同激光染料或浓度。

典型的静压—光强校正曲线图 11-6 所示, 引用压敏漆 (PSP) 的 Stern-Volmer 图像, 康宁 7-60 有色玻璃滤光片被用作参考荧光材料和五氟苯基卟啉铂 (PtTFPP) 的激发滤光片, 650nm 和 450nm 的带通干涉滤光片分别用于参考荧光材料和五氟苯基卟啉铂 (PtTFPP), 荧光材料的发光强度用光电倍增管记录, I_{ref}/I 的值采用线性回归分析的方法得到最小二乘曲线; 归一化之后的 I_{ref}/I 值在图中用 * 表示, I_0/I 值在图中用 − 表示, 把归一化之后的 I_{ref}/I 值与 I_0/I 值绘制在一张图像中, 其中, I_0/I 值可以根据不包含参考荧光材料的五氟苯基卟啉铂 (PtTFPP) 的 Stern-Volmer 图像得到, I_{ref} 是参考荧光材料的发光强度, I 是五氟苯基卟啉铂 (PtTFPP) 的发光强度。

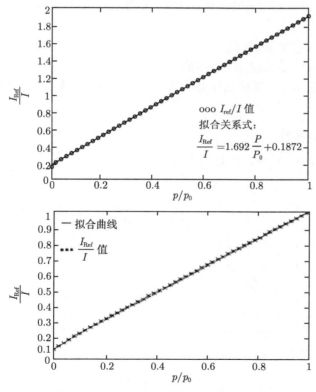

图 11-6 压敏化典型光强—压力校正曲线

压敏漆 (Pressure sensitive paint, PSP)

$$P(i,j) = \frac{P_0}{B}\left(\frac{I_0(i,j)}{I_P(i,j)} - A\right) \tag{11-6}$$

$I_0(i,j)$ 是在压力 P_0 下光强分布；$I(i,j)$ 是在压力 P 下光强分布；A, B 是校正系数，P_0 是参考压力。

$$\frac{P(i,j)}{P_0} = \frac{1}{B}\left(\frac{I_0(i,j)}{I_P(i,j)} - A\right) \tag{11-7}$$

11.2.3　误差分析

1. 非均匀照明引起的误差

用 Stern Volmer 方法消除，引入 $I_0(i,j)$ 不吹风时的光强分布图像，见前述。

2. 非平衡引起的误差

氧分子进入敏感层存在一个扩散时间过程，因而与敏感层的厚度大小基底的特性等有关，在非平衡过程中，应用 PSP 测得的光强并非实际气体的压力，存在非平衡引起的误差。

O_2(空气)⇔O_2(敏感层)

O_2(空气)⇔O_2(敏感层)⇔O_2(基底)

如图 11-7 显示不同基底的压力响应，a 为铅基底，b 为 RTV 基底，c 为 Krylon W.P. 基底。

3. 压敏响应时间

如图 11-7 所示，响应时间达数十秒。

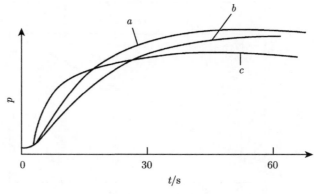

图 11-7　压力响应

近年来, 不断改进配方, 压敏响应时间已有很大改进, 见图 11-8。

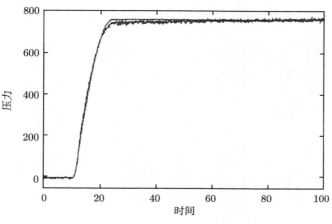

图 11-8 压敏化 (PSP) 的时间响应

4. PSP 与常规方法补偿匹配用法

由于压敏漆所测压力分布值只是相对压力值, 为了保证测压准确度, 有时需用传感器测量对应模型表面特定位置的压力作为参考压力值, 由此确定整个压力场的绝对压力值。

11.2.4 实用例子

1. 超音速涡发生器的压力分布

超音速涡发生器的压力分布见图 11-9。

图 11-9 超音速涡发生器压力分布图

2. NASA 的 PSP 技术发展

NASA 用 PSP 技术测量了双尾机的压力分布，见图 11-10。

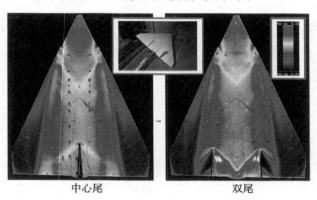

中心尾　　　　　　　　双尾

图 11-10　PSP 密度场图像比较 (Ma=1.6, 攻角 =8°)

3. 德国宇航院的 PSP 简介

采用专门研制配方的 PSP(见图 11-11) 及其技术已应用大型风洞试验中，如图 11-12 所示，由 4 对照明光源和 4 对数字相机，获取 PSP 图像。

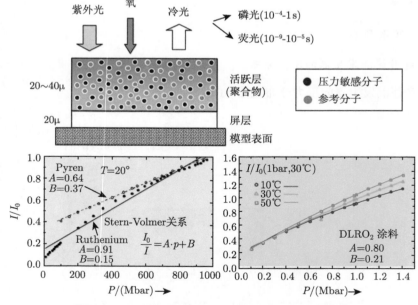

图 11-11　两种不同的分子合成的 PSP 涂层及性能

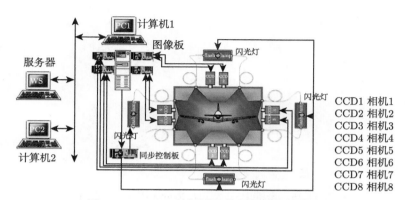

图 11-12 OLR 风洞压敏化观测系统示意图

图 11-13 为典型的在低速风洞压敏化测量三角型表面压力分布的结果（伪彩色），图 11-14 是 $Ma=0.8$ 的 PSP 测压分布结果，并与用 NS 和欧拉方程计算结果比较，图 11-15 为全机的分布图。

图 11-13 低速风洞压敏化测量三角型表后压力分布 (伪彩色)

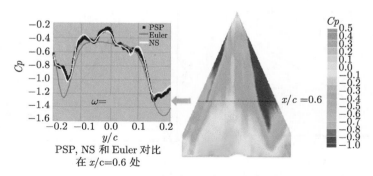

图 11-14 $Ma=0.8$ 的 PSP 测压分布结果及与计算结果比较

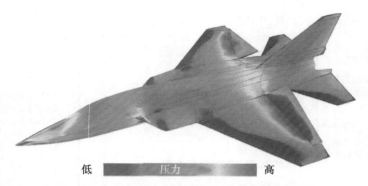

图 11-15　全机 PSP 测压压力分布图像 (数字图)

4. 国产化 PSP 正在研制中

中国国产的 PSP 正在研制中，航空部 626 所、627 所以及 701 所均有报道，图 11-16 表示国产化压敏漆组成及性能。

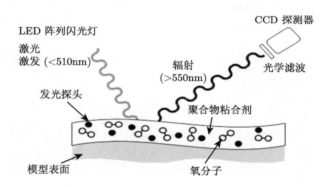

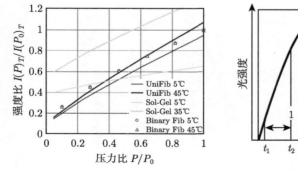

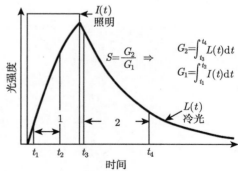

图 11-16　国产化压敏漆组成及性能

11.2.5　特色及问题

1. 特色

PSP 技术具有：高分辨力的表面压力分布测量；测力与测压同时（膜很薄，不影响测力）进行；测压与流态显示同时进行；瞬态非定常压力场测量，剪切力测量（图像系统应用）；可用于飞行试验等特色，应用广泛。

2. 限制与发展（现状）

低速风洞需高灵敏度的 PSP；高超音速中应用需减少温度影响，这是难点；低密度（压力太低）有困难。

3. 减少测量误差

底层用绝热材料，热温度对压敏化具有影响；底层应具备抗应力，应变对磷光效应具有影响。

表面形貌（非平面）对光强场具有影响，在同一位置拍摄吹风前和吹风后的图像，消除背景影响。

11.3　温敏漆技术

光致发光温敏漆指激光诱导荧光或激光诱导磷光技术。温敏漆 (Temperature sensitive paint, TSP) 主要基于前面介绍过的 LIF 和 LIP 的敏感温度原理技术，LIP 相对比较稳定、可靠，也是至今应用最广泛、最有潜力的表面标量场观测技术，其中以德国宇航院做的研究成果最多。

11.3.1　温敏漆原理

光致发光物质的发光原理同前，保持其他条件不变，改变温度引起发光物质发出荧光，光强改变。即在辐射钝化条件下，激励的分子通过振动和转动作为热，损失其接受的能量，而不是发射光，因此辐射钝化的大小随温度增加，温敏漆的发光强度随温度增加而减小。磷光（荧光）的受激发光原理如图 11-17 所示。

$$I \propto 1/T \tag{11-8}$$

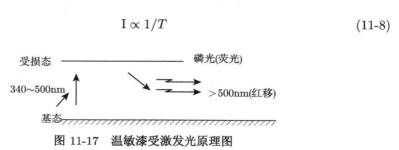

图 11-17　温敏漆受激发光原理图

其中, 光源选用卤素灯 (Halogen), 用 14bit 的彩色 CCD 相机拍摄图像传输到计算机中, 采用 500nm< λ < 750nm 的滤光镜滤光, 温度分辨力达到 0.004℃, 测温范围 29~34℃。

温敏漆的时间响应见图 11-18, 其中图 11-18(a) 表示 LED 脉冲调制光与温敏漆响应曲线, 图 11-18(b) 表示 LED 脉冲调制信号与输出光强信号, 图 11-18(c) 表示不同压力不同温度响应曲线。

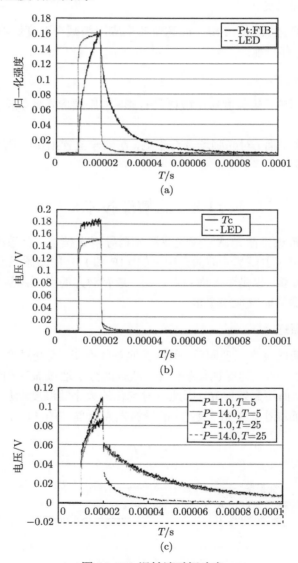

图 11-18　温敏漆时间响应

温敏漆测量系统示意图见图 11-19。

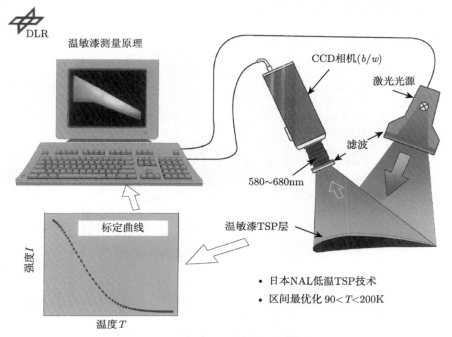

图 11-19　温敏漆测量系统示意图

11.3.2　温敏漆应用

应用 TSP 的低温风洞见图 11-20。

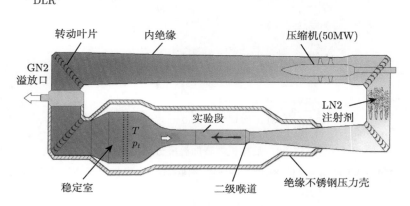

图 11-20　应用 TSP 的低温风洞

TSP 应用于流动转捩研究见图 11-21 及图 11-22，温敏漆表面温度测量结果与用热电偶测量的结果比较，见图 11-23。

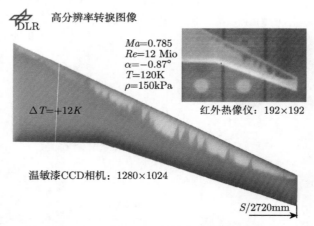

图 11-21　TSP 应用于流动转捩研究

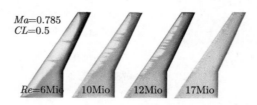

图 11-22　TSP 应用于不同 Re 数下的转捩

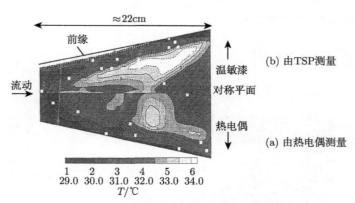

图 11-23　后掠机翼表面温度分布测量比较

$Ma = 3.5, Re_\infty = 13.6 \times 10^6, \alpha = -2°$，温敏漆温度分辨力：0.004℃, SNR:500

11.4　热色液晶技术

首先介绍液晶表面温度场观测技术。液晶的颜色对应温度变化 (几 ~ 十几摄氏度)，表面一层薄薄的液晶层，用彩色 CCD 相机照相，事先校正温度与彩色的对应关系。颜色受拍摄、观测角度影响。曾应用于湍流转捩等研究。

11.4.1　液晶：液态晶体

液晶在白光的照射下，呈现彩色。

液晶的晶格受外应力影响，在温度变化下会发生变化，其彩色的颜色也随之变化。

保证外应力不变条件下，由液晶的颜色来观测温度的变化。液晶温敏流动显示则基于此原理，可用于空间流动温度场的观测，也可用于表面温度分布观测。

它的优点是：它可以测量一个面的温度场；可以测量流体内部温度分布；不会干扰被测流场和温度场；具有重复性好、简单易行、廉价、易于观察等特点。缺点是：测量的温度范围很窄。

11.4.2　应用实例

1. 流动温度场应用例子

温度对流场：

两块平行平板具有下热上冷的外加温差，上板温度 $T = T_0$，保持恒温，下板温度增加 $T = T_0 + \Delta T$，两板之间充满液体。当温差 ΔT，超过一个临界值时，液体中形成一系列的对流涡胞结构 (温度分布)，见图 11-24 所示，应用 PIV 可以做速度场测量。

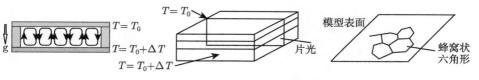

图 11-24　热对流晶胞结构 (温度分布)

2. 表面温度分布场 (机翼表面温度分布测量)

将液晶涂层于图 11-24 模型表面，由于存在对流涡胞使得模型表面存在六角形蜂窝状温度场结构。热色液晶会通过颜色将这种结构反映出来，利用 CCD 相机记录彩色图像。可对背景进行修正获得伪彩色图，对温度曲线进行校正，实现绝对温度测量。

注意：

(1) 从不同角度观测液晶会有不同的颜色，由此带来误差甚至错误。通常采用长焦距透镜改进拍摄方法，如图 11-25。

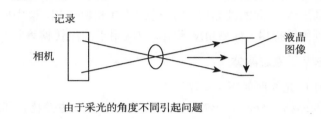

由于采光的角度不同引起问题

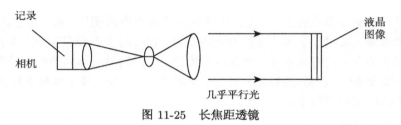

图 11-25　长焦距透镜

(2) 模型表面问题

模型表面不是平面，通常是曲面，取光角度有区别，见图 11-26，需要校正和修正。

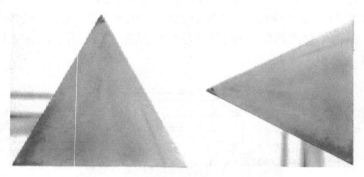

图 11-26　用相机采集的液晶热色图

图 11-27 给出了三角翼表面温度分布测量，图 11-28 给出了边界层转捩液晶热像图。

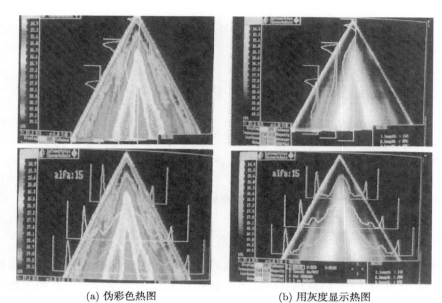

(a) 伪彩色热图　　　　　　　　　　(b) 用灰度显示热图

图 11-27　60° 三角翼伪彩色热图及用灰度显示的热图

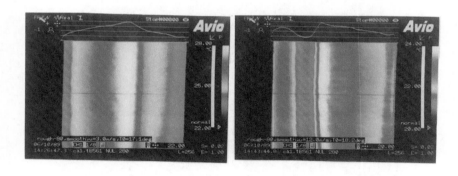

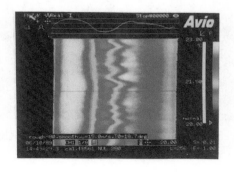

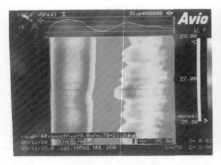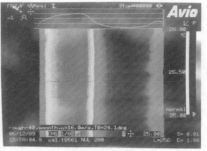

图 11-28　边界层转捩液晶热像图 (随 Re 变化)

3. 两层 Marangoni 对流界面温度场测量

两层流体 Marangoni 对流是微重力流体科学的主要研究模型，对流结构见图 11-29 所示的 PIV 测量结果，图 11-30 给出利用热色液晶观察到的两层流体界面温度分布的涡胞结构。

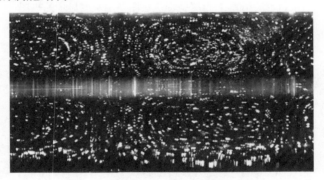

图 11-29　对流结构

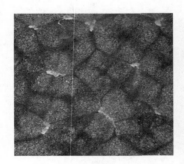

图 11-30　两层 Marangoni 对流界面温度分布的涡胞结构

4. 液滴热毛细迁移温度场测量

图 11-31 给出单液滴迁移温度场热色液晶测量结果，图 11-32 给出双液滴温度场测量结果，参见康琦研究员的博士生崔海亮博士论文。

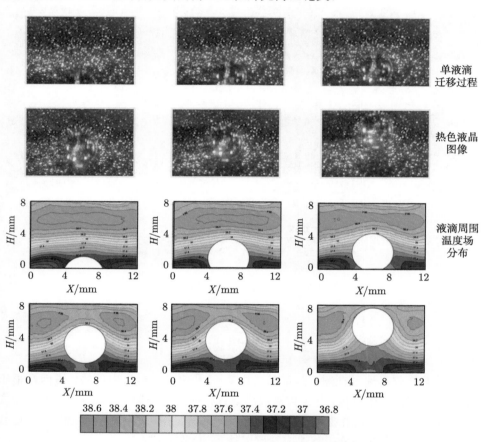

图 11-31　单液滴迁移温度场热色液晶测量结果

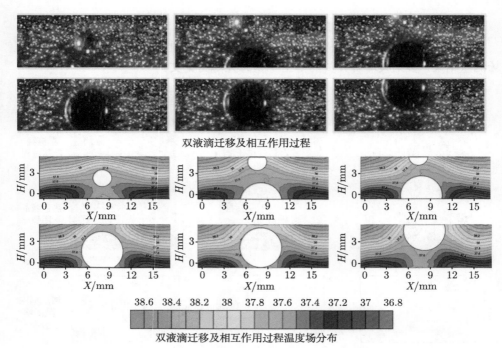

双液滴迁移及相互作用过程

双液滴迁移及相互作用过程温度场分布

图 11-32　双液滴迁移温度场测量结果

11.5　红外热像仪技术

红外热像仪是通过探测红外能量（热量），并将其转换为电信号，进而在显示器上生成热图像和温度值，并可以对温度值进行计算的一种检测设备。由于近年来的技术革新，尤其表现在探测器技术、内置可见光照相机、各种自动功能、分析软件的发展等，使得红外分析解决方案比以往更为经济有效。

技术指标：

① 测温精度：$\pm1.5\,^{\circ}\!C(0\sim100\,^{\circ}\!C)$ 或 $\pm2\%(<0\,^{\circ}\!C和>100\,^{\circ}\!C)$；

② 灵敏度：$0.05\sim0.025\,^{\circ}\!C$；

③ 测温范围：$-40\sim1200\,^{\circ}\!C$；

④ 分辨率：320×240，640×480；

⑤ 采集速率：$60Hz$；

⑥ 测量物体表面温度。

红外热像仪有很多产品，常见的产品见图 11-33。红外热像仪通过拍摄物体表面温度形成热图像，普通照相机是通过拍摄物体外形形成图像，二者区别见

图 11-34，图中上部是普通照相机拍摄的图像，下部是红外热像仪拍摄的图像。

图 11-33　红外热像仪

(a) 实物照片

(b) 红外图像

图 11-34　照相机与红外热像仪区别

红外热像仪用途广泛，在军事、银行等重要地点做夜间监视等，见图 11-35。

红外热像仪也可以应用于科研中，用于流体表面温度监测，进而获得流体的流动状态。

(1) 红外热像仪观测环状热毛细对流模式转换

此部分内容参见康琦研究员的博士生张丽的博士论文。

该实验用红外热像仪完成环状热毛细对流模式转换问题的研究。借助红外热像仪，就能捕捉到流体层自由面的温度场信息，进而研究流动模式转换问题。实验中用红外热像仪拍摄了不同液层厚度下内外壁面温差逐步增大过程中表面温度场的演变过程，定量观察了周向温度的脉动规律，发现环状对流体系存在驻波、行波模态转换。在实验径向温差升高过程中，发现了如图 11-36 共 7 种不同波数的驻波模态 (分别为 $m = 0, 1, 5, 6, 7, 8, 9$) 及一种热流体行波模态 (两组与加热壁面呈一定角度的螺旋波延顺时针和逆时针反向旋转)。7 种表面驻波模态存在径向振荡，能量由波腹的运动传递到边壁。此时驻波流场状态为二维振荡流；热流体波行波模态表现为两组螺旋线沿周向单向或双向旋转；不同液层厚度下相同的升温过程所经历的波数变化和温度转捩点也是不同的。

图 11-35　红外热像仪应用

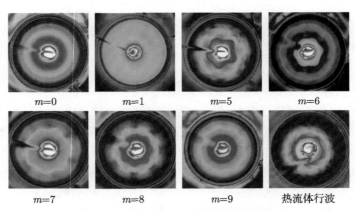

图 11-36　浮力热毛细对流模式转换

(2) 红外热像仪和 PIV 观测 Bénard-Marangoni 对流涡胞结构及转捩过程

此部分内容参见康琦研究员的博士生吴笛的博士论文。

Bénard-Marangoni 对流 (BM 对流) 是指，水平的液体薄层在底部加温的作用下，当垂直温度梯度大于临界值时，形成对流，继续增加温度差，对流失稳。为了构建底加热的实验模型以研究 BM 对流的失稳，设计一套底部均匀加热的大尺寸的矩形液池，见图 11-37。紫铜的底板有优良的热导率，能实现线性加温的功能。K9 光学玻璃的侧壁则使得 PIV 实验能顺利进行。

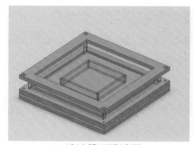 

(a) 液池模型设计图 (b) 底面温度分布

图 11-37 实验模型

由于 BM 对流耦合了速度场和温度场的变化，因此 BM 对流的流场显示包含温度场采集系统和速度场采集系统。温度场采集系统是获取表面温度场红外热像仪 (Flir E60) 速度场通过 PIV 系统 (Dantec 和立方天地公司) 测量。

实验结果表明，当温差超过临界值时流场会形成六边形蜂窝状的涡胞，当继续升高温差至超临界条件时，六边形涡胞模式将会失稳，出现一系列的转捩过程。最显著的特征就是规则六边形涡胞排布出现缺陷，向不规则涡胞发展，出现五–七缺陷结构和花状缺陷结构。图 11-38 给出了不同粒子示踪结果和红外测温结果，两结果有高度的一致性。图 11-39 显示了 Bénard-Marangoni 对流转捩过程中的斑图演化。

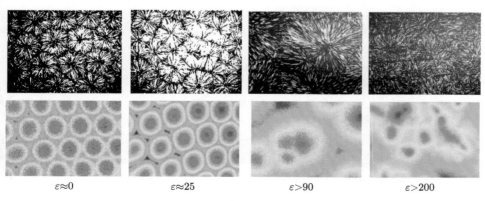

$\varepsilon \approx 0$ $\varepsilon \approx 25$ $\varepsilon > 90$ $\varepsilon > 200$

图 11-38 粒子示踪结果和红外测温结果

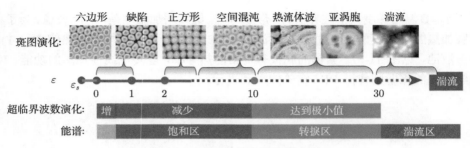

图 11-39　涡胞结构的转捩过程

注意事项：

采用不同热敏材料或热幅射原理，得到表面的温敏的光强、彩色、红外幅射温度的信息，采用拍摄图像、数字图像或幅射图像的记录。

通过对指定热分布图像的校正，取得减少背景噪音误差的热像图或温度分布图（黑白灰度图，彩色图，伪彩色图）。

目前比较成熟的是基于激光诱导（光致发光）荧光的温敏漆。

此外，前四种方法中，温度测量基本上是非线性关系，受其他因素的影响也比较大。

参 考 文 献

崔海亮. 2007. 微重力下非均匀温度场中气泡动力学特性. 北京: 中国科学院研究生院博士论文.

吴笛. 2014. Bénard-Marangoni 对流超临界转捩过程的研究. 中国科学院大学博士学位论文.

张丽. 2014. 环形液池浮力-热毛细对流振荡行为和转捩问题的研究. 中国科学院大学博士学位论文.

Cui H, Hu L, Duan L, et al,. 2008. Space experimental investigation on thermocapillary migration of bubbles. Science in China Series G-Physics and Astronomy, 51(7): 894-904.

Wu D, Duan L, Kang Q. 2017. Wavenumber selection by Béenard-Marangoni convection at high supercritical number. Chin.Phys.Lett., 34, 054702.

Wu D, Duan L, Kang Q. 2020. Defects of Bénard cell on a propagating front[J]. Physics of Fluids, 32(2): 024107.

Zhang L, Duan L, Kang Q. 2014. An experimental research on surface oscillation of buoyant-thermocapillary convection in an open cylindrical annuli. Acta Mechanica Sinica, 30(5): 681-686.

第12章 粒子图像测速基础

12.1 示踪速度场测量技术概要

至今，速度场测量技术分为两类：一为粒子示踪，二为分子示踪，均将示踪物质（粒子或分子）均匀地散布在流体中，使透明流体运动，通过示踪物质的跟随流动，达到显示流动和获取流动的速度场信息，现已成为全场观测技术中困难又前沿的领域，并已取得长足且令人鼓舞的进展。

图 12-1 为示踪速度场测量技术的分类示意图，这里有许多缩写的名称，其中还附加了有关点的测速的主要技术，以供读者了解、参阅、比较。有关的示踪速度场测量技术将在后面的章节中详述，这里先有一个概貌。

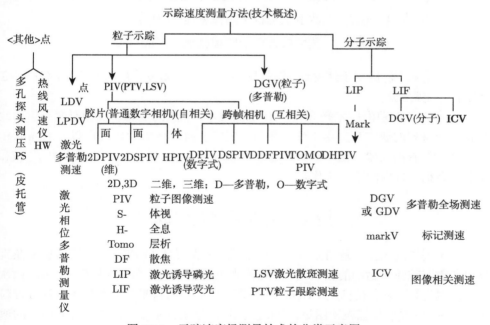

图 12-1 示踪速度场测量技术的分类示意图

粒子图像测速技术（PIV）是一种场的测量技术，它不同于很长时间使用的传统的大多是基于点的测速方法，这是瞬时（同时）测量流场中许多点的速度的测量技术，也就是可以测得瞬时的速度分布场，测试结果不是一个点一条曲线，而是一幅瞬时的速度分布图。显然这是实验流体力学的重大进展。

该技术始于 20 世纪 70 年代，受到固体力学激光散斑测量表面应变位移技术的启发，在流体中加入很浓的粒子，在激光片光的照明下，也可形成类似的散斑，两次曝光则可得到散斑的位移，由此将散斑的位移视为流动的位移，开始应用于流体力学的速度测量，即所谓激光散斑测速（LSV）技术，直到 1984~1985 年，对散斑的位移有了自动判读技术，使 PIV 技术取得突破性进展（Adrian 教授等），并开始有条件应用于实际流动的观测中。从此可以说开创了一个以 PIV 为核心的全流场观测研究和应用的时代。

粒子图像测速技术重大进展和应用概述如下：

$$
\text{胶片}\begin{cases}
1985\ \text{年}\quad\text{粒子图像测速，PIV（LSV，PTV）}\\
1992\text{—}1995\ \text{年}\quad\text{体视粒子图像测速原理研究，SPIV}\\
1996\text{—}1998\ \text{年}\quad\text{全息粒子图像测速，HPIV}
\end{cases}
$$

$$
\genfrac{}{}{0pt}{}{\text{数字}}{\text{相机}}\begin{cases}
2000\text{—}2001\ \text{年}\quad\text{数字式粒子图像测速，DPIV}\\
2001\text{—}2002\ \text{年}\quad\text{数字体视粒子图像测速，DSPIV}\\
2002\text{—}\quad\text{数字全息粒子图像测速，DHPIV}\\
2006\text{—}\quad\text{数字层析粒子图像测速，TOMOPIV}
\end{cases}
$$

PIV 技术广泛应用于速度场、涡量场 …… 静压场 p 作用力的测量，包括：定常流和非定常流场。

目前 PIV 的前沿技术是 3Dt—3C 观测技术。北航的全流场观测研究小组由此开展了一系列的研究和应用工作，并与德国宇航院流体力学研究所以 J.Kompenhans 博士为首的实验方法小组开展近十年的研究合作。对 PIV 的进展做出了贡献。本书将介绍这方面的若干工作。

12.2   基本原理及组成

粒子图像测速技术是当今最实用的全流场观测技术（FFFOM）。顾名思义在流体中布撒跟踪流体运动的粒子，用激光片光照明流场，粒子的图像及其位移（两次或多次曝光）记录在相机或 CCD 相机的芯片上，采用自相关或互相关方法处理粒子（位移）图像或多幅粒子图像，取得全流场的速度向量场，瞬时或时间历程的速度向量场。粒子图像测速系统原理图如图 12-2。

二维粒子图像测速 (2D-PIV) 原理如图 12-2 所示，系统组成如图 12-3 所示，包括粒子布撒系统、光源系统、记录系统、处理系统。

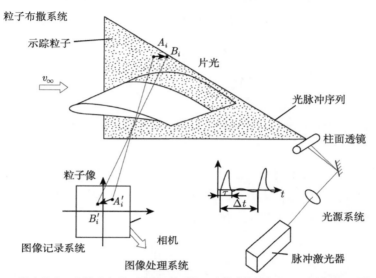

图 12-2 粒子图像测速系统原理图

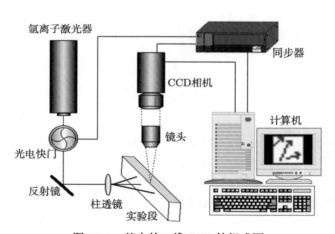

图 12-3 基本的二维 PIV 的组成图

粒子图像测速方法不同于大部分传统速度测量方法。如皮托管、热线风速仪等，都是间接测量速度，使用前需要校正。粒子图像测速技术是一种直接测量技术。由基本量纲位移长度和时间的测量取得，原理上讲是准确的。

$$u = \lim_{\Delta t \to 0} \frac{\vec{x}_2 - \vec{x}_1}{t_2 - t_1} = \lim_{\Delta t \to 0} \frac{\Delta \vec{x}}{\Delta t} = \lim_{\Delta t \to 0} \frac{\Delta \vec{S}}{\Delta t \cdot M} = \lim_{\Delta t \to 0} \frac{\vec{S}_2 - \vec{S}_1}{\Delta t \cdot M} \tag{12-1}$$

$\vec{x}_1$，$\vec{x}_2$ 分别为 t_1 和 t_2 时刻流体质点的空间位置。$\vec{S}_1$，$\vec{S}_2$ 分别为 t_1 和 t_2 时刻

粒子的像的空间位置。M 为记录介质面积（A_i）与观测流动的视场（A_o）之比（放大率）。

$$M = \sqrt{A_i/A_o} = \frac{\left|\Delta \vec{S}\right|}{\left|\Delta \vec{x}\right|} \tag{12-2}$$

$\Delta \vec{x}$, $\Delta \vec{S}$ 分别为 t_1 和 t_2 时刻流体质点的空间位移和粒子的像的空间位移。$\Delta t = t_2 - t_1$。

粒子：$t = t_1$ 时，位于 A_i 点；$t = t_2$ 时，位于 B_i 点。则粒子位移为 $\overline{A_i B_i}$。

粒子图像：$t = t_1$ 时，位于 A_i' 点；$t = t_2$ 时，位于 B_i' 点。则粒子图像的位移为 $\overline{A_i' B_i'}$。则放大率和粒子运动速度计算方法如下：

$$M = \frac{\left|\overline{A_i' B_i'}\right|}{\left|\overline{A_i B_i}\right|} \tag{12-3}$$

$$\vec{U_i} = \frac{\overline{A_i B_i}}{\Delta t} = \frac{\overline{A_i' B_i'}}{M \cdot \Delta t} \tag{12-4}$$

测量误差为

$$\frac{\delta u}{u} = \frac{\delta \Delta \vec{x}}{\Delta \vec{x}} + \frac{\delta \Delta t}{\Delta t} = \frac{\delta \Delta \vec{S}}{\Delta \vec{S}} + \frac{\delta \Delta t}{\Delta t} + \frac{\delta M}{M} \tag{12-5}$$

若 $\delta \Delta t$ 误差很小（0.5ns/1μs~200ms），对速度的误差可忽略不计。因而速度的误差主要取决于位移的测量误差，亦即粒子图像位移和放大率 M 的误差。

上式尚缺粒子跟随性引起的误差，需专门研究讨论，一般而言选用粒子时就要考虑其跟随性的要求，使由于粒子跟随性引起的问题减到最小。因而类似激光多普勒测速（LDV），这里 PIV 一般不必作速度校正。

12.3 PIV 的光源照明系统

如原理所述，PIV 的光源照明系统需要对流场提供二次或多次曝光的脉冲照明光源，对应一个光脉冲，产生一幅粒子的图像（曝光）。图 12-4 给出脉冲时序示意图。

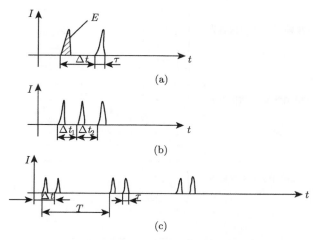

图 12-4 激光脉冲时序示意图

E 为光脉冲能量，一般 $10^1 \sim 10^3$mJ，Δt 为光脉冲的时间延时间隔，τ 光脉冲宽度，T 光脉冲重复周期。E 越高，照射区域面积（体积）越大，粒子图像的感光能力越强（越易被底片感光或 CCD 相机记录）。

τ 脉冲宽度，范围是 ns~ μs。原则上 τ 越小，越能使粒子像的形状保持原状，数据处理误差小。反之 τ 越大，造成粒子像变形，如球状粒子的像成椭球形，见图 12-5。τ 的大小也取决于所测的流体速度，流速越高，τ 应越小，即脉宽应越窄。

图 12-5 τ 对粒子形状的影响

Δt 是两个脉冲的间隔，或称延时时间，即时延。Δt 的范围如果固定不可调，则测速范围很有限；如果可调，如 200ns~25ms 范围可调，则测速范围为 1000m/s~0.1mm/s。为此需设计专门的 PIV 的激光光源。图 12-6 给出脉冲编码和记录帧方法。

不同光脉冲脉宽和多脉冲记录的粒子图像见图 12-7，图中上边的胶片两次曝光的时间间隔长于下边胶片两次曝光的时间间隔。

T 是光脉冲组的重复周期，若只有一组（双脉冲或三脉冲），只能提供一个瞬间的速度测量（粒子位移信息）。

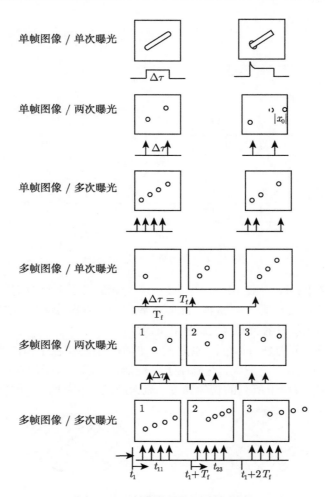

图 12-6　脉冲编码和记录帧方法

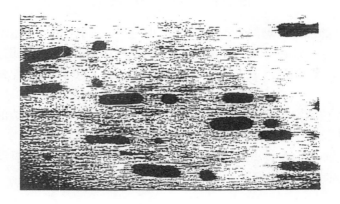

图 12-7 不同光脉冲脉宽和多脉冲记录的粒子图像

若能周期重复，并与记录系统同步，则可提供速度场测量的时间历程，即记录一系列粒子图像对（位移）信息的时间历程。

实际的几种光源系统举例如下：

• 红宝石脉冲激光器：

红宝石激光器为双脉激光器，输出激光为红光，波长为 680nm，光脉冲为500mJ~2J/脉冲，脉宽为 10ns~1μs，时间延时 Δt 为 10ns~50μs。

• 单台 YAG 固体脉冲激光器：

YAG 固体脉冲激光器可输出单脉冲激光和双脉冲激光。输出激光为绿光，波长为 532nm，光脉冲能量为 $10 \sim 10^3$mJ/脉冲，脉宽 5~10ns，通过延时器获得时间延时 Δt 为 10~50μs，激光重复频率为 10~30Hz。

• Ar^+ 离子激光器 + 机械斩波

Ar^+ 离子激光器是连续激光器，一种方法是加机械斩波的方法获得连续两次或多次曝光；现在通常用高速 CCD 采集连续粒子图像。

机械斩波的原理见图 12-8，用机械转盘调制，使光束有孔时通过，无孔处无法通过，形成光脉冲。光脉冲的时延大小取决于孔的位置、孔的数目和转盘的转速。

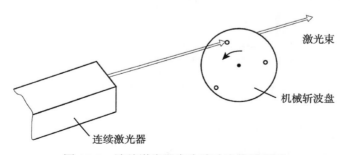

图 12-8 连续激光器产生脉冲光的原理图

一般只能用于低速流动的测量,因为 τ 和 Δt 均不可能太小。

　　● 双 YAG 脉冲激光器组系统

　　鉴于上述光源均不够理想用于 PIV 以适用于各种速度测量,提出了 YAG 激光器组系统(1988—1989),目前已成为 PIV 的光源的定型商用系统,如图 12-9 所示,双 YAG 的照明系统见图 12-10,氩离子激光器的照明系统见图 12-11。

　　如每台激光器:$\tau=6\text{ns}$,$f(T)=10\sim30\text{Hz}$,$E=10^1\sim10^3\text{mJ/脉冲}$。

　　两台激光器的光脉冲时间延时器控制可达到 $\Delta t=200\text{ns}—(20\sim30\text{ms})$,测速范围在 $1000\text{m/s}\sim0.1\text{mm/s}$,$\delta\Delta t=0.2\text{ns}$。

　　两束激光经合束器同一光路输出,照亮流场同一位置,实现激光能量无损失的会束,见图 12-9。在 1980~1990 年,这是一个关键技术问题,不少激光器公司做不了无能量损失合束。目前已有组合件,手提式,使用方便,几乎无需调整。

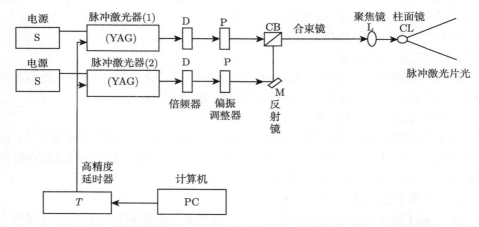

(a) YAG 脉冲激光器(1064),D~倍频器(532),P~偏振调整器,M~反射镜,
CB~合束镜,L~聚焦镜,CL~柱面镜,T~延时控制器,PC~计算机

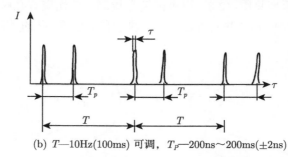

(b) T—10Hz(100ms) 可调,T_P—200ns~200ms(±2ns)

图 12-9　双脉冲激光器组——PIV 光源系统原理图

图 12-10 和图 12-11 分别为双 YAG 照明系统和 Ar^+ 离子激光器照明系统。表

12-1 表示 PIV 的六种组合方式。

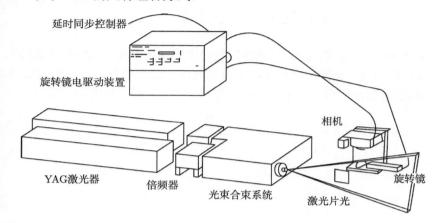

图 12-10　双 YAG 的照明系统

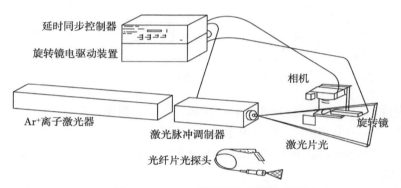

图 12-11　Ar^+ 离子激光器的照明系统

表 12-1　PIV 的六种组合方式

组合方式＼名称	双 YAG 激光器	单 YAG 激光器	氩离子 激光器	Video PIV 分析系统	PIV 胶片 分析系统	照相机 组合件	速度 范围
I	√			√			$Ma = 3$
II		√		√			30m/s
III			√	√			水或 2m/s
IV	√				√	√	$Ma = 3$
V		√			√	√	30m/s
VI			√		√	√	水或 2m/s

12.4　PIV 的记录系统

　　PIV 的记录系统，顾名思义，记录系统需将由激光脉冲照亮瞬间的粒子群的像记录下来，可以将两次光脉冲照明粒子群的像记录在一幅介质上（底片或 CCD 芯片），或是将两次光脉冲照明的粒子群位移信息分别进行记录，见图 12-12。

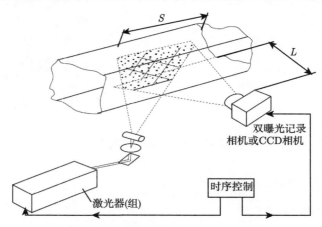

图 12-12　记录系统原理示意图

PIV 发展的早期，通常使用相机和电影机记录粒子图像，其中，

- **相机**　　　　135 相机　　　　120 相机　　　底片

　　　　　　　　（25mm×35mm）（50mm×70mm）100~1600ASA, 21° ~33°in

- **电影机**

　　相机底片的尺度越大，观测（面积）区域越大。相片的感光灵敏度越高，节省激光器光源能量。单位面积的感光能量可小，但感光度 ASA 要高，底片的颗粒变粗，粒子的分辨力降低。

　　近年来，由于技术的发展，PIV 通常使用 CCD 或 CMOS 相机，两次曝光的粒子图像可以记录在同一帧上，也可使二次曝光的粒子像记录在前后二帧上，或者使用高速 CCD 连续记录粒子图像，详见后述。

- **CCD 或 CMOS 相机**　512×512，1024×1024，2048×2048，4096×4096，分辨力提高。

- **跨帧 CCD 或 CMOS 相机**　　各种 CCD 或 CMOS 相机帧频不同，有 25Hz、200Hz、500Hz、1000Hz、2000Hz··· 等。图像处理时可选用连续两帧或跨帧的两幅图像，时间间隔根据帧频和跨帧数量计算出来，范围为 200ns~1μs(Δt——跨帧最短时间间隔)。

● **镜头**

不同观测场的大小和距离（S, L）可用不同镜头来实现，微流场测量用显微镜头（Micro）。要求高质量镜头（镜头价值几千至几万人民币不等），与相机连接分 F 接口和 C 接口，视相机而定。

● **记录同步系统**

为保证光脉冲落在所需的介质上，需有同步控制电路系统（通常用 B 门，不用快门）。光脉冲与记录系统的帧同步原理如图 12-13。

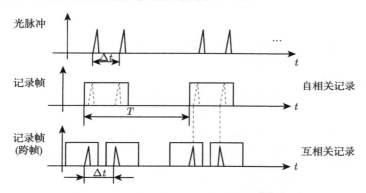

图 12-13 光脉冲与记录系统的帧同步原理图

选取激光器重复频率和氙灯重复频率相同 $10\sim30\mathrm{Hz}$，Q 开关控制激光脉冲主氙灯最大能量处，见图 12-14。记录方式包括自相关记录和互相关记录。

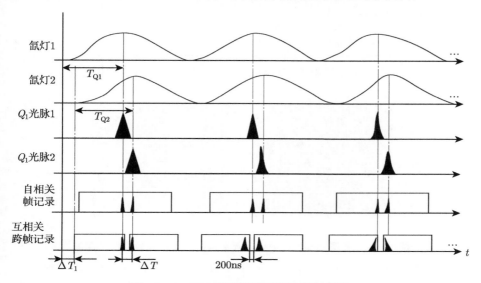

图 12-14 双台激光器帧记录时序原理图

自相关记录：一帧记录两次曝光的粒子图像。

互相关记录（跨）：每帧记录一次曝光的粒子图像，一对帧记录两次曝光的粒子图像，Δt 是两帧图像的时间间隔，200ns~1ms 可调，见图 12-15。由跨帧相机二次曝光记录的典型粒子图像如图 12-16 所示。

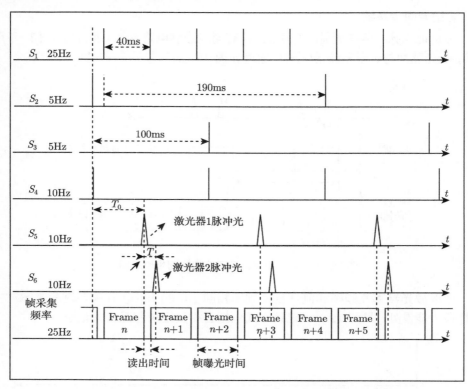

图 12-15 跨帧 CCD 相机和 YAG 激光器的同步时序图

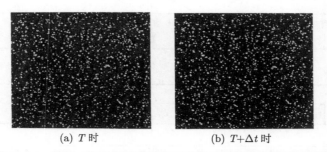

(a) T 时   (b) $T+\Delta t$ 时

图 12-16 采用二次曝光记录在数字相机上两帧的典型粒子图像

二维壁面剪切流动的 PIV 8-bit 的 256×256 像素图像，两帧图像时间间隔 $\Delta t = 0.033\mathrm{s}$

12.5　粒子布散及粒子图像——粒子问题是能否应用的关键

对于不同实验,需选用不同粒径和比重的粒子均匀布散到需观测流场区域内。一般讲,根据流动跟随性要求,粒径越小越能跟随流动,跟随性误差越小。粒子的比重应尽可能接近流体的密度,减少浮力引起的误差。同时,又需考虑粒子的光反射效率应越高越好,使记录介质比较容易感光记录。此外,粒子一般采用球状。球状粒子的优点是粒子在移动转动时,其投影形状始终保持圆形,便于在粒子像判别和图像处理(相关处理)中减少误差。

1. 粒子图像问题

作为全流场测量,要求粒子均匀布散在流场中,并要求粒子直径(球形最好),有条件的话越小越好(见第二章),并对所给的流场和记录设备,粒子的浓度也有一定要求。粒子其他要求同前所述,如密度接近于流体密度,表面有较高的反射率等。

粒子图像的尺寸估计公式如下:

$$d_i = \sqrt{M^2 d_p^2 + d_s^2 + d_r^2} \tag{12-6}$$

d_i 为粒子像直径, d_p 为粒子直径, M 是放大率, d_s 是衍射斑直径(取决于光路系统), d_r 是底片或 CCD 记录介质的分辩度。其中, $d_s = 2.44(1+M)f^\# \lambda$, $f^\#$ 是透镜光圈数, λ 是激光波长。

在粒子直径比较大时, d_i 主要取决于 d_p;在粒子直径比较小时,如 $d_p < 5\mu$, d_i 主要取决于 $d_s(15\sim 20\mu m)$。

由公式可见,粒子图像大小不完全取决于粒子的大小,还取决于放大率和所采用的光学系统。粒子大小的选用这里要考虑粒子像的大小和记录介质的分辨力的匹配,亦即要使粒子像直径大小和胶片的溴化银颗粒大小或和 CCD(CMOS)的像元大小相当,并最好 $d_{pi} \sim (1 \sim 2)$ 个像元,原因见后。

此外,为保证粒子有足够的散射光强,粒子大小与散射光强分布图见第六章,在水流中用的粒子常采用镀银空心玻璃球,不同直径的粒子均已有专门公司生产供应。

2. 图像粒子浓度

粒子图像测速技术对粒子浓度有一定要求,比较而言,激光散斑测速技术(LSV)要求粒子浓度较高,PIV 要求次之,粒子跟踪测速技术(PTV)要求粒子浓度最稀。

实际空间流场粒子浓度与记录粒子像浓度的关系如图 12-17 所示,关系式如下:

$$N_I = C\Delta Z_0 \pi d_{int}^2 / 4M^2 \tag{12-7}$$

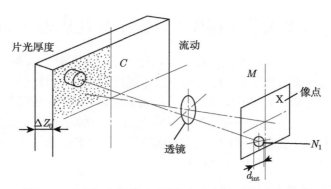

图 12-17　空间流场粒子浓度与记录粒子像浓度的关系

图中 d_{int} 为判读小区直径（一般取 0.5mm 或 32×32pixel），ΔZ_0 为流场照明片光厚度，C 为粒子浓度，N_I 为判读小区内粒子像数，M 为放大率，一般要求在判读小区内 N_I 要有 8~12 个粒子像，两次曝光要求有 8~12 对粒子像，才能正确判读位移大小。因而流体中的粒子浓度需

$$C = N_I \cdot 4M^2 / \Delta Z_0 \pi d_{\text{int}}^2 \tag{12-8}$$

在实验中，所需的粒子浓度可以预先估算，然后测量实验后确定是否合适。在回流式风洞、水洞中，实际应该边观测、边加粒子，最后达到是否合适为止。如果实验要求测量的空间的分辨力提高，有时也需要相应增加流体中的粒子浓度。

对风洞试验用的粒子发生器，其简单工作原理示意图如图 12-18 所示，采用食用油或醇类（可挥发）、无毒，用微喷嘴把油打成雾状，用气送入风洞中，一般送粒子风口放在安定段内，对主流扰动小，也较易均匀分布进入试验段。

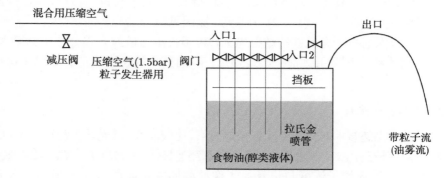

图 12-18　粒子发生器工作原理示意图

12.6 粒子位移大小问题

由于判读小区的限制和测量点数多的要求，测量时粒子位移量大小实际需要选择实验参数，控制其大小。

对于不同速度，采用不同的 Δt 时间间隔，具有不同的位移 $\Delta\vec{x}_{\max}$，但具有相同的记录的粒子像位移 $\Delta\vec{S}_{\max}$。又尽可能要求限制粒子像的位移大小 $\Delta\vec{S}_{\max}$，$\Delta\vec{S}_{\max} \leqslant \left(\dfrac{1}{2} - \dfrac{1}{4}\right)d_{\mathrm{int}}$。以保证有足够的位移信息（粒子对）留在判读小区中，即有足够多两次曝光的粒子都留在判读小区范围内，如图 12-19。

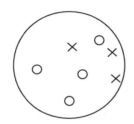

图 12-19　足够多两次曝光的粒子都留在判读小区范围内

为什么是 $\left(\dfrac{1}{4} \sim \dfrac{1}{2}\right)d_{\mathrm{int}}$？这是随机统计的结果。首先如果位移太小，小于 $\dfrac{1}{4}d_{\mathrm{int}}$，则测量位移的误差大，推出位移越大越好；但大于 $\dfrac{1}{2}d_{\mathrm{int}}$，则会发生大多数的粒子的第一次曝光和第二次曝光的像不会同时落在判读小区内，得不到位移的信息。因而 $\left(\dfrac{1}{4} \sim \dfrac{1}{2}\right)d_{\mathrm{int}}$ 也许是一个最佳的选择。

12.7 粒子图像处理系统

粒子图像处理是粒子图像位移的判读（Interrogation），包括位移的大小和方向的判读。由于此物理过程，首先是判别找出第一次曝光和第二次曝光的同一粒子群（或单个粒子），并求出（读出）粒子位移的大小和方位，并且又如读书一样，一字一字（一位一位）地依次一个一个地取得粒子速度。目前也有不同的译法，作者以为此译较妥，是 PIV 技术的关键技术之一。由于粒子成千上万无法人工判别，其位移更难以判读，1985—1986 年 Prof. Adrian 等人实现了自动判读，使 PIV 实用成为可能。

1. 判读小区

如图 12-20 和图 12-21 所示，无论是用胶片或是数字相机记录，判读小区（Interrogation area）与流场观察区的光学系统实际上是把观测的流场相应记录的介质分割成很多小区，每个小区称判读小区，每个小区包含有若干二次曝光的粒子像（对），即包含粒子位移的信息（如前所述，尽可能保证有 8~12 对粒子像在内）。每个判读小区也代表 PIV 所测的点的大小和位置，所测速度不是单个粒子的速度，而是判读小区内的粒子群的平均速度。

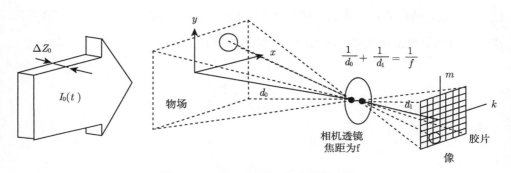

图 12-20　PIV 光学记录系统原理图

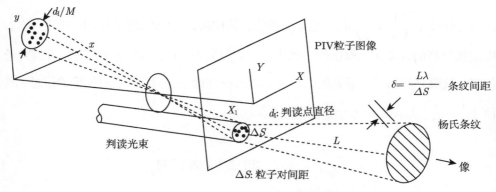

图 12-21　PIV 判读区光学系统原理图

2. 判读方法

如何确定判读小区内粒子的速度大小和方向是判读的任务，亦即如何确定判读小区内粒子像的位移大小和方向的任务。

至今主要有三种方法：杨氏条纹法（Yang's fringe method）、自相关法、互相关法。前两种方法主要用于二次曝光的粒子像记录在同一帧上，难以判读粒子位移的方向,存在方向的二义性。后一种方法用于第一次曝光的粒子像和第二次曝光的粒子像分别记录不同的帧上,因而不存在速度方向上的二义性,是至今主要采用的方法。

(1) 杨氏条纹法

粒子图像判读最早使用的方法是杨氏条纹法,即使现已不再实用,但原理清楚,便于理解,介绍如下:

将位移信息判断出来,是基于光的双缝干涉,即杨氏条纹的原理,条纹的垂直方向的方位是位移的方位(Oritation),条纹的间距与双缝的间距成反比,双缝可视为二次曝光的粒子像,如图 12-22、图 12-23 所示。

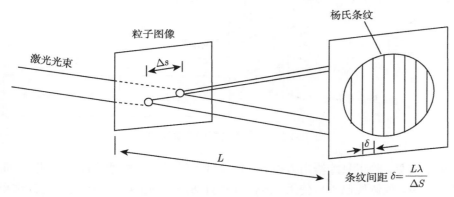

图 12-22 双缝干涉成像——杨氏条纹

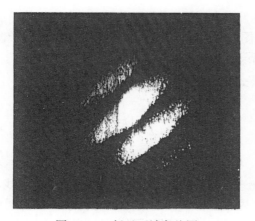

图 12-23 杨氏干涉条纹图

采用杨氏条纹的 PIV 判读系统原理图如图 12-24 所示,把记录二次曝光的粒子的胶片放置在一个二维位移机构上，用 0.5mm 直径（相当于判读小区的大小）的氦氖激光透射到胶片上，在其后形成的杨氏条纹被记录到相机上。移动位移机构依次一小区一小区扫描整张照片，每幅杨氏条纹由计算机程序计算出每小区的位移大小和方位，速度的方向需要人工辅助确定。由此得到整个流场的速度分布图。

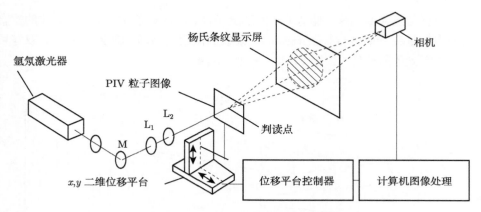

图 12-24　杨氏条纹判读系统原理图

　　由上可见，除了只能给出方位外，判读过程采用光学机械等设备，判读一张胶片耗时不少，虽然现已不再使用，但仍具有自动判读的里程碑的作用。判读结果如图 12-25 所示。

　　(2) 自相关法

　　源自数字相机的发明和引用，可以取代胶片，直接将粒子位移图像记录在芯片上，由此可以用数字图像处理技术。使用自相关算法计算粒子像的位移的大小和方位（双曝光粒子像记录在芯片一帧图像上）：

　　自相关的数学公式如前章所述。

$$R(S) = \int I(x)I(x + S)\mathrm{d}x \tag{12-9}$$

$R(S)$ 表示相关函数，$R(S) = 1$ 表示最大相关，$R(S) = 0$ 表示无关。

　　自相关求解的物理过程，相当于在同一幅粒子图中，寻找（第一次曝光的）一个粒子群（判读小区内）在下一个时刻（第二次曝光）的空间位置。如果求解（扫描）过程，找到在某一位置上的一群粒子与所选判读小区内的粒子群具有最大的相关值，则认为这是同一粒子群，由此可确定该判读小区粒子群的位移。

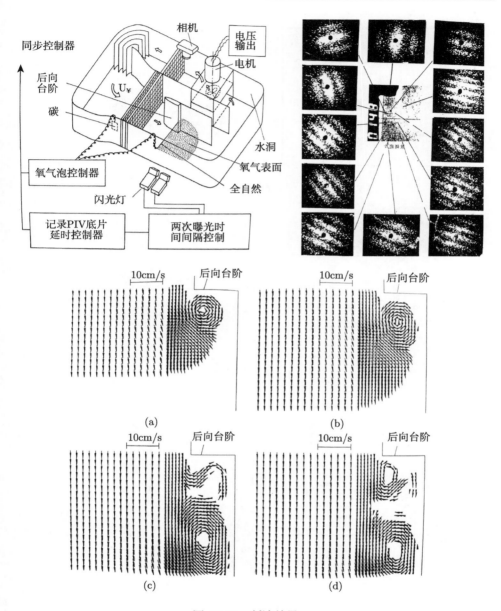

图 12-25 判读结果

自相关计算结果如图 12-26 所示, 其中图 12-26 (a) 是单个粒子位移自相关值分布图, 峰值间距表示位移, 除了主峰有一个二次峰, 方向二义。图 12-26 (b) 是多个粒子自相关值分布图, 图 12-26 (c) 是自相关原理。

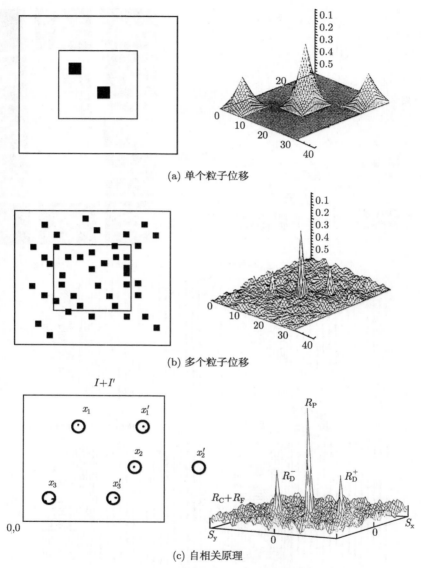

(a) 单个粒子位移

(b) 多个粒子位移

(c) 自相关原理

图 12-26　粒子图像自相关值分布原理图

　　实际运算，作相关运算，即作卷积运算，计算工作量很大，为减少计算工作量，常采用先将数字空间图像经傅里叶变换；作 FFT 卷积运算，在频域算得结果，用逆傅里叶变换、逆 FFT 回到空间域，得最后结果。即使经过二次变换，最后也大大减少了计算工作量。因它是常规算法，这里不作详细介绍。

（3）互相关法

该方法源自跨帧数字相机的发明和引用，有条件可以将二次曝光的粒子像分别记录在二帧图像上。由此记录包含了完整的位移信息，大小和方向。所以采用的互相关法可以判读计算出粒子群的位移的大小和方向。

互相关的数学公式如前所述。

$$R_c(S) = \int I_1(x)I_2(x+S)\mathrm{d}x \tag{12-10}$$

R_c 为互相关函数，I_1，I_2 为两幅图像，x 为图像像元，S 为位移。

互相关的求解过程，相当于在第一幅粒子（即第一次曝光）图像 I_1 上的一个判读小区的粒子群，在第二幅（即第二次曝光）的粒子图像相应的判读小区中寻找到该粒子群的空间位置，找到空间位置，即确定位移的大小和方向。空间位置的确定则是由计算得到互相关最大值确定。所谓最大相关值即是，第一幅图中的粒子群空间分布的样子和第二幅图中的某一所在位置的粒子群空间分布的样子最接近。前提是该粒子群在二次曝光时间间隔内的平均速度变化不大，能几乎保持空间分布的样子不变。

互相关值的计算结果如图 12-27 所示，互相关值只有一个峰值，由此确定位移大小和方向。

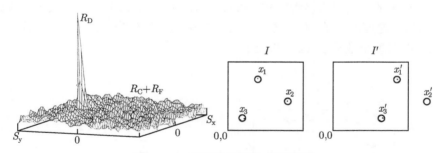

图 12-27　互相关空间分布示意图

实际计算同自相关类似，为减少计算工作量常采用频域计算，已是常规方法，这里不作详述。此外，无论自相关和互相关中，其相关分布图可见，除了峰值外，有时还会出现次峰值和很强的相关噪音，如同杨氏条纹法中，不同的孔，孔随机分布（粒子的随机分布）均会产生干涉条纹，但只有流动方向的位移（孔）形成是加强、叠加的杨氏条纹，而其他随机的孔分布引起的条纹则成为随机的噪音。同样在计算相关也有类似有随机的相关（相关值 > 0，但不是最大值）的粒子群，成为相关值噪音。

12.8　判读区大小和扫描判读的选择

1. 判读小区大小的设置和扫描

判读小区也可称判读窗。判读小区越小，空间分辨力提高，所测速度向量个数增多（越密），对数字图像而言，如表 12-2 尺寸为 1024×1024 像素，一般可有多种选择。

表 12-2　扫描判读小区大小对应的速度向量个数

判读小区大小	速度向量个数
16 × 16	4096
32 × 32	1024
64 × 64	256

所谓判读扫描，即将一幅数字粒子图像，按照确定的判读窗（区）的大小，如下图所示，图 12-28～ 图 12-30，依次在本判读窗（自相关）或在相对应的下一幅粒子图像的判读窗（或称搜索窗（区））内（互) 相关）作相关运算，计算出最大相关值、位移的大小和方向，得到该判读窗代表的点的速度向量；然后按行和列的次序（扫描），一个一个判读窗依次作相关的运算，一点一点的求得速度向量。

判读小区的扫描可有多种方式，如图 12-28 和图 12-29 所示，判读可以重叠扫描，从而增加速度的个数，但并不代表提高实际的空间分辨力。扫描式判读小区大小对应速度向量个数见表 12-2 和表 12-3。

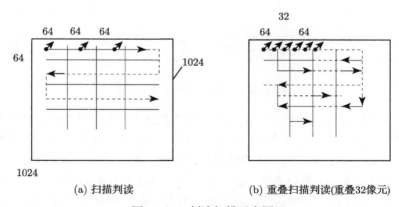

(a) 扫描判读　　　　　　　　　　(b) 重叠扫描判读(重叠32像元)

图 12-28　判读扫描示意图

对互相关判读而言，第一帧的判读窗可以不同于第二帧的搜索窗，大搜索窗可以增大粒子的位移，也即提高测速精度，但增大计算工作量，如图 12-30。

表 12-3   重叠扫描判读小区对应的速度向量个数

判读小区	速度向量个数
16×16	16384
32×32	4096
64×64	1024

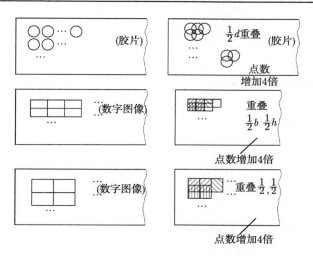

图 12-29   判读窗（区）的设置示意图

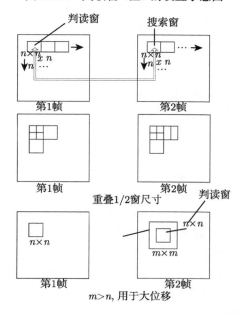

图 12-30   互相关判读窗和搜索窗的设置和扫描示意图

2. 判读区大小的选择

判读窗大小的选择，涉及测量速度的空间分辨力和计算判读的工作量，两者是矛盾的，判读窗越小，测量分辨力高，但计算工作量大。判读窗大小还受到粒子浓度和所测流场的限制。如果判读区太大，不再能代表流场各点的速度，从流场精细测量角度，判读区应该越小越好。图 12-31 为流场和判读区的分辨示意图，其中：

A 图：如果该区内速度比较均匀，则判读区可选大些，位移大些，平均误差小些，当然测点也少些。

B 图：如果判读区本身就存在一个小涡。无法判读出该区的平均速度，也无法测出该区内存在的涡。

C 图：将上述判读区减小，分成四个判读小区，当然可选的位移量减小了一半，速度测量的误差增大一倍，但有可能测出旋涡。

D 图：如将上述判读区大小再减小一半，当然位移大小的分辨力下降，但可能测得更精细的旋涡结构和流场。

因而，选择判读区大小与选择粒子位移（二次曝光）量大小需要兼顾，要针对不同测量区域的流场的特点加以选择。

A   B   C   D

图 12-31　流场和判读区的分辨示意图

值得注意的是减小判读区，增加空间分辨力，必须增加相应的粒子浓度。否则判读小区内没有足够的粒子对，就无法得到位移。

12.9　数字粒子图像测速系统

数字粒子图像测速系统（Digital particle image velocimetry，DPIV）是鉴于 20 世纪 90 年代末、21 世纪初数字相机的发明和引入，替代传统胶片相机，特别是跨帧数字相机（Frame straddle camera）的发明和引入，使 PIV 进入了新时期，成为真正广为实用的高水平的接近实时的流场观测仪器，达到商用水平。目前商用不同价位的 DPIV 系统已有美国的 TSI，德国 Lvision，丹麦 Dantec 以及中国的立方天地科技有限公司可以提供。

关于相关技术和特色作简要介绍。

1. 跨帧相机的原理和应用

跨帧相机的发展由来是解决 PIV 早期测量速度存在的方向二义性，无论用胶片或一般数字相机记录，都只能把二次曝光的粒子位移信息记录在一张胶片和一帧图像上，只能作杨氏条纹或自相关计算取得速度，只能给出速度的方位。

研究人员为此致力于将两次曝光的粒子图像设法记录在先后二张胶片或二帧图像上，因此有一个从光学分光分别记录在两个 CCD 芯片上的相机记录设备，如图 12-32 所示。

又有所谓帧转移型（Frame transfer）的记录方式，即将第一次曝光的一幅图记录完成后马上传递出去，待传送完毕，再接受第二次曝光的信息图像。其间自然有电荷信号一个一个像素传输的时间，所需时间经努力越来越小，但随图像像素越多，几乎没法达到使用的要求，所以也没有推广使用。至今也就是提出了所谓跨帧型的记录方式（Frame straddle 或 Inter-transfer），其二帧时间间隔至今可达到 200ns~1μs，满足 PIV 大范围的应用。图 12-32 为附录 CCD 陈列类型示意图及其工作原理说明。

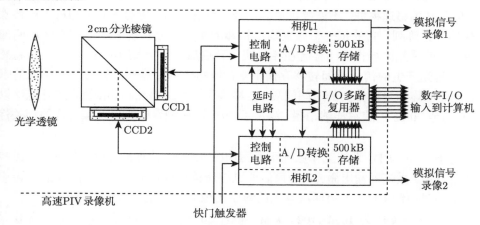

图 12-32　分光双 CCD 芯片记录照相技术（双帧光记录）

附 12-1: 跨帧 CCD 相机

根据感光阵列的结构和图像信号的传输方式，目前面阵 CCD 相机一般有三种类型：普通型 (Full frame)、帧转移型 (Frame transfer) 和跨帧型 (Frame straddle 或 Inter transfer)，如图 12-33 所示。

普通型 CCD 相机感光阵列的感光单元（像素）与存储单元是一体的，在曝光获得图像信息后，将信号经图像采集卡传送到计算机系统，一般采用机械快门，信号传输时间长，限制了图像采集速率 (25~30fps)，两帧图像间的时间间隔较长，对高速流动粒子的图像，不易获得良好的相关性。帧转移型 CCD 相机的感光阵列一侧排列有相应的缓存区，该缓存区被屏蔽，不能感光，当相机快门打开曝光时，感光区域将获得的第一帧图像信号转移到缓存区，并开始抓取下一帧图像，然后两帧图像被先后传输到系统中，实现了电子快门的功能。

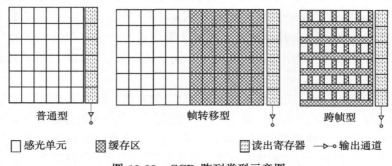

图 12-33　CCD 阵列类型示意图

　　由于首帧图像向缓存区转移的时间极短（微秒量级），使得首帧与第二帧图像的时间间隔相应缩短，因此，帧转移 CCD 相机可用于较高运动速度流场的 PIV 测量，但是它拍摄速率低，不能提供流场的连续演化过程。跨帧 CCD 相机采用特殊结构的感光阵列，它的每一个像素均由相邻的感光区域和屏蔽的非感光区域两部分组成；非感光区域作为缓存区在相机快门开启后，至今大约可在 0.2μs 内，将感光单元曝光产生的信号瞬间转移存储下来，使感光单元能够进行第二帧图像的曝光，从而明显缩短图像间的时间间隔，也减少了 CCD 感光阵列的面积，并能够以 30fps 乃至 20fps 的速率连续拍摄，满足了 PIV 高速测量时先后两帧图像的相关性要求。

　　跨帧 CCD–PIV 系统工作原理示意图如图 12-34。计算机延时时间间隔 Δt 控制两台 YAG 激光器输出激光，合束后通过柱透镜形成片光照亮流场实验区，再由计算机同时控制 CCD 拍摄两次曝光的粒子图像分别记录在两帧图像中。

　　其中，C–CCD 为 1024×1024 像素，8bit，30 帧/s，跨帧时间为 1~5μs；图像采集板为 1K×1K 像元，采集频率大于 20MHz，跨帧时间 1~5μs；

　　双 YAG 激光器输出波长为 532nm 的激光，能量为 200mJ/脉冲，输出时间间隔为 5ns，输出频率为 10Hz；延时控制器通常可延时 200ns~2s，最高达 2ns；

　　延时器：200ns~2s，最高达 2ns。

　　同步控制器同步控制 CCD 在激光输出时拍摄粒子图像；对于空气流，粒子选用烟发生器，粒子直径 0.5~1μs；对于水流，粒子选用空心玻璃球。

　　同步遥控器：跨帧时序同步控制（自制）。

　　系统软件（自制）：

　　粒子发生器：空气流（烟发生器，气压式油雾发生器 0.5~1μm）

水流: 大型水洞, 空心玻璃球水溶液注入系统。

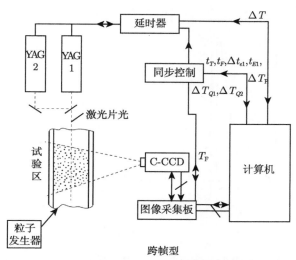

图 12-34 跨帧 CCD–PIV 系统工作原理示意图

2. 亚像素 (子像元) sub–pixel 分辨力原理和应用

对于粒子图像位移的分辨力受限于光电芯片 (CCD 或 CMOS) 的像素 (元) 大小, 一般讲 ± 0.5pixel (像素)。如果粒子像的位移在 10 个像素的话, 位移像素误差达 $\pm 0.5/10$, 即 $\pm 5\%$ 的量级, 成为 PIV 测速的一个大问题。

但如果在实验中能设法将粒子的像占有 1~3 像元的话, 亦即可将粒子像的光强分布拟合成高斯分布, 由它的峰值求出粒子像的中心位置, 此时可以分辨提高到 1/10~1/20 像素, 如图 12-35 所示。由此在空间域中, 对粒子像的中心位置得到修正。

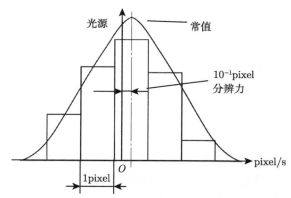

图 12-35 粒子图像光强高斯分布示意图

实际在作相关运算的时候，也就是所谓的偏移误差，如图 12-36 所示。

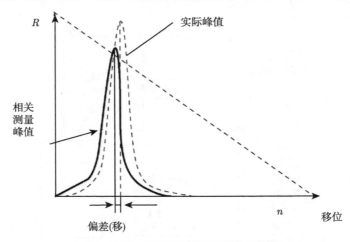

图 12-36   相关计算偏移误差示意图

偏差（移）为 0.5~1 像素。偏移误差是由于采用 FFT 作互相关计算引起的偏差（离散化），偏差的大小，与所取用的判读窗大小（$b \times n$）有关，所记录的粒子图像的大小（d_i）有关。粒子图像约等于 2pixel 为最佳，有三点法估计高斯光分布模型，见图 12-37，可以计算出偏差，控制误差在 1/10~1/20 像素之内。由 FFT 引起的计算相关峰值的误差，由此可以得到修正。

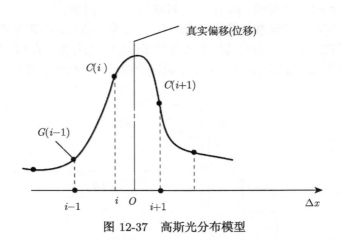

图 12-37   高斯光分布模型

总之，无论空间域还是频域，对粒子中心位置，也就是粒子的位移的分辨力由此可提到 1/10~1/20 像素，相应由位移测量分辨力提高使速度测量的精度可提高一个量级，即 ±0.5% 量级。基本上可以达到速度定量测量的要求。

12.10 误 差 分 析

1. 误差计算

已经测量的流场速度为

$$\overline{u} = \frac{\Delta\overline{x}}{\Delta t} = \frac{\Delta\overline{S}}{\Delta t \cdot M} \tag{12-11}$$

$$\Delta\overline{x} = \frac{1}{M}\Delta\overline{S}, M = M(x,y,z), M \leqslant 1(一般) \tag{12-12}$$

$\Delta\overline{x}$ 为流场位移，M 为放大率，$\Delta\overline{S}$ 为像面位移。

2. 误差分析

由式 (12-11) 得到速度的相对误差为：

$$\frac{d\vec{u}}{\vec{u}} = \frac{\delta\Delta\vec{S}}{\Delta\overline{S}} + \frac{\delta\Delta t}{\Delta t} + \frac{\delta M}{M} \tag{12-13}$$

则误差分析如下：

（1）粒子跟随性误差（大小，方向）；

（2）时间间隔误差 $\dfrac{\delta\Delta t}{\Delta t}$：约为 0.5/200~0.05 ‰，一般可忽略；

（3）放大率误差 $\dfrac{\delta M}{M}$：为放大率的不均度和放大率的绝对误差。

（4）校正板误差：校正（板精度为 μm），校正板误差取决于校正板精度，也取决于 CCD 相机的分辨力。

（5）几何校正方法误差：为多项式、样条函数等引起的误差。粒子图像的几何校正很重要，因为几何形状的变化，放大率 M 的不均匀分布会导致几何尺度的很大误差，可达几个像素乃至几十个像素的误差，甚至无法估计的误差，因此必须进行几何校正。不同的校正方法引起的误差不同。原则讲只要找到图像变形的原因，找到复原函数，则可将图像的几何形状复原，但又难以找到精确的复原函数，使校正不容易。至今一般讲，最简易的方法是多项式超定方程法，但误差较大，可达几个像素。本书提供一种二维样条函数法及递代等法可使误差降至 1/10 像素量级。几何校正必须计入 PIV 测量的总误差。

（6）速度幅值和方法（位）的误差：$\dfrac{\delta\Delta\overline{S}}{\Delta\overline{S}}$

① 图像分辨力

底片式：底片的分辨力用线/mm 表达，最小显形颗粒大小为 Δ_1；

CCD 式：CCD 芯片的空间分辨力为横坐标像素数乘以纵坐标像素数。如 1024×1024/2048×2048，则最小分辨为

$$\Delta_2 = 1\text{pixel}(\pm 0.5\text{pixel}) \tag{12-14}$$

② 粒子的位移量（Δt 间二次曝光）ΔS

由相对误差 $\Delta_1 / |\Delta S|$ 或 $\Delta_2 / |\Delta S|$ 知道，$|\Delta S|$ 越大，相对误差越小。

对一般 PIV 方法，ΔS 受判读窗（区）的大小限制。

$$\Delta S = \left(\frac{1}{2} - \frac{1}{4}\right) d_{\text{int}} \tag{12-15}$$

d_{int} 里判读区域的大小，通常判读区不能太大，d_{int} 大，隐含所测点代表的区域大，速度值的平均化作用大，特别在速度变化很大的区域，d_{int} 太大根本测不出速度变化，或甚至求不出相关峰值。从实验要求讲 d_{int} 应越小越好，即使某一点能更近似代表一点的（小区域的平均）测量，同时可以取得高的空间分辨力，一幅速度场图可由更多个的速度向量来表示。

如 DPIV，d_{int} 一般取 32×32 或 64×64 像素。粒子的位移量 Δt 对应取 16~8 像素，或 32~16 像素，因而，相对误差 $\Delta_2 / |\Delta S|$ 称为 $1/(16 \sim 8)$ 或 $1/(32 \sim 16)$ 的误差量级。

③ （子像素）的相关处理计算，
$\Delta_3 \sim \dfrac{1}{10}\text{pixel}$，极限 $\rightarrow \Delta_3 \sim \dfrac{2 \sim 3}{10}$ 子像元的最小分辨 Δ_3 约为 $\dfrac{1}{10}$ 像素，最大不能超过 $\dfrac{2 \sim 3}{10}$ 像素，则

$$\text{相对误差} \frac{\Delta_3}{|\Delta S|} \geqslant \frac{0.2 \sim 0.3}{16 \sim 8} \text{或} \frac{0.2 \sim 0.3}{32 \sim 16} \text{的误差量级}$$

④ 综合误差
不计粒子跟随性的误差条件下

$$\delta = \frac{\delta \overline{u}}{\overline{u}} \geqslant (0.5 \sim 2)\% \tag{12-16}$$

（0.5~2）%，即约为 1%。

12.11　二维粒子图像测速 2D-PIV 的应用技术

2D-PIV 测速是至今最基本、最易使用，价格最低的切面流场测量技术和仪器系统。但针对不同的流场观测对象，如何确立应用往往成为很大的问题，乃至无法测到可靠可信的速度场数据。这里，讨论几个主要存在和应注意的问题。

1. 正确选用粒子和布撒粒子 (粒子发生器专利)

选用粒子不是个简单的问题，粒径的大小，不仅要保证粒子跟随流体流动，做到空间跟随和时间跟随，还取决于粒子的反射光强，取决粒子在记录图像上的大小，如粒子像元分辨。此外粒子浓度分布和流量不足够和不均匀可能测不出结果。

例如：在边界层中测量时，必须使用更小的粒子。因为在边界层中存在速度梯度，粒子会受到推出边界层的作用，粒子越大越不易留在边界层中。有必要设计专门的粒子输入边界层的设施，如专门开缝引入等。

在存在激波，膨胀波波系的可压缩流应用中，由于有激光时存在速度的大小和方向的突变，粒子跟踪性变为突出问题，粒子不能跟踪流体，根本测不出波。至今实验表明，至少要选用 <200nm 的粒子，才能展示波系，但也还不甚理想。

在高剪切层中的 PIV 测量中，对粒子的大小和密度的选择甚为重要。粒子小容易进入剪切层，但粒子密度大于流体密度也会受离心力影响，使粒子不易进入涡的核心区域，从而测不到该区的速度。

又如下吹式风洞，如果粒子发生器没有足够粒子浓度的流量，也难以用 PIV 测到速度场。

因而对不同的观测对象，一定要对选用粒子布撒和粒子发生器作小心的选用和设计。

2. 光源及片光源的安排

实验中要考虑选用的激光光源的光脉冲能量、脉宽、双脉冲之间的时间间隔、以及脉冲的重复频率等是否能满足所测对象的速度场大小及速度变化率的需要。

速度场大（观测值大），需要激光能量高；速度大，脉宽要窄，双脉冲时间间隔要短；速度变化率大，脉冲重复频率要高，通常 30Hz→6kHz。

以圆判读区为例，如图 12-38，假定在判读区内，各粒子的速度基本相同（速度均匀），具有一个平均的速度（位移）的大小和方向。

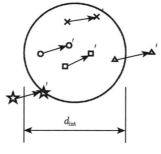

图 12-38　圆判读区

如果位移量控制在

$$\Delta \overline{S}_{\max} \leqslant \left(\frac{1}{2} - \frac{1}{4} \right) d_{\mathrm{int}} \tag{12-17}$$

则可保证大多数两次曝光的粒子像落在判读区内。否则，可能只有少数粒子图像对落在判读区内，如图 12-39。

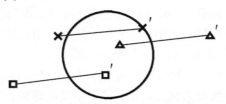

图 12-39   少数粒子图像对落在判读区内

同时，如果位移量太小，如 $\Delta \overline{S}_{\max}$ 为 $\frac{1}{4} d_{\mathrm{int}}$，则尽管有不少粒子图像对落在判读区内，但由于位移量太小，造成测量误差很大。例如，判读直径为 $d_{\mathrm{int}}=20$ 像素，判读分辨力为 1 像素。若选位移量 $1/2 d_{\mathrm{int}}$，则 $\Delta S=10$ 像素，相对分辨力误差达 $1/10=10\%$；若选位移量 $1/4 d_{\mathrm{int}}$，则 $\Delta S=5$ 像素，相对分辨力误差达 20%；若选位移量 $1/8 d_{\mathrm{int}}$，则 $\Delta S=2.5$ pixel，相对分辨力误差达 40%。

此外，判读区大小也有限制，太大则测的不是接近真正的点速度，而是一个很大小区的平均速度。

激光选用的片光厚度是否适合研究观测的流动，如存在三维流动 (u,v,w)，片光厚度必须考虑尽可能保证二次曝光内有尽可能多的粒子对在片光照明内，如图 12-40。

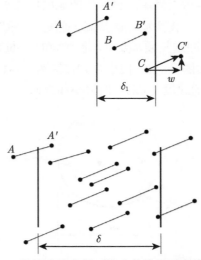

图 12-40   二次曝光内有尽可能多的粒子对在片光照明内

由于 z 向速度 w 很大，$w \cdot \Delta t \geqslant \delta$，则很少有粒子对可以记录下来。$w \cdot \Delta t \ll \delta$，可有较多的粒子对记录下来。因而 2D-PIV 系统最好用于纯二维流动，不存在粒子跑出片光区的问题。否则，可能测不出 x 向速度 u 和 y 向速度 v，或有很大测量误差。因为要照顾 $w \cdot \Delta t$ 不能太大，片光不能太厚（不是切面了）。通常情况 w 是来流无法改变，只能减小 Δt，但减少 Δt，则 z 向位移 $\Delta z = w \cdot \Delta t$ 减少了，但在切面方向的粒子位移量 $\Delta x (\Delta x = u \Delta t)$ 和 $\Delta y (\Delta y = v \Delta t)$，同时也减小了在绝对分辨力不变的条件下，自然测量位移的相对误差则大大降低。

3. 双光脉冲间延时 Δt 的确定

Δt 要保证粒子有足够大的位移，以便使图像记录位移足够保证位移测量（判读）误差在允许范围内。

Δt 要保证粒子对在片光内有足够多，以保证作自（互）相关判读位移的需要（在判读窗内有 8 对粒子对以上）。通常判读窗选择 64×64、32×32、16×16、8×8。

4. 数字（跨帧）相机和观测流场的匹配问题

如图 12-41，$l_x = M L_X$ 表示整体与细节。要选好观测流动的完整性和分辨力的要求与选用相机的像元数（尺寸）和像元尺寸大小的匹配。如前章所述流动的空间尺度具有四个基本尺度，从大尺度到粘性尺度，就目前相机的水平，不可能满足同时观测流动四个尺度的要求，往往只能兼顾一头，观测了小尺度，就观测不了大尺度，反之亦然。

当然如有特殊要求，也可用很多相机拼接来观测。

5. 几何校正（放大率校正）

由于光学元件，相机放置的位置和角度等影响，记录图像场和观察场之间产生的畸变需校正。

(1) 几何校正的校正板（标靶板）

几何校正常需采用校正板，一块刻有精密位置（精度达到 $0.1 \sim 1\mu$ 量级）的点或孔的平板，放置在所测位置的流动的切面（激光片光照明的切面）位置上，代表要观测的原始的几何空间场，也作为原始的几何尺度标准。

采用校正板（标准方格，准、精度定位）如图 12-42。物面 $F(x, y)$，通过矩阵变换推导出像面 $F_1(u, v)$，进而确定了不同小区域的放大率，用于修正 PIV 测量结果。

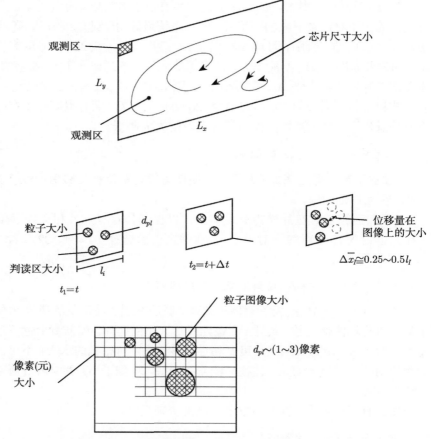

图 12-41　数字（跨帧）相机和观测流场的匹配问题 $d_{pi}\sim(1\sim3)$pixel

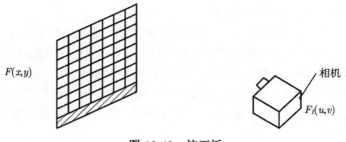

图 12-42　校正板

(2) 建立记录图像和几何校正板（场）的关系

多项式校正法：多项式校正公式见前章，这里不再重复。这里作为例子介绍对玻璃圆管水流场的实际几何校正问题。

放大率 M 值改变图像，形状改变，几何尺寸改变，导致 $\Delta \bar{x}$ 不准。

透明圆管壁光学折射所引起的图像几何畸变，见图 12-43 和图 12-44。几何校正法年抽样点位置坐标误差对此见表 12-4 和表 12-5。

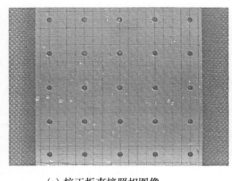
(a) 校正板直接照相图像

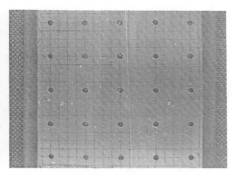
(b) 烧杯内校正板图像(模拟空气管)

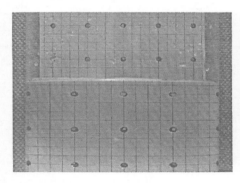
(c) 50%盛水烧杯内校正板图像

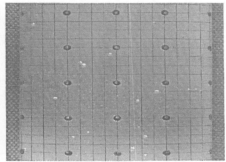
(d) 100%盛水烧杯内校正板图像(模拟水管)

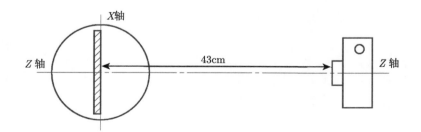
(e) 校正板与数码相机位置关系示意图

图 12-43　透明圆管折射畸变的校正板验证

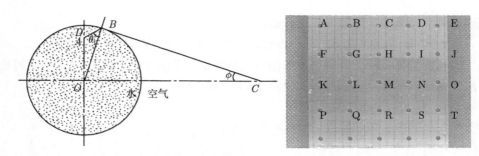

(a) 临界折射角 $\theta_1 A$ 点至圆管壁之间(AD直线段)　　　(b) 几何校正精度分析抽样点示意图
为盲区视点在 C 点且圆管壁厚忽略不计情况

图 12-44　玻璃圆管水流场的实际几何校正

表 12-4　几何校正结果抽样点位置坐标误差对比/mm

校正方法	A 点误差	B 点误差	C 点误差	D 点误差	E 点误差
二阶多项式校	0.367	0.000	0.000	0.000	0.000
正, 空气圆管	0.29%	0.00%	0.00%	0.00%	0.00%
二阶多项式校	0.733	−0.092	0.275	0.550	−0.183
正, 水圆管	0.59%	−0.07%	0.22%	0.44%	−0.15%
光路计算校	−3.391	−1.100	−0.092	0.550	2.749
正, 水圆管	−2.71%	−0.88%	−0.07%	0.44%	2.20%
校正方法	F 点误差	G 点误差	H 点误差	I 点误差	J 点误差
二阶多项式校	0.367	0.092	−0.092	0.092	0.000
正, 空气圆管	0.29%	0.07%	−0.07%	0.07%	0.00%
二阶多项式校	0.825	0.000	0.183	0.367	−0.825
正, 水圆管	0.66%	0.00%	0.15%	0.29%	−0.66%
光路计算校	−3,482	−0.916	−0.092	0.641	3.024
正, 水圆管	2.78%	−0.73%	−0.07%	0.51%	2.42%
校正方法	K 点误差	L 点误差	M 点误差	N 点误差	O 点误差
二阶多项式校	0.275	0.000	−0.092	0.000	0.092
正, 空气圆管	0.22%	0.00%	−0.07%	0.00%	0.07%
二阶多项式校	1.100	0.183	0.092	0.092	−1.100
正, 水圆管	0.88%	0.15%	0.07%	0.07%	−0.88%
光路计算校	−3.666	−0.916	0.000	0.641	3.024
正, 水圆管	−2.93%	−0.73%	0.00%	0.51%	42%
校正方法	P 点误差	Q 点误差	R 点误差	S 点误差	T 点误差
二阶多项式校	0.183	0.000	0.183	0.000	0.183
正, 空气圆管	0.15%	0.00%	0.15%	0.00%	0.15%
二阶多项式校	1.466	0.275	0.367	0.000	−1.466
正, 水圆管	1.17%	0.22%	0.29%	0.00%	−1.17%
光路计算校	−3.666	−0.825	0.092	0.825	3.024
正, 水圆管	−2.93%	−0.66%	0.07%	0.66%	2.42%

注: 图宽（X 坐标方向）为 125.086mm, 表中百分数为相对图宽的相对误差。

表 12-5　几何校正结果直线距离误差对比/mm

校正方法	AB 误差	BC 误差	CD 点误差	DE 点误差
二阶多项式校正,空气圆管	−0.458 −2.29%	−0.092 −0.46%	−0.183 −0.91%	−0.183 −0.91%
二阶多项式校正,水圆管	−1.100 −5.50%	0.458 2.29%	0.092 0.46%	−0.916 −4.58%
光路计算校正,水圆管	2.199 10.99%	0.916 4.58%	0.458 2.29%	2.016 10.08%
校正方法	FG 误差	GH 误差	HI 误差	IJ 误差
二阶多项式校正,空气圆管	−0.458 −2.29%	−0.092 −0.46%	0.000 0.00%	−0.183 −0.91%
二阶多项式校正,水圆管	−1.008 −5.04%	0.275 0.22%	0.000 0.00%	−1.283 −6.41%
光路计算校正,水圆管	2.383 11.91%	0.916 4.58%	0.550 2.75%	2.474 12.37%
校正方法	KL 误差	LM 误差	MN 误差	NO 误差
二阶多项式校正,空气圆管	−0.367 −1.83%	−0.092 −0.46%	0.000 0.00%	−0.092 −0.46%
二阶多项式校正,水圆管	−1.008 −5.04%	−0.092 −0.46%	−0.092 −0.46%	−1.345 −6.72%
光路计算校正,水圆管	2.658 13.29%	0.916 4.58%	0.550 2.75%	2.199 10.99%
校正方法	PQ 误差	QR 误差	RS 误差	ST 误差
二阶多项式校正,空气圆管	−0.275 −1.37%	0.092 0.46%	−0.183 −0.91%	−0.092 −0.46%
二阶多项式校正,水圆管	−1.191 −5.95%	−0.092 −0.46%	−0.367 −1.83%	−1.649 −8.24%
光路计算校正,水圆管	3.666 18.33%	0.916 4.58%	0.550 2.75%	2.016 10.08%

注：每段直线标准长度为 20mm，表中百分数为相对标准长度的相对误差。

6. 高剪切应力区的测量问题

如果在高剪切应力区（如涡心附近），除了有没有足够多的粒子对在判读区内外，如果判读区相对于剪切应力变化率高区的尺寸没有足够小的话，也会存在测不出速度的问题（坏点原因之一），如图 12-45。

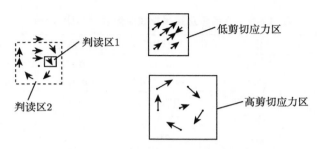

图 12-45　剪切应力区的判读问题

在低剪切应力区，尚可以求出统计平均的速度矢量；在高剪切应力区，无法得到实际的速度矢量（求不到最大相关值）。对于高剪切应力区，必须十分小心安排和设计试验：

(1) 需提高粒子浓度，并缩小判读区的尺寸，直到可以测得实际的速度场；

(2) 复合的互相关判读程序到分辨最小的判读窗（区），见图 12-46；

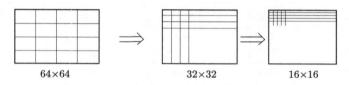

图 12-46　分辨到最小的判读窗

(3) PIV 加入 PTV。

16×16 最小的判读窗的 PIV 如果不能够实现速度场测量，在 PIV 测量基础上引入 PTV，即分辨到粒子，见图 12-47。

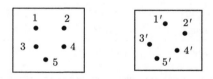

图 12-47　PIV 加入 PTV

7. 坏点及其处理

在图像相关处理中，由于求不到位移的大小和方向，导致存在坏点，见图 12-48。此时的解决办法是取第二最大相关值插补，可以选用直接插补方法或连续方程插补方法，见图 12-49。

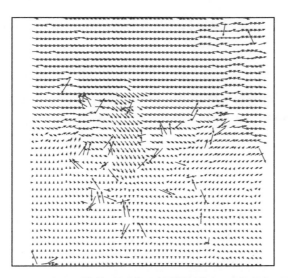

图 12-48　基于原始粒子图像计算获得的 PIV 速度矢量场

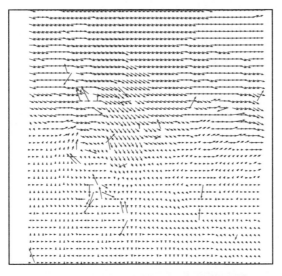

图 12-49　压缩率 25% 的基于小波变换速度矢量场

8. PIV 的后处理技术

由 PIV 测得速度向量场（包括二维和三维）后，则可以根据流体力学的基本方程、流线、迹线、涡量（场）、环量场、剪切应力（场）的定义，用离散方式（差分），根据速度场的数据，取得各种向量场的结果。

　　甚至理论上，可以由测量速度场及其时间历程（变化率），计算取得静压（p）场等。如

$$\nabla p = \rho \frac{\partial u}{\partial t} + \rho (u \cdot \nabla) u - \mu \nabla^2 u \tag{12-18}$$

　　其测得的量的精度和准度，很大程度上取决于 PIV 测量的空间分辨力 (Δx, Δy, Δz) 和时间分辨力 (Δt) 的大小和精度、准度，如图 12-50。

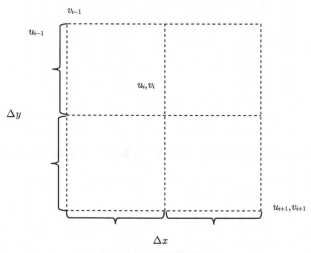

图 12-50　测量空间分辨力

　　上述的后处理计算完全类同于 CFD 的计算，只是采用不同的原始数据而已。又如，螺旋度（Helicity）由 moffatt 定义

$$H(t) = \int V \cdot \omega \mathrm{d}v \tag{12-19}$$

螺旋密度

$$h(r,t) = V \cdot \omega \tag{12-20}$$

　　如果测量得到的三维空间及其空间历程的速度场（见后三维 PIV）用 $H(t)$ 或 $h(r,t)$ 能更好地表示空间（立体）涡结构。此外，涡量场不代表旋涡的存在及其涡的形态，目前已有多种展示涡的判据。

　　如何使用判据，正确展示所观测流动的涡的形态并非易事，至今都还缺少确定性的判据。使用时，确定用哪种判据，选用哪个域值，均还需要人为的判断。此种情况涉及难以确切确定涡的物理定义及其数学表达，这仍是当今研究的前沿课题之一。

9. 2D–PIV 的局限性，存在原理性的系统误差。

2D–2C 粒子图像测速误差分析，如图 12-51。图 12-51 为传统 2D–2C–PIV 的典型布局，相机轴与照明片光正交，获取面内速度分量。标准放大率 $M_n = d_i/d_0$，空间中一个粒子 $x_i=(x,y,0)$ 在像平面 $X_i=(-M_n x, -M_n y, 0)$ 处成像。其中，d_0 代表物距，为片光中心平面与透镜中心面的间距；d_i 代表像距，为像平面与透镜中心面的间距。图 12-51 仅描绘了一个粒子的运动，且其初始位置被精确地设定在片光中心面上 ($z=0$)，这是一种理想情况。实际 PIV 测量所得的结果为判读区域内（片光中心平面与判读点交叉处反向投影到物平面区域）所有粒子的平均运动，粒子也不都是由 $z=0$ 开始运动。Prasad & Adrian(1993a) 曾指出判读区域内所有粒子的平均运动简化成图 12-51 中的理想状态时，误差与片光厚度 Δz_0 有关，为 $(\Delta z_0/d_0)^2$ 量级。由于实际测量中 $\Delta z_0 \approx 1\text{mm}$，$d_0$ 常为几百毫米，所以此时误差 $(\Delta z_0/d_0)^2$ 可以省略。为了便于讨论，以下仅考虑图中一个粒子由 $z=0$ 处开始运动情况。

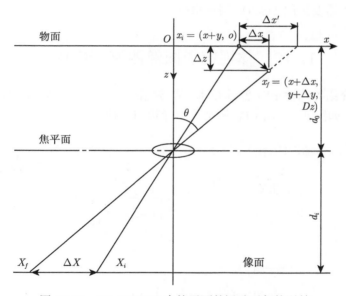

图 12-51 2D–2C PIV 中粒子面外运动引起的误差

由图 12-51 可知，当粒子移动到 $x_f=(x+\Delta x, y+\Delta y, \Delta z)$ 时，在像平面上的坐标为

$$X_f=(-M_f(x+\Delta x), -M_f(y+\Delta y), 0) \tag{12-21}$$

式中 $M_f = d_i/(d_0-\Delta z)$，由粒子在像平面中的位移可知：

$$\Delta X = X_f - X_i = \left(-M_n \frac{\Delta x + x\Delta z/d_0}{1 - \Delta z/d_0}, -M_n \frac{\Delta y + y\Delta z/d_0}{1 - \Delta z/d_0}, 0\right) \tag{12-22}$$

图 12-51 中粒子未在相机轴上，且存在面外位移 Δz，此时粒子的像面位移 ΔX 与粒子实际面内位移 $(\Delta x, \Delta y)$ 不相对应，而与 $\Delta x\prime = -\Delta X / M_n$ 相对应，即

$$\Delta x = \frac{\Delta X}{-M_n} = \left(\frac{\Delta x + x\Delta z/d_0}{1 - \Delta z/d_0}, -M_n \frac{\Delta y + y\Delta z/d_0}{1 - \Delta z/d_0}, 0 \right) \tag{12-23}$$

两种面内位移的相对误差称为投影误差 ε：

$$\varepsilon = (\varepsilon_x, \varepsilon_y) = \left(\frac{\Delta x'}{\Delta x} - 1, \frac{\Delta y'}{\Delta y} - 1 \right) = \left(\frac{\Delta z}{\Delta x}\mathrm{tg}\theta_x, \frac{\Delta z}{\Delta y}\mathrm{tg}\theta_y \right) \tag{12-24}$$

式中 θ_x 和 θ_y 分别为粒子和透镜中心连线与相机轴夹角 θ 在 x–z 和 y–z 平面上的投影。当面外分量相对较大，θ 也就很大，投影误差会明显降低面内位移测量精度。若面内和面外位移具有相同的放大率，θ 为 5° 时，2D–PIV 会产生 10%的投影误差。面外位移越大，投影误差也越大。

由此引入需要采用 DSPIV 测量系统。

12.12 体视粒子图像测速（SPIV）

下面要介绍的几种 PIV 测速技术，常常统称 3D–PIV，但实际上应细分为不同水平和阶段，如图 12-52，SPIV 只是其中最初的一种。

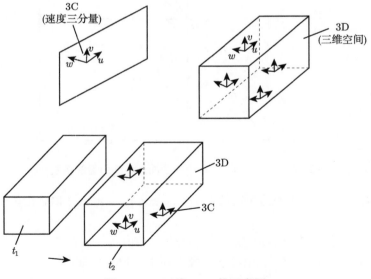

图 12-52 三维 PIV 的示意图

t 表示时间历程

（1）2Dt–3C 二维平面，u,v,w 三分量速度场时间历程 t 观测，体视粒子图像测速（SPIV）和数字式体视粒子图像测速（DSPIV）；

（2）3D–3C 三维空间，u,v,w 三分量速度场瞬时观测，全息粒子图像测速（HPIV）和三相机粒子图像测速（3camera–PIV）；

（3）3Dt–3C 三维空间，u,v,w 三分量速度场时间历程观测，数字式全息粒子图像测速（DHPIV）、层析粒子图像测速（TOMO–PIV）、三相机粒子图像测速（3 camera–PIV，DDFPIV）。

12.12.1 体视粒子图像测速简介

鉴于平面（切面）速度场（2D–PIV）测量技术只限平面内速度为二分量，又加上有原理性测量误差，自然人们开始利用体视原理开展三分量速度测量工作。

1993 年至 1995 年间，利用不改装的普通相机，或作小小的改装，用两台相机记录粒子场信息，即所谓胶片式的体视粒子图像测速 SPIV(S–Stereo) (Adrian,Shen)。直到 1999 年提出所谓 "角移" 和 "平移" 的布局形式，提出了所谓 Scheimpflag 的聚焦条件，即使观测面、镜头面和记录面三面交于一线，由此产生了新型专用相机。2000 年左右，数字跨帧相机的出现和应用，可以满足上述角移和平移等布局的数字式体视 PIV 技术系统出现在流体力学全流场观测中，即所谓 DSPIV。

附 12-2：胶片式 SPIV 简介

1. 康琦、申功炘进行的工作

采用普通相机，但左右相机都只有一半可用来记录共同观测区（图 12-53）。所测一切面的三分量速度场如图 12-54 所示。

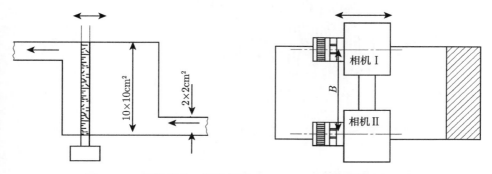

图 12-53　相机改装—胶片记录 2D–3CPIV 光路布置 BUAA

粒子：有机玻璃球　直径：$d_p = 44\mu m$　密度：$\rho = 1.05$
流动：$Ma = 0.26$　相机：GW-DF(120)　胶片尺寸：56mm × 44mm

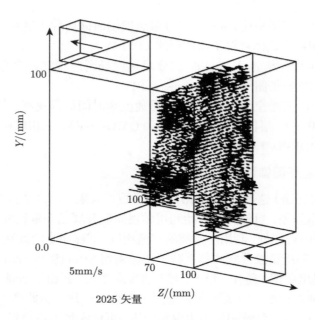

2D-3C PIV速度场测量

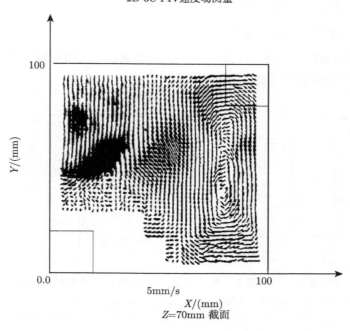

图 12-54　一切面的三分量速度场

2. Adrian 进行的工作

Adrian 1993 年完成了体视 PIV（2D-3CPIV）实验测量工作。将相机暗箱改装，把胶片移后，左相机胶片左移，右相机胶移右移，实验装置见图 12-55。应用两台 MC360VS 计算机，图像处理速度达到一百个向量/秒，总计获得了 196 个速度向量。面速度精度达到 0.2%，面外速度精度达到 0.5%。左右胶片上共同的观测区图像处理结果见图 12-56(a) 和图 12-56(b)，所测一切面的三分量速度见图 12-56(c)。

图 12-55　体视 PIV 实验装置

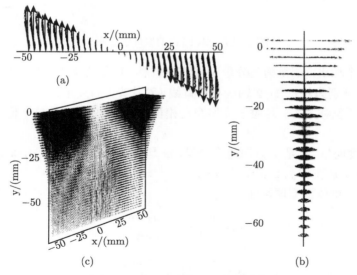

图 12-56　一切面的三分量速度场

本书主要介绍数字式体视粒子测速（DSPIV），目前已相当成熟，商用水平广泛应用于各种流动观测中。

12.12.2　数字体视粒子图像测速系统原理简介（DSPIV）

1. DSPIV 基本原理（体视技术）

如图 12-57 所示，左右两相机记录一个共同区域（p），分别记录在左右两相面上，称 P_l，P_r，两相面存在图像变形需要校正，故有标定方法和技术。这里与 DPIV 相比还有一个重要不同，照明的激光片光有一定的厚度 Δz，以能测量粒子流经此厚度时的位移，即能测量 w 速度分量。

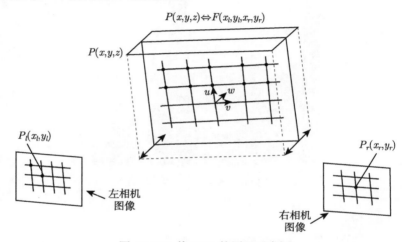

图 12-57　体 PIV 的原理示意图

通过两个相机，测得第三分量 w 速度（位移）的原理如图 12-58 所示：

α_1，α_2 分别为相机 1、2 轴线与垂直线（对片光）的夹角。

$\bar{x}$ 是粒子位移，Δ_{xl} 是粒子位移在左相机的位移，Δx_r 是粒子位移在右相机的位移，

$\vec{v}$ 是速度向量，u 是 x 方向速度分量，w 是 z 方向速度分量，u_1 是在相机 1 记录的 u 值，u_2 是在相机 2 记录的 u 值。

由第十一章体视原理可知

$$u = \frac{u_1 \mathrm{tg}\alpha_2 + u_2 \mathrm{tg}\alpha_1}{\mathrm{tg}\alpha_1 + \mathrm{tg}\alpha_2} \tag{12-25}$$

$$v = \frac{u_1 \mathrm{tg}\beta_2 + u_2 \mathrm{tg}\beta_1}{\mathrm{tg}\beta_1 + \mathrm{tg}\beta_2} \tag{12-26}$$

$$w = \frac{u_1 - u_2}{\mathrm{tg}\alpha_1 + \mathrm{tg}\alpha_2} = \frac{v_1 - v_2}{\mathrm{tg}\beta_1 + \mathrm{tg}\beta_2} \tag{12-27}$$

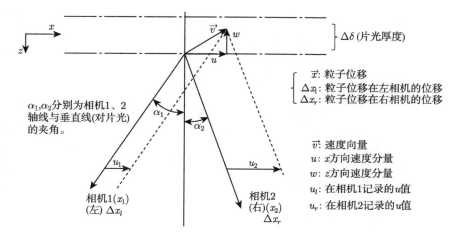

图 12-58 在 x–z 平面内的体视几何关系

β_1, β_2 为相机 1, 2 在 y–z 平面内轴线与垂直线（对片光）的夹角。许多情况下，$\beta_1=\beta_2=0$ 即左右相机放置在同一平面内。可表述为张量形式：

$$\begin{bmatrix} u_1 \\ u_2 \\ v_1 \\ v_2 \end{bmatrix} = \begin{bmatrix} 1 & 0 & -\dfrac{O_x}{O_z} \\ 0 & 1 & -\dfrac{O_y}{O_z} \\ 1 & 0 & -\dfrac{P_x}{P_z} \\ 0 & 1 & -\dfrac{P_y}{P_z} \end{bmatrix} \begin{bmatrix} u \\ v \\ w \end{bmatrix} \tag{12-28}$$

2. DSPIV 的光学基本布局

基本布局大致有三种，分别为平移布局、角移布局和侧移布局，见图 12-59(a) 为平移布局，图 12-59(b) 为满足 Scheimpflug 条件，即保持观测面、镜头面、记录面三面交于一线的布局。根据观测对象的实验现场，可以采用不同的布局，达到最佳的观测效果。以上每种布局，都有光路的精细调整机构，在实验时，都要在现场作精细的调整，最终保证左右两相机的记录面与所观测的区域完全匹配；保证左右两相机聚焦清楚。包括达到 Scheimpflug 条件，即精细调整芯片平移、转动，以及镜头平面转动的精细机构并同时进行观察。实物可见图 12-60。图 12-61 给出异侧角移布局在测量涡环的风洞实验中的应用。

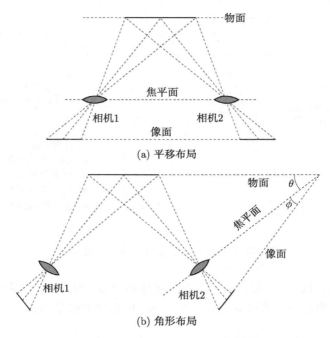

(a) 平移布局

(b) 角形布局

图 12-59　体视 PIV（2D–3C）双相机的光路布局示意图

图 12-60　DSPIV 相机实物照片

3. 图像校正和标定

不管焦距得到的校正板或标靶板图像有多清楚，通常情况下图像与标靶板肯定存在变形。如在角位移布局中，观测区（校正板）的原图是方方正正的网格形式，但左右相机拍到图像成了斜锥矩形，如图 12-62 所示。

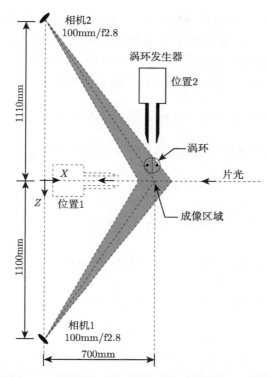

图 12-61　异侧（形式的透镜）角移布局在测量涡环的风洞实验中的应用

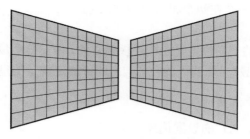

图 12-62　左右相机拍到图像

而且，图像不仅要进行平面的几何校正，还要进行空间的几何标定，即要将校正板在片光厚度内作前后移动，即在 Δz 范围内作 $\pm\Delta z_1,\pm\Delta z_2……$ 的移动，得到空间位置的几何标定。如前简介那样，建立起左右图像几何位置和物场几何位置的关系。

$$P(x,y,z) \Leftrightarrow \tilde{P}(x_l,y_l,x_r,y_r) \tag{12-29}$$

$P(x,y,z)$ 为观测场物点坐标函数，x_l, y_l 为左像的坐标，x_r, y_r 为右像的坐标。

目前采用控制点 P_i(即对应已知控制点，物场和像场的对应的点和位置)，若有 M 个控制点，若 $M \geqslant N$，N 为确定上述空间与图像位置关系的多项式的系数的个数，那么，由此可用超定方程组求解出假定的多项式的系数。由此找出上述的空间与左右相机记录的关系式。由此可推出粒子的位移关系式

$$\Delta \overline{s}(\Delta x, \Delta y, \Delta z) \Leftrightarrow \Delta \overline{S}(\Delta x_l, \Delta y_l, \Delta x_r, \Delta y_r) \tag{12-30}$$

至今，多数情况用多项式表达两者的关系，如下式所列。

$$P(x, y, z) \Leftrightarrow P_I(x_l, y_l, x_r, y_r) \tag{12-31}$$

$$\begin{cases} x = a_0 + a_1 x_l + a_2 y_l + a_3 x_r + a_4 y_r + a_5 x_l^2 + a_6 y_l^2 + a_7 x_r^2 + a_8 y_r^2 + a_9 x_l y_l \\ \quad + a_{10} x_r y_r + \cdots \cdots \\ y = b_0 + b_1 x_l + b_2 y_l + b_3 x_r + b_4 y_r + b_5 x_l^2 + b_6 y_l^2 + b_7 x_r^2 + b_8 y_r^2 + b_9 x_l y_l \\ \quad + b_{10} x_r y_r + \cdots \cdots \\ z = c_0 + c_1 x_l + c_2 y_l + c_3 x_r + c_4 y_r + c_5 x_l^2 + c_6 y_l^2 + c_7 x_r^2 + c_8 y_r^2 + c_9 x_l y_l \\ \quad + c_{10} x_r y_r + \cdots \cdots \end{cases}$$
$$\tag{12-32}$$

若上述关系方程 $(a_0 \ldots, b_0 \ldots, c_0 \ldots)$ 有 N 个系数，则有 M 个对应点（控制点）$P(x_i, y_i, z_i) \Leftrightarrow P_I(x_l, y_l, x_r, y_r)$，且 $M \geqslant N$，则可解上述超定方程，求出 N 个系数。

由此，若已知某一个在两个相机中的记录 $(x_{l_i}, y_{l_i}, x_{r_i}, y_{r_i})$，则可求得空间点的位置 $P(x, y, z)$。

在作校正时 P 的空间位置是由校正板确立的，做实验测量时，校正板取走，取而代之的是为在激光片光照明下的粒子，由此可测定粒子的空间位置。

4. 应用中的若干注意问题:

（1）片光厚度和 ΔT 的设置选择

如图 12-63，体视 PIV 与普通 PIV 不同在于要测量垂直于切面的速度 w，亦即一定要保证能得到垂直于切面方向的位移 Δz。一定要保障在激光二次曝光时间内，要有足够的粒子对留在片光厚度 $\Delta \delta$ 内，类同判读区与粒子位移的关系。现在判读区相当于一个判读体。

$$\Delta z \leqslant \left(\frac{1}{2} - \frac{1}{4} \right) \Delta \delta \tag{12-33}$$

$$\Delta z = w \cdot \Delta T \tag{12-34}$$

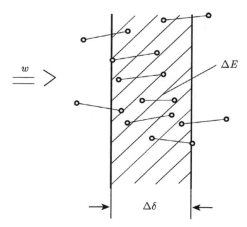

图 12-63 片光厚度和 ΔT 的设置选择

$$\Delta z \leqslant \left(\frac{1}{2} - \frac{1}{4}\right) \Delta \delta \tag{12-35}$$

否则无法测得 w 速度。因而在 DSPIV 测速时，选择两次曝光时间间隔判断 ΔT 时，不仅要考虑得到足够测量精度的 u,v 速度，又要考虑到 w 速度。要选择好 ΔT，特别是如果 $|w| \geqslant |u|$ 或 $|v|$，$\Delta \delta$ 可能选不必很厚，ΔT 可能很短即可，但是可能测 u,v 很小，误差很大，那时也许要增大 ΔT，增厚片光厚度 $\Delta \delta$，才能得到均匀精度的 u,v,w。

从这里出发，因此一定程度上，也尽可能要求 $\Delta \delta$ 的厚度最后与面内的判读区的大小相当。即粒子的位移的区域在三个速度方向的大小基本相当，所测结果较好，否则三方向测量精度会相差甚大。

（2）介面附加水棱镜

对于水洞实验，由于水和空气的折射率变化很大，对其介面间常加入水棱镜，减小入射角，尽可能垂直于介面，以达到在图像面有最佳的聚焦和最清晰的记录图像，如图 12-64。

（3）双切面、三切面 DSPIV 测速技术

多切面的体视 PIV 技术，实际是多台体视 SPIV 的组合。唯一的技术参数是每一台 SPIV 激光光源的波长不同，每一台 SPIV 相机都要加不同的波长的滤光镜，以保证每套 DSPIV 系统在不同光波下工作，互不干扰，同时可以进行瞬时多个切面的三分量速度场测量。

这种布局和系统也许可用在特殊场合，如测得精确的瞬时速度场外，测得流动瞬时剪切向量场、涡量向量场以及湍流许多空间相关场，并也可测量一定程度上的上述场的时间演化。

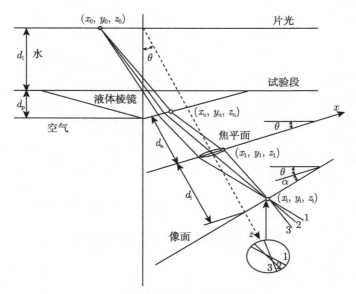

图 12-64　介面附加水棱镜

上述系统除设备多、费用贵外，随着 3Dt–3C 的 PIV 技术的进展，也许不会得到广泛应用。

（4）高速 DSPIV 或时间分辨力 DSPIV

目前常规的 DSPIV 系统，无论激光器的重复频率还是跨帧数字相机的帧速，一般都因技术水平和价格所限，都还在 30Hz 或 30 帧/秒左右，因而大多也只能用于流动变化率 f_F 比较慢的场合（如 $f_F \sim 10$Hz）。近年来，高重复频率的脉冲激光器的功率还不很高，如重复频率 2~6kHz，脉冲能量为几十毫焦，相机也有 2kHz，甚至 1MHz 的相机，尽管帧频高的通常像素会降到 200×200 左右。

由此，出现了一种直接用相同重复频率发激光脉冲，同时数字相机同步记录的 DSPIV 系统。不需采用双曝光模式，激光器不需调整光脉冲的时间间隔，也不必采用跨帧相机，直接采用普通的数字相机。自然测速范围受到限止，但测量速度变化率可以提高到激光器和数字相机的重复频率的 1/2。即按采样定理，如果 $f_{激}(f_{相})$ 达到 6kHz，则可测流动变化率 3kHz 的流场。

显然，这样的方法和技术作为观测技术本身而言属于过渡性的，但对某些流动研究是现实可行的，能及时取得速度场以及其迅速变化的信息。

参 考 文 献

康琦. 1995. 体视 3D-PIV 技术及其初步应用，北京航空航天大学博士论文.

Lu Y, Shen G X, Lai G J. 2006. Dual leading-edge vortices on flapping wings. Journal of

Experimental Biology, 209: 5005-5016.

Shen G X, Ma G Y. 1996. The investigation on the properties and structures of a starting vortex flow past a backward-facing step by WBIV technique, Experiments in Fluids, 21: 57-65.

Shen G X, et al,. 2001. DPIV measurements using pre- bias method for the velocity uniformity in a water tunnel, SPIE, 4448: 348-357.

Shen G X, Wei R J. 2005. Digital holographical particle image velocimetry for the measurements of 3Dt-3C flows, Optics & Lasers in Engineering, 43: 1039-1055.

Zhang Y G, Shen G X. Andreas S, et al,. 2006. The influence of recording parameters to digital holography particle image velocimetry, Optical Engineering, 45 (7): 1-10.

第13章 PIV 及其应用

本章介绍三项应用粒子图像测速技术开展的实验研究项目,应用于风洞的 PIV 测量、应用于仿生流体力学的研究、应用于微重力流体力学研究。这 3 个项目分别代表了流体力学不同的研究领域,足见 PIV 技术应用非常广泛,并且取得很好的研究结果。

1. 应用于风洞的 PIV 测量

该内容选自中国科学院力学研究所段俐和张璞负责的一个研究项目。

飞行器以高马赫数(Ma)在大气环境中飞行,与大气发生剧烈的相互作用,飞行器周围的大气被压缩而产生复杂的高速流场,并且伴随温度升高,导致气体密度、温度、压力及化学组分等都发生剧烈变化。飞行器的气动布局问题是飞行器设计的关键问题之一。在气动外形设计中,一般是以计算结果为基础,运用风洞实验对外形参数和气动特性进行检验和修正,再通过飞行试验校核某些气动特性参数,最后确定飞行器的气动外形,给出气动特性。可见风洞实验是其中的一个重要环节。

实验模型设计为大长径比头部圆锥型带大根梢比矩形翼的圆柱形弹身,其中的几个重要参数为:长 210mm,直径为 18mm,弹身长径比 λ_b=11.67,头部长细比 λ_n=2.5,展弦比 λ_w=1.2,根梢比 η_w=4,相对厚度 c=1/12。图 13-1 是实验模型设计图。

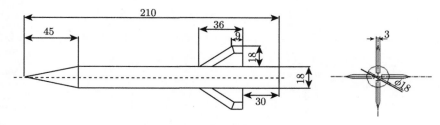

图 13-1 缩比模型设计图

如图 13-2 所示 PIV 实验系统布置,激光器与 CCD 相机布置在风洞实验段两侧,激光片光经实验段上方的观察窗口投射进风洞,照亮混合有纳米示踪粒子的流场实验区域,CCD 相机同步拍摄,测量模型上方对称面流场的速度分布。为消除反射光的影响,在模型上涂抹荧光染料,CCD 相机上安装窄带滤色片(532±5nm)。

激光光源系统选用 YAG 双曝光激光器作为照明光源，采用调 Q 技术，脉冲能量 350mJ，工作频率 10Hz，脉冲宽度 6ns；CCD 相机分辨率 2048×2048，CCD 相机拍摄区域大小为 291mm，曝光间距为 1μs，激光片光厚度为 1mm。完成了马赫数为 5.0 的 0°、5°、10° 三个攻角的风洞流场 PIV 速度场测量实验，对实验数据进行了处理，得到了定量测量结果。

图 13-2　风洞 PIV 实验

　　图 13-3 为 0° 攻角实验瞬时粒子图像和速度矢量场，从速度矢量场看主流区速度变化不大，来流在弹体表面形成边界层，初始为层流，并在弹翼前方变为湍流。图 13-4 为 0° 攻角平均粒子图像和波系结构。根据多幅平均粒子图像，弹体尖前缘处出现斜激波，在弹体后方弹翼之间，也出现斜激波。

　　图 13-5 为 5° 攻角实验瞬时粒子图像和速度矢量场，从速度矢量场看主流区速度变化不大，来流在弹体表面形成边界层，初始为层流，并在弹体肩部后方变为湍流。图 13-6 为平均粒子图像和波系结构。根据多幅平均粒子图像，弹体尖前缘处出现斜激波，在弹体肩部出现膨胀波。

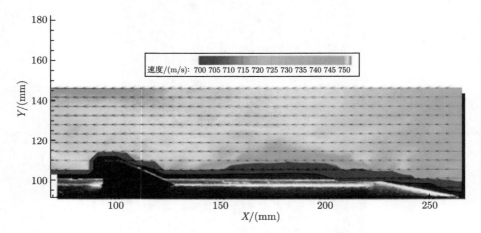

图 13-3　0° 攻角粒子图像和速度矢量场

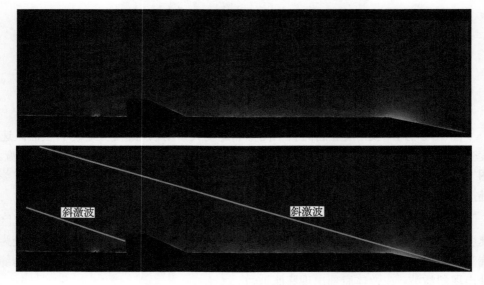

图 13-4　0° 攻角平均粒子图像和波系结构

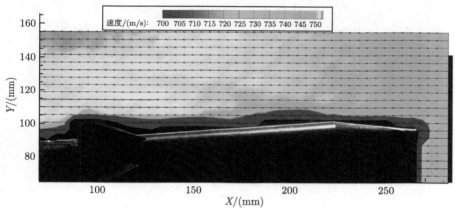

图 13-5　5° 攻角瞬时粒子图像和速度矢量场

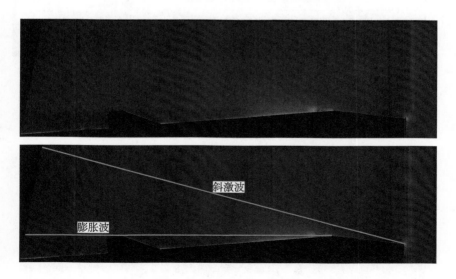

图 13-6　5° 攻角平均粒子图像和波系结构

　　图 13-7 为 10° 攻角实验瞬时粒子图像和速度矢量场，从速度矢量场看主流区速度场变化，来流在弹体表面形成边界层，初始为层流，并在弹体肩部后方变为湍流。图 13-8 为平均粒子图像和相应的波系结构。根据多幅平均粒子图像，弹体尖前缘处出现斜激波，在弹体肩部出现膨胀波。

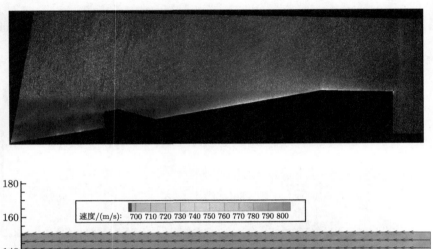

图 13-7　10° 攻角瞬时粒子图像和速度矢量场

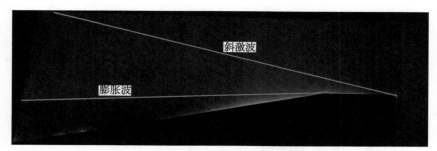

图 13-8　10° 攻角平均粒子图像和波系结构

2. 应用于仿生流体力学的研究

选自作者的博士生黄烁桥的博士论文《蝴蝶机电仿生模型悬停飞行的流体力学实验研究》。

昆虫是生物界最庞大的物种之一，能够飞行的昆虫种类占了整个昆虫的大部分。在几千万年的漫长进化过程中，这些昆虫为了获取食物、逃避敌害、生衍繁殖等各种需要，获得了各具特色的非凡的飞行本领。工程技术专家们希望从仿生流体力学角度，了解昆虫飞行的空气动力学原理，以期对飞行器进行设计改进。1992年美国国防高级研究计划局（DARPA）最早提出了微型飞行器（MAV: Micro air vehicle）概念。对昆虫飞行的空气动力学的研究，以及如何将其应用于 MAV 设计中，已成为 MAV 技术研究领域的一个关键课题。黄烁桥博士针对蝴蝶的特殊性实验研究蝴蝶飞行过程中前缘涡结构及展向流的存在问题，探索蝴蝶特殊的运动模式下蕴含的流动机理，考察了翼型对流动的影响。

实验模型见下图 13-9，将蝴蝶的两对翅膀简化成一对翅膀，蝴蝶在飞行时，前后翅膀通常都是重叠在一起，没有明显的相对运动，功能上相当于一个翅膀，实验布置见图 13-10。采用粒子图像测速技术观测了翼型 W2 在 4 种拍动模式下的流场结构。这 4 种拍动模式分别是：拍动模式 F，拍动 + 俯仰模式 FP，拍动 + 振动模式 FO，拍动 + 俯仰 + 振动模式 ALL。测量结果见图 13-11。

对 W2 拍动模式 F 进行三维重构。DSPIV 实验所测得的每一个 2D/3C（二维 3 分量）速度切面实际上都包含了 6 种数据信息（X, Y, Z, u, v, w），并均以三维矩阵（$62 \times 62 \times 1$，即 Z 为定值）的形式存在。因此我们只需要沿 Z 向获取足够密度的切面，并将这些 Z 向维度为 1 的三维矩阵按 Z 值的大小顺次排列成一个大的三维矩阵，就能重构出一个 3D/3C（三维 3 分量）的空间速度场。

图 13-12 显示了 X 向速度分量 u 的等值线空间分布，沿翼的前后外缘均有向上流动的趋势，且前缘虽然向上流动的速度较后缘大，但向上的范围较小；同时翼面的正上方有强烈且集中的向下射流。

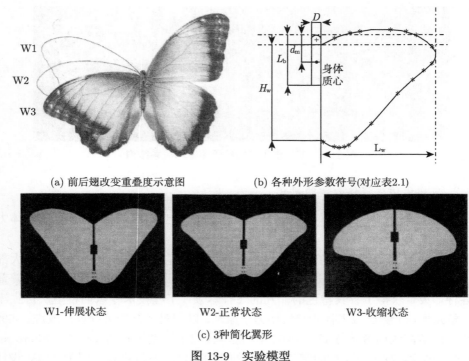

(a) 前后翅改变重叠度示意图   (b) 各种外形参数符号(对应表2.1)

W1-伸展状态   W2-正常状态   W3-收缩状态

(c) 3种简化翼形

图 13-9   实验模型

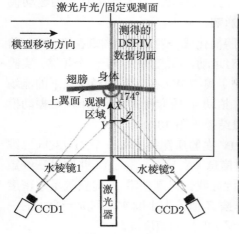

(a) DSPIV测量方法示意   (b) 实验现场

图 13-10   实验布置图

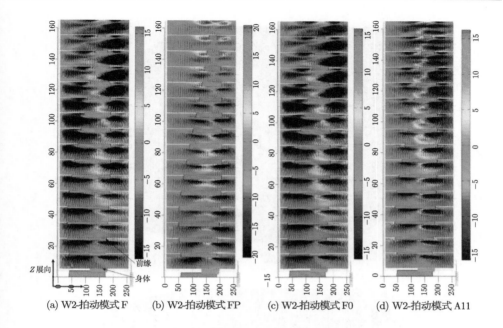

(a) W2-拍动模式 F　(b) W2-拍动模式 FP　(c) W2-拍动模式 F0　(d) W2-拍动模式 A11

图 13-11　W2 各种模式测量结果

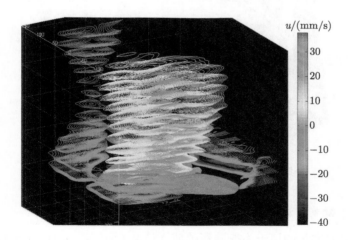

图 13-12　拍动模式 "F"-u 空间等值线分布

图 13-13 显示的 v 等值线空间分布图反应了前后缘绕流沿 Y 方向发展的部分，从中同样能看出绕流前缘集中、后缘发散的特征。从图 13-14 显示的 w 等值线空间分布图中，发现了前缘翼面上的展向速度，这个速度由翼根起由弱变强，再由强转弱，再由强转弱。

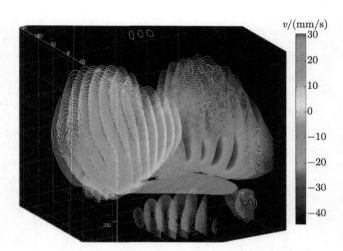

图 13-13　拍动模式 "F"-v 空间等值线分布

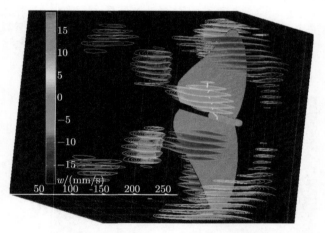

图 13-14　拍动模式 "F"-w 空间等值线分布

3. 应用于微重力流体力学研究

选自康琦研究员的博士生李陆军的博士论文《两层流体 Bénard-Marangoni 对流的实验研究》。

在自然界里和工程技术中，都存在着很多不相溶的流体之间的传热现象，在传热过程中出现各种对流；大部分的对流都是由浮力引起的对流，但是当液体的厚度在毫米量级时，这时的对流是由表面张力和浮力耦合引起的。例如化学工程的薄层液体之间的传热过程，电影胶片的生产过程，制药技术里面的小液滴合并过程等。在微重力环境下，在晶体生长过程中已利用覆盖层来抑制不稳定对流的产生。所以研究这些由表面张力引起的多层流体对流问题，对于改进工程技术和解释物理现象都有重要的意义。

　　为了更好理解两层流体 Bénard-Marangoni 对流的形成和维持的机理，很有必要从速度场方面来研究。如图 13-15，实验采用水平截面为矩形的实验模型，尺寸为 100mm×40mm，容器的侧壁采用 10mm 厚的透明 K9 光学玻璃。底板最上层是黄铜材料，平面度优于 5μm，底板中间加入工程塑料（相对金属材料的导热性极差），起热镇流作用。加热由粘在底层铝板下表面的电热膜完成，最大加热功率可达 150W。上控温采用循环冷却水来保持上液面的温度。上盖装有三个螺旋测微杆，用来控制上下板表面间的高度，并用作上板的水平调整。

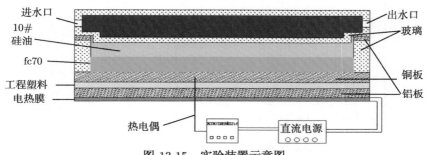

图 13-15　实验装置示意图

　　实验采用 PIV 方法对液层垂直中心截面的速度场进行了测量。PIV 测速系的体采用从丹麦 Dantec 公司引进的 FLOWMAP 型 DPIV 系统。激光器的片光照亮系统的中心截面，CCD 镜头中心轴垂直截面。其中，跨帧 CCD 相机最大能够获取 2048×2048×12bit 的图像，利用系统配套的 FlowManager 粒子图像处理软件，可以实时进行粒子图像的采集和处理。

　　机械耦合：

　　对总厚度 $H=7.13\text{mm}$，厚度比 $Hr=1.6$，即硅油 $H_1=4.39\text{mm}$，FC70 $H_2=2.74\text{mm}$ 的体系进行测量。对流的演变过程如图 13-16。临界对流模式是机械耦合，即上下层的涡胞转动方向是相反的。随着上下的温差的增大，流场内的速度增大。在温差 4.95℃时，单个涡胞的长度与下层液体的厚度接近，上下涡胞的中心在一条线上，且靠近界面；随着温差的增大，涡胞发生了变形，涡胞的中心不在一条垂直线上，这是由于温差变大，系统振荡引起的。

　　热耦合：

　　对总厚度 $H=6.65\text{mm}$，厚度比 $Hr=3.72$，即氟化液 $H_1=1.41\text{mm}$，硅油 $H_2=5.24\text{mm}$ 的体系进行测量，结果如图 13-17。由于上下速度不在一个量级上，单从速度图看不出下层的对流方向，所以给出了相应温差下的流线图；看出上下涡胞的转动方向是一样的，所以对流的模式是热耦合。上下涡胞的宽度几乎相等，同时涡胞

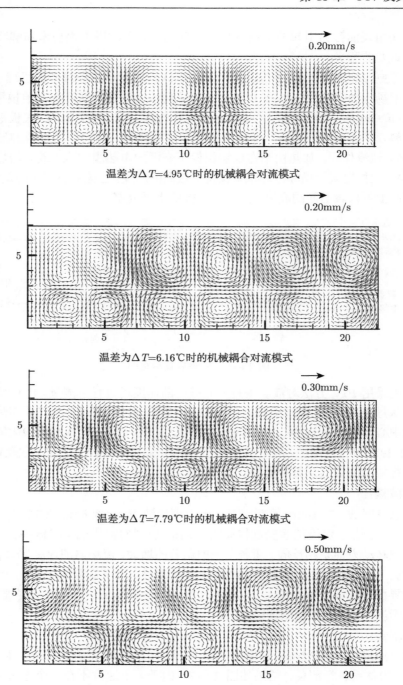

温差为△T=4.95℃时的机械耦合对流模式

温差为△T=6.16℃时的机械耦合对流模式

温差为△T=7.79℃时的机械耦合对流模式

温差为△T=18.10℃时的机械耦合对流模式

图 13-16   对流机械耦合演变过程

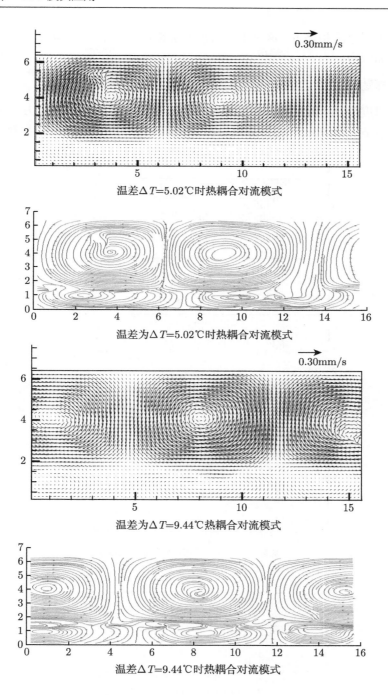

温差 ΔT=5.02℃时热耦合对流模式

温差为 ΔT=5.02℃时热耦合对流模式

温差为 ΔT=9.44℃热耦合对流模式

温差 ΔT=9.44℃时热耦合对流模式

图 13-17　热耦合对流模式演变过程

的宽度和上层厚度相接近。这时上层对流的强度远大于下层, 这是由于下层对流驱动力是表面张力。

临界振荡:

对总厚度为 H=7.77mm, 厚度比为 Hr=2.13, 上层（10#硅油）H_1=5.286mm, 下层（70fc）H_2=2.476mm 的体系进行测量, 实验结果如图 13-18。临界对流模式是

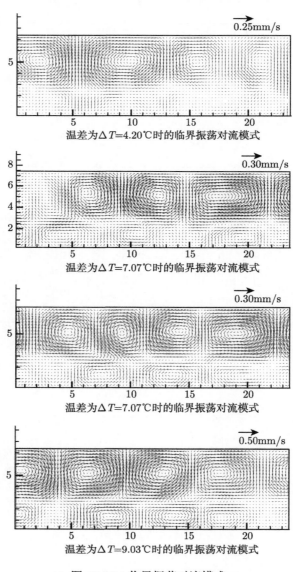

图 13-18 临界振荡对流模式

临界振荡模式。临界振荡对流是机械耦合和热耦合的过渡模式，即流场中有的地方是热耦合，有的地方是机械耦合，上下层涡胞的中心错位。上层的速度比下层的速度大。由于系统是临界不稳定，所以各个涡胞的大小不一样，同时流场处于变化之中。

实验出现不同的三种对流模式。在厚度比较小时，$Hr=1.6$，临界对流模式是机械耦合；在厚度较大时，$Hr=3.72$，临界对流模式是热耦合；当处于中间值时，$Hr=2.13$，临界对流模式是临界振荡模式，是热耦合和机械耦合的过渡模式。实验结果和理论值相符合。

参 考 文 献

黄烁桥, 2009. 蝴蝶机电仿生模型悬停飞行的流体力学实验研究, 北京航空航天大学博士学位论文.

黄烁桥, 申功炘, 魏来, 等. 2010. 机械蝴蝶模型悬停飞行的流动显示实验 [J], 实验流体力学, 24(2).

李陆军. 2009. 两层流体 Bénard-Marangoni 实验研究. 中国科学院研究生院博士学位论文.

李陆军, 段俐, 胡良, 等. 2009. 两层液体 Benard-Marangoni 对流的实验研究, 41: 329-336.

Lai G J, Shen G X. 2012. Experimental investigation on the wing-wake interaction at the mid stroke in hovering flight of dragonfly. Science China-Physics, Mechanics & Astronomy, 55(11): 2167-2178.

Li L J, Duan L, Hu L, Kang Q. 2008. Experimental investigation of Influence of Interfacial Tension on convection of two-layer immiscible liquid. Chinese Physics Letter, 25: 1734.

Lia J, Shen G X, Konrath R K obert, et al., 2009. Angular effects in digital off-axis holography, Chinese Optics Letters, 7 (12): 1126-1130.

Lu Y, Shen G X. 2008. Three- dimensional flow structures and evolution of the leading-edge vortices on a flapping wing. Journal of Experimental Biology, 211: 1221-1230.

Shen G X, Tan G K, Lai G J. 2012. Investigation on 3Dt flow structures of bionic fish wake. Acta Mechania Sinica, 28(5): 1494-1508.

Tan G K, Shen G X, Huang S Q. 2007. Investigation of flow mechanism of a robot fish swimming by utilising flow visualization synchronized with hydrodynamic force measurement. Experiments in Fluids, 43: 811-821.

第14章 激光诱导荧光测速技术

14.1 引　　言

　　尽管粒子图像测速（PIV）在观测非定常流动及全场有了突破性进展，并已广泛应用于许多流动研究中。仍存在一个根本性的缺点需要在流体中撒布粒子，特别在高速流动中粒子的跟随性问题更为突出，限止其使用。

　　另一种途径，以分子为示踪粒子的测速技术，近十多年来的研究，已有了重要进展，其基本原理均基于激光诱导荧光的基本机制。

　　量子形式的 Beer 定律：

　　荧光物质的吸收光子数：

$$N_{\mathrm{abs}} = I n_{\mathrm{abs}} V_c \frac{B_{12}}{C} g(\gamma, p, T) \Delta t \tag{14-1}$$

N_{abs} 是采集容积 Vc 内的被吸收光子数；I 是入射激光光强；n_{abs} 是吸收态的分子数密度；B_{12} 是爱因斯坦吸收分数；g 是吸收线形态函数（Absoption line shape function）；γ 是激光频率；p 是气体静压；T 是气体温度；Δt 是测量时间（照明时间）

$$N_{\mathrm{abs}} = \chi f_{\mathrm{pop}} n \tag{14-2}$$

其中，χ 是吸收物质莫尔分数；f_{pop} 是吸收态的总数比例；n 是在 V_c 容积内的总数密度；部分吸收光被激发后，发荧光：

$$S = N_{\mathrm{abs}} \frac{A_{21}}{A_{21} + Q_{21}} \frac{\Omega}{4\pi} \eta_{\mathrm{col}} R \tag{14-3}$$

S 是荧光讯号，$S \propto N_{\mathrm{abs}}$；$A_{21}/(A_{21} + Q_{21})$ 是荧光效率；A_{21} 是瞬时发射爱因斯坦系数；Q_{21} 是激励态的猝灭率；η_{col} 是采集光路损失；Ω 是采集立体角；R 是摄像机的响应（数字量/光子数）。

　　本章介绍两种 LIF 测速技术（LIFV），均基于 LIF 原理，但由不同途径来实现：图像相关测速（Image correlation velocimetry, ICV），多普勒全场测速（Doppler global velocimetry, DGV）。

14.2 图像相关测速

本方法基于激光诱导荧光浓度场测量技术：

$$I_F \propto I_O \cdot KC$$

C 为荧光物质在流体中的浓度。在混合流动中，可以得到混合浓度场的定量测量。与此同时，浓度场呈现混合结构图像，如果记录相继时间序列的浓度结构图像，则可以类似 IPV，但不是粒子图像，而是光强不同的结构图像，将流场（图像）分割成许多判读区，在下一幅图像上分割成相应的许多搜索区，通过判读区和搜索区作互相关处理，求出最大相关峰值。由此可以确定该判读区在此时刻的位移（转动变形）。

如图 14-1 所示，在喷流混合流中，喷流中加入荧光物质，外流不加荧光物质。图 14-2、图 14-3 为第一时刻和第二时刻的图像并用网格的变化表示。图 14-4 为所测该时刻的速度场分布图。

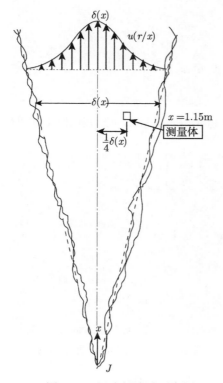

图 14-1　混合场流动示意图

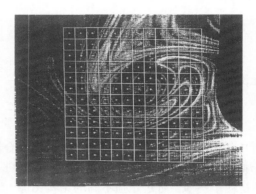

图 14-2　$t = t_0$，混合场图像和判读区

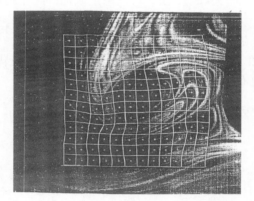

图 14-3　$t = t_0 + \Delta t$，混合场图像及判读区

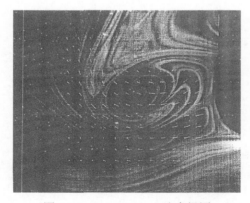

图 14-4　$\Delta t = 100\text{ms}$，速度场图

　　该方法的局限性是很显然的，空间分辨力不很高，受混合扩散等影响，不是严格意义上的流动速度场，因而至今应用有限。

14.3　多普勒全场测速技术

　　多普勒全场测速仪 (Doppler global velocimetry) 简称 DGV，该技术有别于 LDV，两者均基于多普勒效应。但 LDV 仅能测一点的速度，还需要粒子；而 DGV 能同时（瞬时）测量整个流场的速度，不需加粒子。在流体中加入了荧光物质（分子），利用分子的多普勒效应，测得流体的速度。

　　1. 多普勒效应

$$\Delta \nu = \nu_0 \frac{(\vec{O} - \vec{I})\vec{V}}{C}$$

ν_0——激光的频率；$\vec{V}$——速度向量；$\vec{I}$——激光传播方向；$\vec{O}$——CCD 相机、收集的散射光方向；C——光速；$\Delta \nu$ —— 多普勒频移。

$$\Delta \nu_D = -\frac{1}{2\pi} k \cdot u$$

k—— 入射波向量，u——速度向量。

$$K = 2\pi/\lambda$$

　　夹角 $< 90°$，红移；夹角 $> 90°$，蓝移。见图 14-5 所示。激光传播方向为测量速度方向（分量），散射光采集方向为相机。

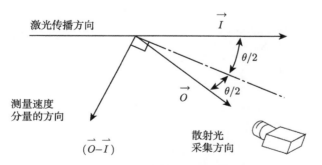

图 14-5　多普勒频移测量原理图

即散射光 $\vec{O}$，与原入射光 $\vec{I}$ 比较，存在 $\Delta \nu$ 频率差。

2. 多普勒频移的线性型函数

如何测量全场分子的多普勒频移（分布在流场中不同位置的荧光物质有不同的速度，因而有不同的多普勒频移）是个关键问题。研究发现荧光物质经吸收光谱后的发射光谱均呈现线性型函数，如示意图 14-6。

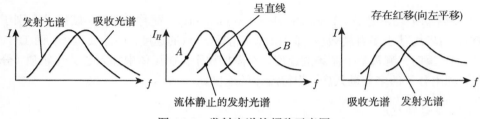

图 14-6　发射光谱的频移示意图

图中：A——由于有与入射激光同方向的流速，引起发射光谱左移；B——由于有与入射激光相反方向的流速，引起发射光谱右移。其中的光谱分布图中有一段呈线性形状，又可称线性函数，即光强与频率呈线性关系。因而提供了通过测量光强可以测得频率（的变化），也由此确定流动的速度。

3. 碘蒸汽窄通滤波盒

如图 14-7 所示，如果能有一个只能通过频率 f_0 的滤波器，发射光谱上呈现的光，只有 $f = f_0$ 的光可以通过，其他频率的光均不能通过。这样在滤波器（f_0）后的光敏接受器，也就可以测得 ΔI_H，对应 f_0，亦即对应于流场中的分子的速度 $\pm u$。如图 14-8 所示。

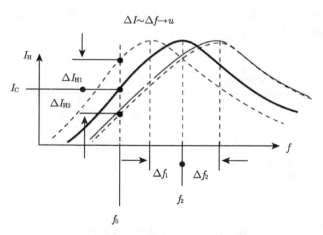

图 14-7　光谱的线性函数

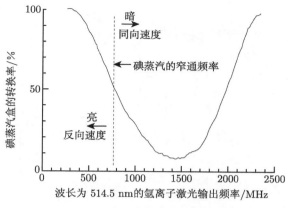

图 14-8　碘蒸汽盒的转换函数

正如发现碘蒸汽作为光的滤波器具有此功能, 因而制成碘蒸汽盒, 放置在 CCD 相机之前, 成为一个场的窄光带滤波器, 对一个荧光分子发射场进行窄通滤波。如图 14-9 所示。

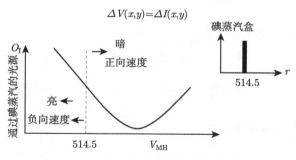

图 14-9　碘蒸汽窄通滤波盒原理图

即碘蒸汽滤波器为一窄通滤波器, 只有 $V=514.45\text{ns}$ 的光可以通过, 其他光均通不过。这样正好将频移的方向大小用光强来表示, 可以用 CCD 相机直接检测, 图像上各点的光强不同代表各点的速度分量的大小方向不同。

4. DGV 的系统原理组成

DGV 原理如图 14-10 所示, 光源通常采用连续的氩离子 (Ar^+) 激光器或脉冲的 YAG 激光器, 通过柱透镜形成片光源, 照射加入荧光物质的流体内某一个截面; 相机 1 通过碘蒸汽盒和分束镜拍摄有多普勒频移的图像, 相机 2 通过分束镜拍摄参考图像, 二图像之差即为多普勒频移。该频移与流场速度相对应。该方法通常用于超高速度场的测量。

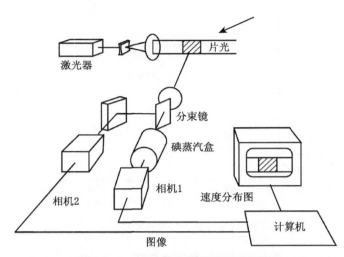

图 14-10　多普勒全场测速仪原理图

典型的 DGV 实验测试系统如图 14-11 所示。

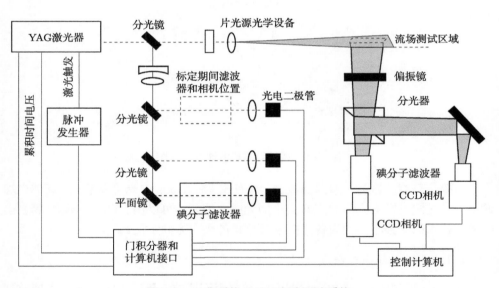

图 14-11　典型的 DGV 实验测试系统

5. 若干应用测量结果

图 14-12 表示应用 DGV 法测量的 75° 三角翼流动速度场，测量截面在 95%
弦长位置，$Ma = 2.8$。图 14-13 表示应用 DGV 法测量超高速流，$Ma = 1.9$。DGV

法具有特点：DGV 方法测速不需要在流场中加入示踪粒子，数据处理简单（光强 + 光强修正计算）；实时，处理速度快。该技术的空间分辨力受到 CCD 的制约，随着电子技术的进步，该技术会有更长足的发展。图 14-14 表示喷流流场情况。

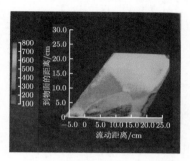

图 14-12　DGV 测量的 75° 三角翼流动速度场

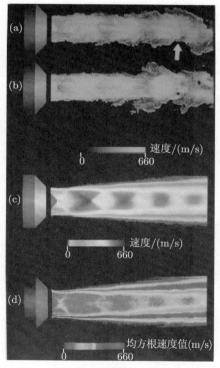

图 14-13　超音速射流（$Ma=1.9$）

(a), (b) 瞬时流场；(c) 平均流场；(d)RMS 值

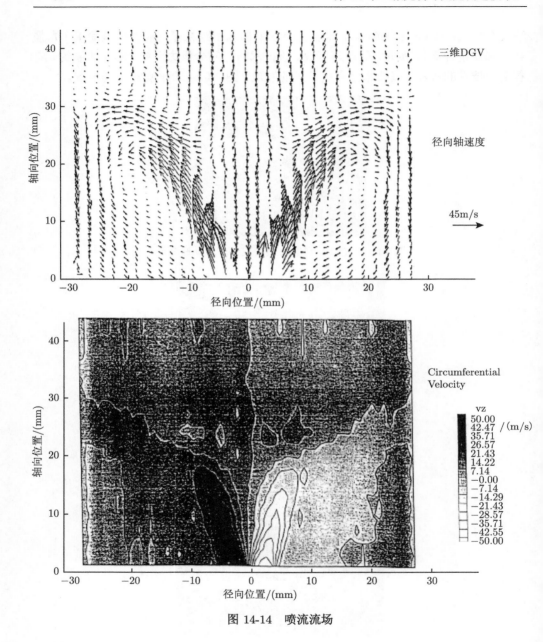

图 14-14　喷流流场

6. DGV 的特性和前景

　　显然，DGV 采用分子示踪，对于高速流动，尤其存在波系的超音速、高超音速流动，具有宽广的应用前景，不仅几乎不存在跟随性问题，而且可以达到分子量级的空间分辨力（对于一个像素（元）有多少，就有多少的空间分辨力），测得激波、膨胀波也应具有理想的结构。

但也存在若干缺点，首先是速度的量值分辨力目前还不高，取决于 CCD 芯片的光分辨力等，因而不能用于低速流动。二是选用的配对气体荧光物质材料有限，多数发光效率不高，致使发射的荧光光强不强，要求使用灵敏度高或加增强的 CCD 芯片，成本比较高，或要求入射的激光光强要更强，当然也要增加硬件成本，这也是至今没广泛使用的原因。三是设备条件的维护、维持也比较复杂，如碘蒸汽盒不是光学玻璃透镜，是一个蒸汽盒，密封、恒温、防腐等均有一定要求，不是很方便地使用。

但尽管还存在不少缺点和限制，目前 DGV 也已相当广泛应用于流体力学，特别是可压缩流动中的研究，如图 14-14 的喷流流场。

此外，也有研究人员将其原理推广应用于粒子作为示踪子的 DGV，记录的是全场粒子的多普勒效应，同样应用线性函数、窄通滤波盒，记录多普勒的光强效应，测得速度场。但存在粒子示踪的缺陷，难以应用于高超音速流，也难以应用于低速流动，本书不作详细介绍。

参 考 文 献

Lai G J, Shen G X. 2012. Experimental investigation on the wing-wake interaction at the mid stroke in hovering flight of dragonfly. Science China-Physics, Mechanics & Astronomy, 55 (11): 2167-2178.

Lia J, Shen G X, Konrath R K obert, et al.. 2009. Angular effects in digital off-axis holography, Chinese Optics Letters, 7 (12): 1126-1130.

Lu Y, Shen G X. 2008. Three- dimensional flow structures and evolution of the leading-edge vortices on a flapping wing. Journal of Experimental Biology, 211: 1221-1230.

Shen G X, Tan G K, Lai G J. 2012. Investigation on 3Dt flow structures of bionic fish wake. Acta Mechania Sinica, 28(5): 1494-1508.

Tan G K, Shen G X, Huang S Q. 2007. Investigation of flow mechanism of a robot fish swimming by utilising flow visualization synchronized with hydrodynamic force measurement. Experiments in Fluids, 43: 811-821.

第15章 光学干涉测量技术

15.1 干涉技术的基本原理

干涉技术最初是应用于固体表面形貌的检测和元件总质量的检测。非常成熟的干涉技术有：Fizeau 干涉仪、Twyman-Green 干涉仪、Mach-Zehnder 干涉仪、剪切干涉仪、Michelson 干涉仪等。近些年来，流体力学工作者为了定量地研究流体运动的基本规律，将光学干涉技术应用于流场温度、密度、浓度、流体表面形貌的测量中。

产生干涉的基本条件是频率相同、振动方向相同、相位差恒定。

干涉技术基本原理是两束相干光在空间相遇产生干涉条纹，该干涉条纹记录了其所经过空间的物理量。设 $A_1(x,y)$ 和 $A_2(x,y)$ 是传播到平面 $x-y$ 上的两个相同频率、相同振动方向的单色光波的复振幅，由振幅和位相表示成：

$$A_i(x,y) = a_i(x,y) \exp\left[\mathrm{j}\phi_i(x,y)\right] \quad (i=1,2) \tag{15-1}$$

式中位相取决于光波长和光程，即

$$\phi_i(x,y) = \frac{2\pi}{\lambda} L_i(x,y) \quad (i=1,2) \tag{15-2}$$

两束光叠加后形成的合成强度分布为

$$I(x,y) = \left|A_1(x,y) + A_2(x,y)\right|^2 = I_0(x,y) + I_c(x,y)\cos\Delta\phi(x,y) \tag{15-3}$$

其中，

$$I_0(x,y) = a_1^2(x,y) + a_2^2(x,y) \tag{15-4}$$

$$I_c(x,y) = 2a_1(x,y)\,a_2(x,y) \tag{15-5}$$

$$\Delta\phi(x,y) = \phi_2(x,y) - \phi_1(x,y) \tag{15-6}$$

上式表明，合成强度由两束光各自的强度和两束光相互作用的强度组成。这种合成强度偏离两束光各自强度之和的现象即为干涉现象。在合成强度中包含两个光波振幅和位相的信息。通过对该强度的分析可以导出两光波的位相差，进而导出两光波的光程差。

根据位相差与折射率变化 $\Delta n(x,y)$ 的关系得到折射率变化 $\Delta n(x,y)$，进而得到浓度场内各点的折射率值。为了将折射率分布转化为浓度或温度分布，采用 ABBE 折射仪获得浓度或温度与折射率的关系。

$$\frac{\Delta n\left(x,y\right)\cdot d}{\lambda}\cdot 2\pi = \Delta\phi\left(x,y\right) \tag{15-7}$$

干涉技术的优缺点:

（1）优点：定量的测试技术、测量精度高。

（2）缺点：实验技术复杂，难度大；对实验环境要求苛刻；干涉条纹的处理技术复杂；实验操作人员需要具备一定的光学知识。

几种典型的干涉光路见图 15-1。

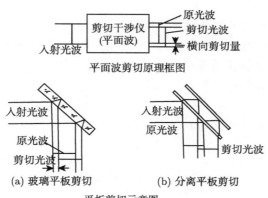

平面波剪切原理框图

(a) 玻璃平板剪切　　(b) 分离平板剪切

平板剪切示意图

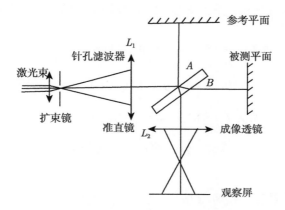

Twyman-Green干涉仪原理图

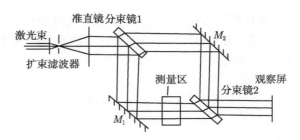

Mach-Zehnder干涉仪原理图

图 15-1   几种典型的干涉光路

15.2   干涉条纹的反演计算

1. 傅里叶变换方法

采用傅里叶变换方法对条纹实验图像进行分析。将实验开始之前的干涉条纹作为原始栅线，此时的折射率变化为 $\Delta n(x,y) = 0$，条纹图像被傅里叶级数展开为 $g_0(x,y)$。将反映了浓度或温度变化的干涉条纹作为变形栅线，此时折射率变化 $\Delta n(x,y) \neq 0$，条纹图像被傅里叶级数展开为 $g(x,y)$。

$$g_0(x,y) = r_0(x,y) \sum_{n=-\infty}^{\infty} A_n \exp\{\mathrm{i}[2\pi n f_0 x + n\phi_0(x,y)]\} \tag{15-8}$$

$$g(x,y) = r(x,y) \sum_{n=-\infty}^{\infty} A_n \exp\{\mathrm{i}[2\pi n f_0 x + n\phi(x,y)]\} \tag{15-9}$$

$r(x,y)$ 代表了折射率场的扰动，f_0 代表了图像的基频，$\phi(x,y)$ 代表了位相。取 $n = 1$，计算傅里叶反变换，得到变形条纹和原始条纹的位相分布如下：

$$\hat{g}(x,y) = A_1 r(x,y) \exp\{\mathrm{i}[2\pi f_0 x + \phi(x,y)]\} \tag{15-10}$$

$$\hat{g}_0(x,y) = A_1 r_0(x,y) \exp\{\mathrm{i}[2\pi f_0 x + \phi_0(x,y)]\} \tag{15-11}$$

$$\hat{g}(x,y)\hat{g}_0^*(x,y) = |A_1|^2 r_0(x,y) r(x,y) \exp\{\mathrm{i}[\Delta\phi(x,y)]\} \tag{15-12}$$

$$\Delta\phi(x,y) = \phi(x,y) - \phi_0(x,y) \tag{15-13}$$

这里，ϕ 是位相。

当被测量物体温度、密度、或浓度改变时，折射率发生变化，根据位相差与折射率变化 $\Delta n(x,y)$ 的关系得到折射率变化 $\Delta n(x,y)$，进而得到被测量场内各点的折射率值。

$$\frac{\Delta n(x,y) \cdot d}{\lambda} \cdot 2\pi = \Delta\phi(x,y) \tag{15-14}$$

$$\Delta n(x,y) = \frac{\Delta\phi(x,y) \cdot \lambda}{2\pi \cdot d} \tag{15-15}$$

$$n(x,y) = n_0 + \Delta n(x,y) \tag{15-16}$$

为了将折射率分布转化为浓度或温度分布，采用 WAY-15 ABBE 折射仪获得浓度或温度与折射率的关系。

当被测量物体表面形变改变时，激光经过的距离 d 发生变化，根据位相差与 Δd 的关系得到物体表面形变信息。

2. 四步相移方法

相移的基本原理是在物光波或参考光波中引入一个已知的位相变化，从而获得一个变化的光强分布。对多次相移后获得的不同的光强分布进行处理，获得原始条纹的位相分布。采用等步长四步相移法，步长可以在 $0 \sim \pi/2$ 之间任选。通过连续引进四个步长为 $\delta=2\varepsilon$ 的等步长相移后，所得四幅条纹图用如下四式表示：

$$\begin{cases} A(x,y) = I_0\{1 + \gamma\cos[\phi(x,y) - 3\varepsilon]\} \\ B(x,y) = I_0\{1 + \gamma\cos[\phi(x,y) - \varepsilon]\} \\ C(x,y) = I_0\{1 + \gamma\cos[\phi(x,y) + \varepsilon]\} \\ D(x,y) = I_0\{1 + \gamma\cos[\phi(x,y) + 3\varepsilon]\} \end{cases} \tag{15-17}$$

求解上述四式组成的方程组，可得：

$$\bar{\phi} = \text{tg}^{-1}\left\{\frac{\sqrt{|[(A-D)+(B-C)] \cdot [3(B-C)-(A-D)]|}}{|(B+C)-(A+D)|}\right\} \tag{15-18}$$

式中 $\phi \in [0, \pi/2]$，为了便于位相展开，应将其扩展到 $[-\pi, \pi]$，方法如下：

$$\phi(x,y) = \begin{cases} \bar{\phi}(x,y), (B-C) > 0, (B+C)-(A+D) > 0 \\ \pi - \bar{\phi}(x,y), (B-C) > 0, (B+C)-(A+D) < 0 \\ -\pi + \bar{\phi}(x,y), (B-C) < 0, (B+C)-(A+D) < 0 \\ -\bar{\phi}(x,y), (B-C) < 0, (B+C)-(A+D) > 0 \end{cases} \tag{15-19}$$

通过位相与折射率和光程的关系获得所测量的物理量。

干涉技术的优点是：定量的测试技术和测量精度高。

干涉技术的缺点是：实验技术复杂，难度大；对实验环境要求苛刻；干涉条纹的处理技术复杂；实验操作人员需要具备一定的光学知识。

15.3 干涉法测量实例

1. 晶体生长过程中的流体物理问题研究

此部分内容选自作者的博士生段俐的博士后研究报告。

晶体生长过程是一个热量、质量和动量相互作用的输运过程。该输运过程影响了晶体生长速率，同时支配着生长界面的稳定性，从而影响生长晶体的质量。因此晶体生长过程中流体的运动、流体的传热和传质特征与生长晶体的微观结构有密切的关系。在溶液晶体生长过程中，必然存在变化的浓度场。在重力的作用下，溶液浓度变化引起的浮力对流就不可避免。浮力对流又改变了溶液中的浓度场分布，影响着结晶界面的质量输运，也直接影响着结晶晶体的质量。

光学干涉测量技术是非接触、无干扰的测量技术，能够实时的观测被测量流场的变化情况，适用于研究溶液晶体生长过程，探索该过程的浮力对流现象。Mach-Zehnder 干涉仪主要用来测量温度、密度、浓度等物理量，因此选用该干涉仪实时观测晶体生长过程。

Mach-Zehnder 干涉系统如图 15-2 所示，He-Ne 激光器发射激光经透镜 L1 扩束，经透镜 L2 准直形成平行光束，经分束镜 Bs1 分束，其中一束光作为物光波经反射镜 M1 反射后通过晶体生长池，再通过分束镜 Bs2。另一束光作为参考光经安装在用于做四步相移的压电陶瓷上的反射镜 M2 而射向分束镜 Bs2 上而反射，经过 Bs2 后，物光波与参考光波在空间相遇产生干涉条纹。透镜 L3、L4 及 CCD 组成全流场成像系统，实际测量尺寸为 4mm×5mm。根据 Mach-Zehnder 干涉条纹可以计算出与晶体生长过程中母液的浓度分布直接相关的折射率的分布。

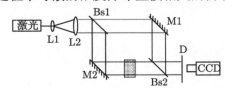

(a) Mach-Zehnder 干涉原理图

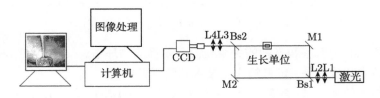

(b) 晶体生长 Mach-Zehnder 干涉测量原理图

图 15-2 Mach-Zehnder 干涉系统

由实验图像只能获得折射率的变化情况，在本实验中折射率的变化与浓度直接相关。为了进一步获得我们所关心的浓度变化情况，采用阿贝折射率仪测量了 $NaClO_3$ 溶液折射率 n 与浓度 C 的关系，实验中采用循环水浴系统保证测量时溶液恒温，因此折射率仅随溶液浓度的变化而变化，溶液折射率 n 与浓度 C 的关系曲线如图 15-3 所示：

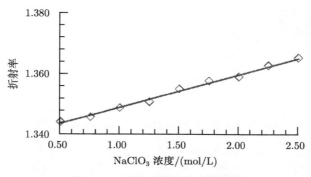

图 15-3　折射率与浓度关系曲线

折射率 n 与浓度 C 的关系为

$$n = 1.33846 + 0.01084C \tag{15-20}$$

实验获得的晶体溶解和生长过程中不同时刻的干涉条纹见图 15-4，四步相移条纹处理过程见图 15-5，浓度场的计算结果见图 15-6。

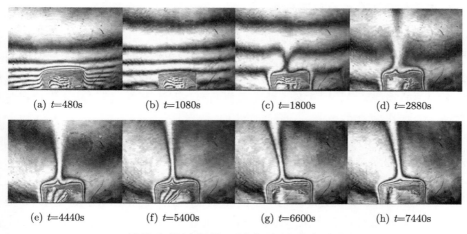

(a) $t=480s$　　(b) $t=1080s$　　(c) $t=1800s$　　(d) $t=2880s$

(e) $t=4440s$　　(f) $t=5400s$　　(g) $t=6600s$　　(h) $t=7440s$

图 15-4　$NaClO_3$晶体生长过程的干涉条纹及浓度分布（5mm×4mm）

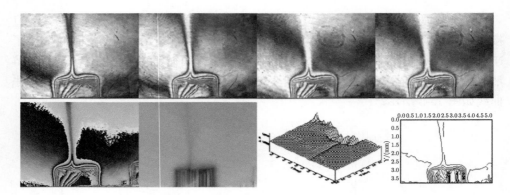

图 15-5　干涉条纹四步相移计算过程

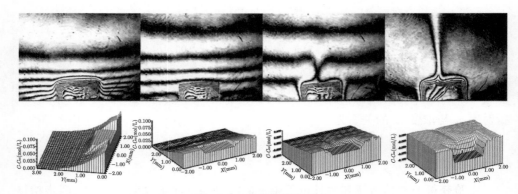

图 15-6　浓度场计算结果

2. 热毛细对流自由面形变测量

此部分内容选自作者康琦研究员等人的研究工作。

在流体力学领域，流体自由面变化是非常重要的物理现象。由于表面温度的不均匀性引起表面张力的不均匀驱动了热毛细对流的产生，热毛细对流是与界面形变直接相关的物理现象，是许多领域内重要的流体对流现象，例如晶体生长和薄膜科学等。

研究一个实际的热毛细对流系统时，热传输是一个重要的问题，热传输和表面张力驱动的热毛细对流的耦合作用是基本的特征。在地基实验中，重力的影响又是不能忽略的，流体的流动是热毛细对流和浮力对流的耦合，我们通常将它定义为"浮力 - 热毛细对流"。该工作将光学干涉测量技术引入到流体力学的测量中，建立和发展了一套测量流体表面微米量级变化的光学测量方法。该光学诊断技术主要由改型的 Michelson 干涉仪组成，配置了计算机图像采集和图像处理系统，与传统的流体力学的测量方法相比，通过计算机图像处理可直接得到定量的实验结果，并具有更高的测量灵敏度；此外，通过对连续采集图像的分析，可研究时间历程的液面变化。

该工作研究了矩形液池内薄层流体的浮力 - 热毛细对流的表面变形和表面波问题。矩形容器的水平横断面为 52mm×42mm，两个相对的侧面是 K9 光学玻璃，便于实验中对流体内部的观察。另外两个相对的侧面由铜板组成，右侧铜板用电热膜加热，左侧铜板用半导体制冷片制冷。容器内盛有硅油薄层液体，在两侧高低温铜板的作用下，液体层表面形成温度梯度。液体层两端的温度用未封装的极细热电偶测量，高温端的温度用 Eurotherm 温控表驱动直流电源控制。液池的底面用导热性能极差并且几乎不反光的材料制成。实验中，液层两侧的温度差以缓慢、稳定的速率逐渐升高，液层内流体的流动将从稳定态转换到不稳定态。采用光学干涉方法测量这一过程流体的表面变形和表面波，进而分析变形和波与对流的关系和机理。

我们采用改型的 Michelson 干涉方法测量变形量级在微米范围的流体表面变形。图 15-7 给出了该光学诊断系统简图。He-Ne 激光通过透镜 1 和透镜 2 后形成平行光束，再经过分束镜形成两束平行光，一束是参考光，一束是物光。物光投射到流体表面，被流体表面反射，再通过分束镜与参考光束重合后在毛玻璃上形成干涉条纹。该条纹包含了热毛细对流的流体表面变形信息。干涉仪的实际测量区域是 18.0mm×14.4mm，集中在液池内流体表面的中心区域。图像采集系统由 CCD 照相机和 Pinnacle 图像板以及计算机组成。

该实验诊断方法的特点是既具有空间性，又具有时间性。某一时刻流体表面各点的变形信息可通过该时刻干涉条纹图像的处理获得；而液体表面变形和表面波的演化过程也通过计算机采集系统以 25 帧/秒的速度记录，从而可分析得到不同温度梯度情况下流体表面随时间的变形信息。该方法的空间和时间测量精度也完全满足本项研究工作的测量要求。

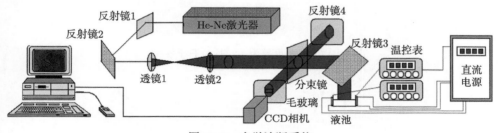

图 15-7　光学诊断系统

为了从干涉条纹反演计算得到流体表面的变形信息，采用 Fourier 变换方法对条纹栅线进行分析。将实验过程中液体层温差为 0℃ 时的干涉条纹作为原始栅线，而将对流发展过程中的反映了流体面形变化的干涉条纹作为变形栅线，对两条纹栅线图像分别做 Fourier 变换，并经过解包络处理，得到他们的位相分布 ϕ_1 和 ϕ_2，从而可获得这两个状态的位相差 $\Delta\phi = \phi_2 - \phi_1$。而液体表面垂直变形 $\Delta Z\,(x,y)$ 与位相差 $\Delta\phi$ 的关系为

$$\Delta Z\,(x,y) = \frac{1}{2n} \times \Delta\phi\,(x,y) \times \frac{\lambda}{2\pi} \tag{15-21}$$

其中 n 是空气折射率。

　　实验中，研究了液层厚度为 3.5mm 的 1000# 硅油的表面变形。液层两侧的温度差以 0.73℃/min 的加热速率从 0℃增加到 58.5℃，光学干涉和图像系统实时全过程地记录了液层表面的变化。实验初始阶段，温度差为 0℃，此时调整干涉仪出现平直的干涉条纹，如图 15-8 所示。当流体两侧温度差增加时，干涉条纹发生形变。实验表明，在对流发展过程中，流体自由面存在变形，并且随温度差的增加而增大。图 15-9 给出了实验过程中不同温差情况下的干涉条纹图像。随着温度差的增加，表面水平温度梯度越来越大，实验图像清晰地显示出干涉条纹弯曲程度逐渐加大，亦即定性地可知流体自由面越来越倾斜。采用 Fourier 变换方法反演计算实验所得到的干涉条纹图像，得到流体自由面的表面变形如图 15-10 所示，图中 x 方向是表面温度梯度方向，z 轴垂直向上，坐标原点取在液层表面中心。在本实验中其最大变形量约为 50μm。

图 15-8　温度差为 0℃时的干涉条纹

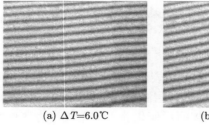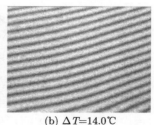

(a) ΔT=6.0℃　　　　　　　　(b) ΔT=14.0℃

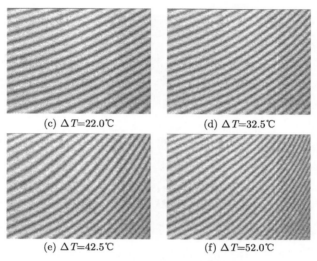

(c) ΔT=22.0℃   (d) ΔT=32.5℃

(e) ΔT=42.5℃   (f) ΔT=52.0℃

图 15-9 不同温差时的干涉条纹

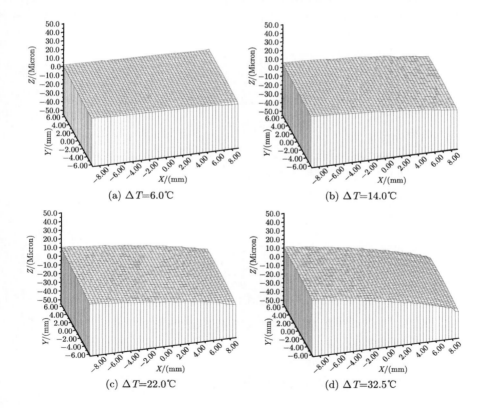

(a) ΔT=6.0℃   (b) ΔT=14.0℃

(c) ΔT=22.0℃   (d) ΔT=32.5℃

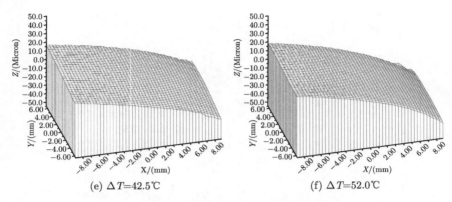

图 15-10 不同温差时的表面变形

为了更清楚地显示流体自由面形貌的变化过程，图 15-11 给出不同温差下液体层横向中心线处的变形后的形状，定量地表明了表面变形与温度差的关系，温度梯度越大，表面变形量也越大。从纵切面流场实验结果可知，液层内形成多涡胞结构。

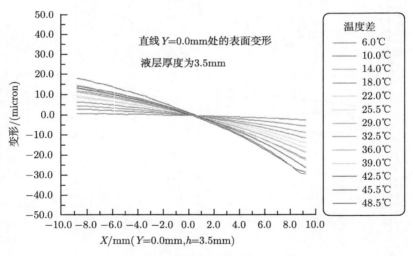

图 15-11 液体层表面中心线形貌

15.4 数字全息干涉测量技术（标量场）

对复杂物场进行高灵敏度动态可视化测量与表征是极其困难的，例如液相传质扩散现象不仅存在相互扩散，而且某些组分可能产生逆向传质、渗透传质、传质障碍等传质奇异现象，而且这些现象用传质规律无法作出解释。因此，基于全息干涉原理的空间实验用数字全息干涉仪是对复杂物场进行高灵敏度动态可视化测量与表征的一种理想测量仪器。该仪器是中国科学院空间科学先导专项二批预研资助项目，以西北工业大学赵建林教授团队前期工作为基础，由中国科学院力学研究所康琦研究员团队和西北工业大学赵建林教授团队共同研制完成。

全息干涉术以其全场、非接触、非破坏及高灵敏度等优点，为复杂流场分布的测量提供了一种有效手段。但是，传统光学全息干涉术需要对曝光的全息干板进行繁琐的暗室冲洗处理，无法真正实现现场和实时测量。近年发展起来的数字全息干涉术，以光学全息理论为基础，用 CCD 或 CMOS 代替传统的全息干板记录全息图，通过计算机数值再现变化物场的干涉图，实现待测物场的重构，省去了传统光学全息术中必须的显影和定影等物理化学处理过程，具有快速、实时等优点。此外，全息图的数字化有利于实现其远程传输、存储和异地再现。将先进数字图像处理技术引入数字全息图的处理过程，还可以方便地消除像差、噪音以及记录介质感光特性曲线的非线性等影响，改善全息再现像的质量。

数字全息干涉术的基本原理是，当相干光波穿过具有折射率（或速度、密度、浓度等）起伏的透明样品时，其波前的相位分布将受到相应调制。以此被调制的光波作为物光波，在透明介质折射率（或速度、密度、浓度）变化过程中，依次记录对应不同介质状态的全息图。由这些全息图数值重建物光波，其复振幅分布同样将携带着相应状态下介质折射率（或速度、密度、浓度）分布的信息。数值比较不同状态下的重建物光波复振幅（如相位相减处理），便可以获得重建物光波前相位分布的相对变化，进而推算出样品折射率或密度分布的相对变化。所以，数字全息干涉术实际上可归结为对反映其某种特征（透明样品折射率、速度、密度或浓度等）分布变化的物光波前相位分布的测量。

空间实验数字全息干涉仪引入光纤器件和缩微光路，满足结构小型化设计的同时，还可以达到抗外界干扰的目的。光路设计见图 15-12，采用光纤耦合激光器通过光纤分束分为物光和参考光；物光通过扩束准直镜形成平行光束后通过被测量流场，再经过成像系统通过分束镜；参考光经扩束准直后经分束镜反射；物光和参考光相遇产生干涉条纹被 CCD 记录。

自这些全息图数值重建的物光波，其复振幅分布将携带着相应状态下介质折射率分布起伏信息。数值比较不同状态下的重建物光波复振幅，可以获得不同状态下物光波的波前相位分布变化，进而推算出相应状态下物光通过介质光程变化。光程等于光通过物质的折射率与光通过的距离的乘积，进而获得所需要的物理量。

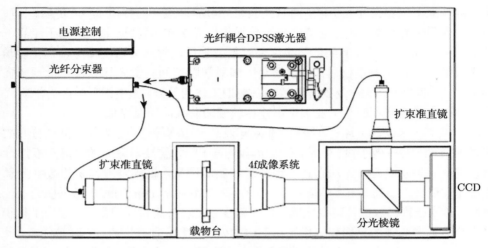

图 15-12　光路设计

例 15-1　粒子图像测速与数字全息干涉同时测量液滴热毛细迁移

（1）实验模型系统

　　液滴的热毛细迁移是一类重要的运动形式。微重力环境中，液滴热毛细迁移不仅在流体力学理论上具有学术意义，而且有许多重要的应用。微重力环境下进行液滴热毛细迁移实验研究，探究液滴动力学特性以及多液滴之间相互作用影响等方面的问题，有着重要的现实意义。液滴热毛细迁移项目也是空间站首批空间实验项目之一。

　　液滴迁移实验模型如图 15-13 所示，液池四壁采用双层玻璃制作，上加热金属板和下制冷金属板均采用导热性能较好的铝材料，液池内腔尺寸为 40mm×40mm×70mm。液池上部采用电热膜加热，下部采用半导体制冷片制冷。为了保证流场中有稳定的温度梯度，利用 Eurotherm3504 温度控制器，分别测量、控制上下端温度使其保持恒定温度值。实验采用密度匹配的方法，通过减小重力引起的浮力效应研究液滴的热毛细迁移，以 30cs 硅油和去离子水与无水乙醇混合液分别作为实验系统的连续相母液介质和液滴相介质。

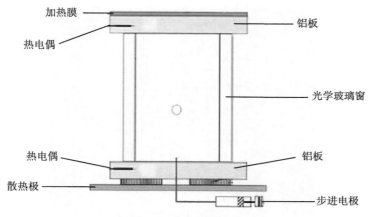

图 15-13　实验模型系统

（2）粒子图像测速系统测量结果

利用关键技术攻关搭建的实验光路测量液滴热毛细迁移过程中速度场分布。实验中采用的示踪粒子为镀银玻璃小球，平均粒径 10μm。

在液滴热毛细迁移过程中拍摄到的粒子图像和图像处理获得的速度场分布见图 15-14～ 图 15-16。实验结果表明，粒子图像测速系统可以获得清晰图像及有效的速度场矢量分布。

图 15-14　粒子图像

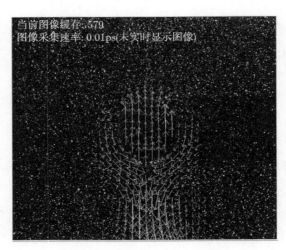

图 15-15　PIV 实验结果图像

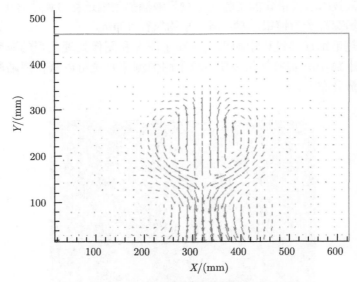

图 15-16　速度场矢量图像

（3）数字全息干涉系统测量结果

该部分内容参见段俐研究员的博士生张朔婷的博士论文。

利用数字全息干涉系统拍摄液滴迁移过程的全息干涉图。稳定的温度场建立之后，进行液滴的热毛细迁移实验。图 15-17 中显示的是一个直径 $d=3.73\text{mm}$ 的液滴迁移过程的全息图，图像的间隔是 20s。其中，液滴的 Ma 数为 57.3，Re 数为 0.189。图 15-18 中显示的是对应的液滴热毛细迁移过程的数值重建的相位图。以

图 15-18 中的一个时刻的数值重建相位图为例，对其进行解包裹之后，再进行轴对称反演计算，求得对应的温度扰动绝对值及温度扰动等高线，如图 15-19 所示。由之前得到的背景温度场数据，得到实际的温度值及实际温度等高线，如图 15-20 所示。图 15-21 给出数字全息干涉图的重建过程。

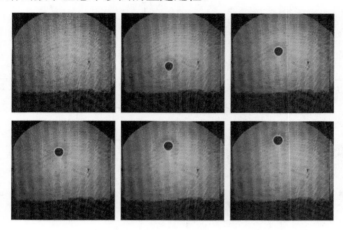

图 15-17　全息图

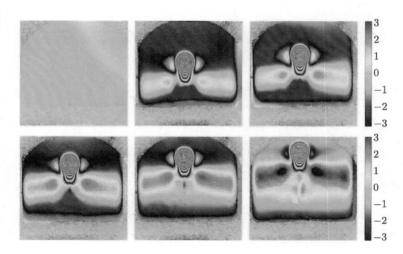

图 15-18　数值重建像相位图

　　实验结果表明，液滴周围为低温区，液滴的温度低于同等高度的连续相母液介质的温度。这与 Balasubramaniam 等人的理论计算结果相符，理论计算中，得到液滴内部存在 "cold eye"，液滴的温度低于周围母液的温度。

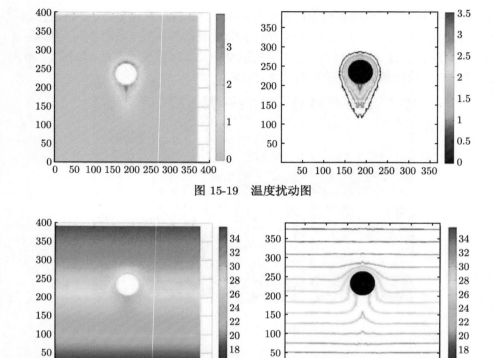

图 15-19　温度扰动图

图 15-20　实际温度图

数字全息干涉图的图像处理和重建过程见图 15-21。

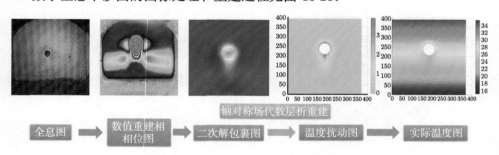

图 15-21　数字全息干涉图的重建过程

参 考 文 献

段俐. 2000. 晶体生长过程中的流体物理现象研究, 中国科学院力学研究所博士后研究工作报告.

张朔婷. 2017. 液滴热毛细迁移规律及其与温度场耦合关系的地面实验研究，中国科学院大学博士学位论文, 2017.

Balasubramaniam R, Chai A T. 1987. Thermocapillary migration of droplets: an exact solution for small Marangoni numbers[J]. Journal of colloid and interface science, 119(2): 531-538.

Duan L, Kang Q, Hu W R. 2008. Experimental study on liquid free surface in buoyant-thermocapillary convection. Chinese Physics Letter, 25(4): 1347.

Duan L, Shu J Z. 2001. The convection during $NaClO_3$ crystal growth observed by the phase shift interferometer. Journal of Crystal Growth, 223: 181-188.

Kang Q, Duan L, Hu W R. 2001. Mass transfer process during the $NaClO_3$ crystal growth process. International J. Heat & Mass Transfer, 44: 3213-3222.

Kang Q, Duan L, Hu W R.2004. Experimental study of surface deformation and flow pattern on buoyant-thermocapillary convection. Microgravity Science & Technology. 9(2): 18-24.

Zhang S T, Duan L, Kang Q. 2016. Experimental research on thermocapillary migration of drops by using digital holographic interferometry. Exp. Fluids 57: 1-13.

Zhang S T, Duan L, Kang Q. 2018. Experimental Research on Thermocapillary-Buoyancy Migration. Microgravity-ScienceandTechnology, 30: 183-193.